高职高专“十二五”规划教材

简明高等数学

主　编　吴凤珍
编　委　陈　敏　陈玉发　许艳芳
　　　　范慧歆　田颖科　周文学

南开大学出版社
天　津

图书在版编目(CIP)数据

简明高等数学 吴凤珍主编. —天津：南开大学出版社，2013.9（2017.9重印）

高职高专“十二五”规划教材

ISBN 978-7-310-04286-9

Ⅰ.①简… Ⅱ.①吴… Ⅲ.①高等数学－高等职业教育－教材 Ⅳ.①O13

中国版本图书馆 CIP 数据核字(2013)第 201793 号

南开大学出版社出版发行

出版人:刘立松

地址:天津市南开区卫津路 94 号 邮政编码:300071

营销部电话:(022)23508339 23500755

营销部传真:(022)23508542 邮购部电话:(022)23502200

*

天津泰宇印务有限公司印刷

全国各地新华书店经销

*

2013 年 9 月第 1 版 2017 年 9 月第 6 次印刷

260×185 毫米 16 开本 16.5 印张 352 千字

定价:35.00 元

如遇图书印装质量问题,请与本社营销部联系调换,电话:(022)23507125

内容简介

本书是根据高职教育的特殊性和目前高职学生的实际情况，结合工科类、经管类对高等数学内容的需求编写的。本书内容包括：函数的极限与连续；一元函数微分学；一元函数积分学；微分方程；无穷级数；线性代数基础；概率论。前三章为基础模块，后四章为选学模块，不同专业根据需求选学不同内容。

本书通俗、直观、易教、易学，适用于高职院校的工科类和经济管理类专业的数学教学。本书建议学时数约 110 学时。

前　言

为了适应高职高专教育改革的需要，培养和造就更多的应用型技术人才，我们根据高等职业院校的培养目标，在认真总结多年教学改革经验的基础上，结合高职院校学生特点和各专业对数学知识的需求编写了本教材。

本教材具有以下特色：

1. 内容简明

本教材没有编写“多元函数微积分”这部分内容，只编写了七章内容，其中一元函数微积分为基础内容，微分方程、无穷级数、线性代数基础和概率论为选学内容，体现了“必需、够用”的教学要求。

本教材注重与实际应用联系较多的数学基础、基本方法和基本技能的训练，不追求复杂的计算和变换，所配备的例题、习题一般都不偏不难，同时是针对知识点的，还有不少与专业教学联系密切的应用题。

2. 语言通俗

本教材改变了数学内容传统的描述方式，用通俗、直观、易懂的叙述说明代替了繁冗的描述，大大降低了数学知识的难度，可读性强。

3. 直观性、应用性强

本教材含有大量的数表、图形，清晰直观。我们还精心编写了一些与专业和实际生活联系密切的、适合高职学生特点的应用案例，通过对这些案例的分析，可以激发学生的学习兴趣，增强其应用能力。

参加本书编写的有郑州职业技术学院的吴凤珍、陈敏、陈玉发、许艳芳、范慧歆、田颖科、周文学等。全书最后由吴凤珍修改定稿。

由于水平有限，时间仓促，本书中难免有不足之处，敬请读者指正。

作者

2013 年 8 月

目　录

第一章　函数的极限与连续

函数是高等数学研究的基本对象，是反映变量之间相互依赖关系的数学模型，是客观世界中变量之间依存关系的反映．极限是高等数学中最重要最基本的概念．一方面，它是建立微积分学的基础；另一方面，极限的思想和分析方法将贯穿微积分学的始终，函数的连续、导数与积分等都将借助于极限方法来描述．因此，掌握极限的思想与方法是学好微积分学的前提条件．本章主要讨论函数的极限与连续的基本概念、基本性质和基本运算，并介绍关于它们的一些实际应用．

1.1　函　数

一、函数的概念

1. 函数的定义

定义 1　设 x 和 y 是两个变量，D 是一个非空实数集．对于每个数 $x \in D$，变量 y 依照某一对应法则 f 有唯一确定的数值与之对应，则称 y 为 x 的**函数**，记作 $y = f(x)$．其中数集 D 称为函数的**定义域**，x 称为**自变量**，y 称为**因变量**或**函数**，f 表示 y 与 x 的**对应法则**．函数也可以用其他符号来表示，如 $F(x)$，$g(x)$，$\phi(x)$，$y(x)$，$s(t)$ 等．

当 x 在 D 中取某一定值 x_0 时，与其对应的 y 值称为函数在点 x_0 的**函数值**，记作 y_0 或 $y\big|_{x=x_0}$ 或 $f(x_0)$．函数值的集合称为函数的**值域**(W)．

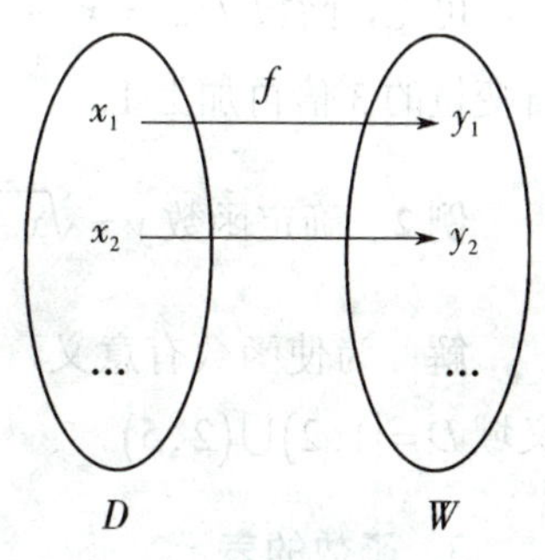

图 1-1

图 1-1 形象地表示出函数的定义域、值域、对应法则、自变量及因变量（函数）等．

2. 确定函数的两个要素

由函数的定义知，确定函数的两个基本要素是定义域 D 与对应法则 f．也就是说，两个函数当它们的定义域和对应法则都分别相同时，两个函数才是相同的．

例如，函数 $y=x+1$，$y=\dfrac{x^2-1}{x-1}$ 就是两个不同的函数．因为前者的定义域为 $(-\infty,+\infty)$，后者的定义域为 $(-\infty,1)\cup(1,+\infty)$．

当我们研究函数时，必须注意函数的定义域．在考虑实际问题时，应根据实际问题的意义来确定定义域．对于用数学式子表示的函数，其定义域是使该表达式有意义的自变量的取值范围．例如 $y=x^2$ 的定义域为 $(-\infty,+\infty)$．

一个函数的对应法则 f 犹如一部机器，如图 1-2 所示，只要从函数定义域中选择任何一个数值 x，它就会输出一个数值 $f(x)$．计算器的函数键就是把函数当成机器的例子．例如，计算器上的"$\sqrt{\ }$"键，只要对计算器输入一个非负数 x 并按 $\sqrt{\ }$ 键，它就给出一个值（平方根）．

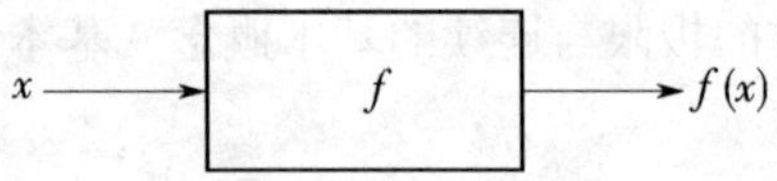

$$x \longrightarrow \boxed{\ f\ } \longrightarrow f(x)$$

图 1-2

例 1　设函数 $f(x)=x^3-3x+1$，求 $f(0)$，$f(x_0)$，$f(a^2)$，$f^2(a)$．

解　$f(0)=0^3-3\times0+1=1$，

$$f(x_0)={x_0}^3-3x_0+1,$$

$$f(a^2)=(a^2)^3-3a^2+1=a^6-3a^2+1,$$

$$f^2(a)=\left[f(a)\right]^2=\left(a^3-3a+1\right)^2.$$

可见，函数 $f(x)=x^3-3x+1$ 的对应法则为 $f(\ \ )=(\ \ )^3-3(\ \ )+1$，即自变量的立方减去自变量的 3 倍再加上 1．

例 2　确定函数 $y=\sqrt{x-1}+\dfrac{1}{x-2}-\lg(5-x)$ 的定义域．

解　为使函数有意义，需同时满足 $x-1\geqslant0$，$x-2\neq0$，且 $5-x>0$．所以此函数的定义域 $D=\left[1,2\right)\cup\left(2,5\right)$．

3．函数的表示

函数的表示法通常有三种：解析法、列表法和图形法．

以数学式子表示函数的方法称为解析法（或公式法）．

如例 1、例 2 中的函数都是用解析法表示的．又如方程 $e^y=xy$ 也是用解析法表示的函数，只不过它没有直接写出 y 与 x 的对应法则，我们把这种函数称为隐函数．

解析法的优点是形式简明，便于数学上的分析与计算．它的缺点是抽象、不易理解．本书主要讨论用解析式表示的函数．

有时我们会遇到一个函数在自变量的不同取值范围内用不同的式子来表示．例如，某城市出租车的计价器按以下方法计价：里程不超过 3 公里时收费 7 元，超过 3 公里的部分每公里收费 1.5 元，则出租车收费 y 和行驶里程 x 之间的函数关系为

$$y=\begin{cases}7, & 0<x\leqslant 3\\ 7+1.5(x-3), & x>3\end{cases}.$$

在自变量的不同取值范围内用不同的式子来表示的函数称为**分段函数**.

例 3　设函数 $f(x)=\begin{cases}-x, & x<0\\ x^2, & 0\leqslant x\leqslant 2\\ 2x, & x>2\end{cases}$.

（1）求函数 $f(x)$ 的定义域；（2）求 $f(-1)$，$f(2)$，$f(3)$；（3）作出 $f(x)$ 的图形.

解　（1）$f(x)$ 的定义域为 $(-\infty,+\infty)$.

（2）$f(-1)=-(-1)=1$，$f(2)=2^2=4$，$f(3)=2\times 3=6$.

（3）$f(x)$ 的图形如图 1-3 所示.

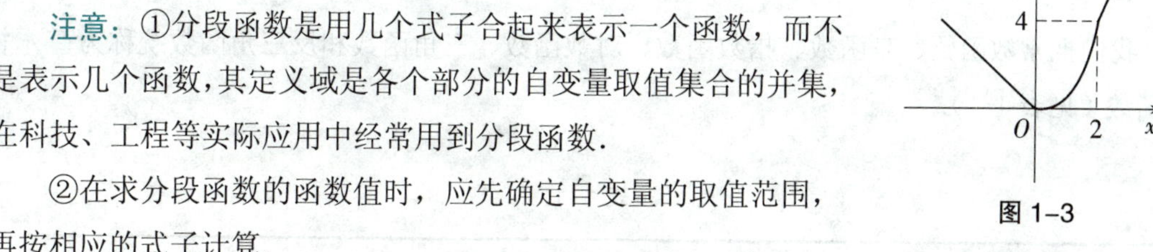

图 1-3

注意：①分段函数是用几个式子合起来表示一个函数，而不是表示几个函数，其定义域是各个部分的自变量取值集合的并集，在科技、工程等实际应用中经常用到分段函数.

②在求分段函数的函数值时，应先确定自变量的取值范围，再按相应的式子计算.

以表格形式表示函数的方法称为**列表法**.

例 4　某超市 2010 年第一季度各月销售额如下表所示.

月份	1	2	3
销售额/万元	153.2	198.5	117.7

这是用列表法表示的函数．其定义域为 $\{1,2,3\}$，值域为 $\{153.2,198.5,117.7\}$.

列表法的优点是简明、使用方便，可以不经计算而直接查到函数值．但若函数的值域是一个无限集合时，则无法将函数值全部列出来，这是列表法的一个突出缺点．数学用表中的函数都是用列表法表示的，一些科技手册、经济统计报表也常采用这种方法.

用平面直角坐标系内的点集（图形）表示函数的方法称为**图形法**.

例 5　图 1-4 所示的是用气温自动仪记录的某地某天 24 小时的气温变化曲线．该曲线描述了当天气温 T 随时间 t 变化而变化的情形．对于任何时刻 $t_0\in[0,24]$，可按图 1-4 中所示的对应法则唯一确定 t_0 时刻的气温值 T_0.

图形法的优点是直观、通俗，容易比较不同自变量时，函数值的变化情况．它的缺点是不便做精细的理论研究.

这三种函数的表示法各有优缺点，常将它们结合起来使用．一般可根据函数自身的特点选择适当的表示方法．此外，还有其他的函数表示法.

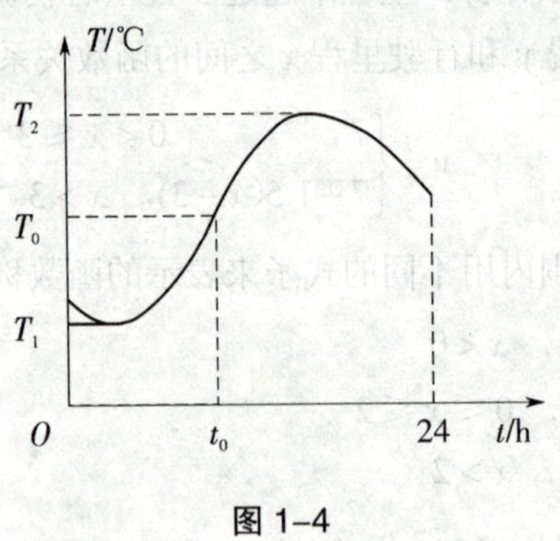

图 1-4

二、初等函数

1. 基本初等函数

我们把常数函数、幂函数、指数函数、对数函数、三角函数和反三角函数统称为**基本初等函数**（见表 1-1）.

表 1-1

函数名称	函数表达式
常数函数	$y=C$ (C为常数)
幂函数	$y=x^{\alpha}$ (α为常数)
指数函数	$y=a^{x}$ ($a>0,a\neq 1,a$为常数)
对数函数	$y=\log_a x$ ($a>0,a\neq 1,a$为常数)
三角函数	$y=\sin x$， $y=\cos x$， $y=\tan x$， $y=\cot x$， $y=\sec x$， $y=\csc x$
反三角函数	$y=\arcsin x$， $y=\arccos x$， $y=\arctan x$， $y=\operatorname{arc}\cot x$

下面列出基本初等函数的图形及性质.

（1）常数函数.

常数函数 $y=C$ （C 是常数），定义域为$(-\infty,+\infty)$. 其图形如图 1-5 所示.

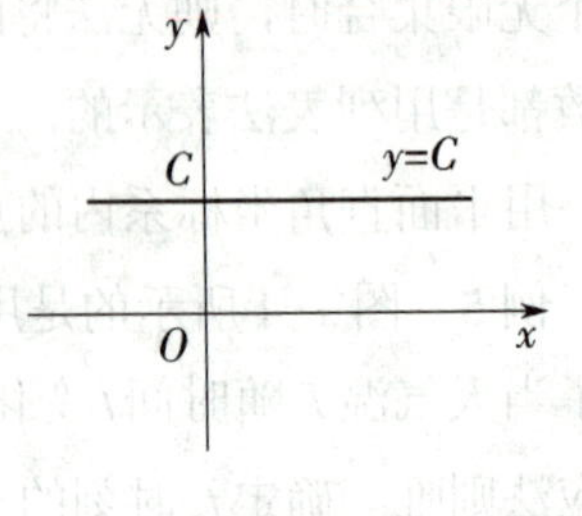

图 1-5

（2）幂函数.

$y=x^{\alpha}$ (α为常数)，其定义域要依α 具体的值而定. 几种常用的幂函数如图 1-6 所示.

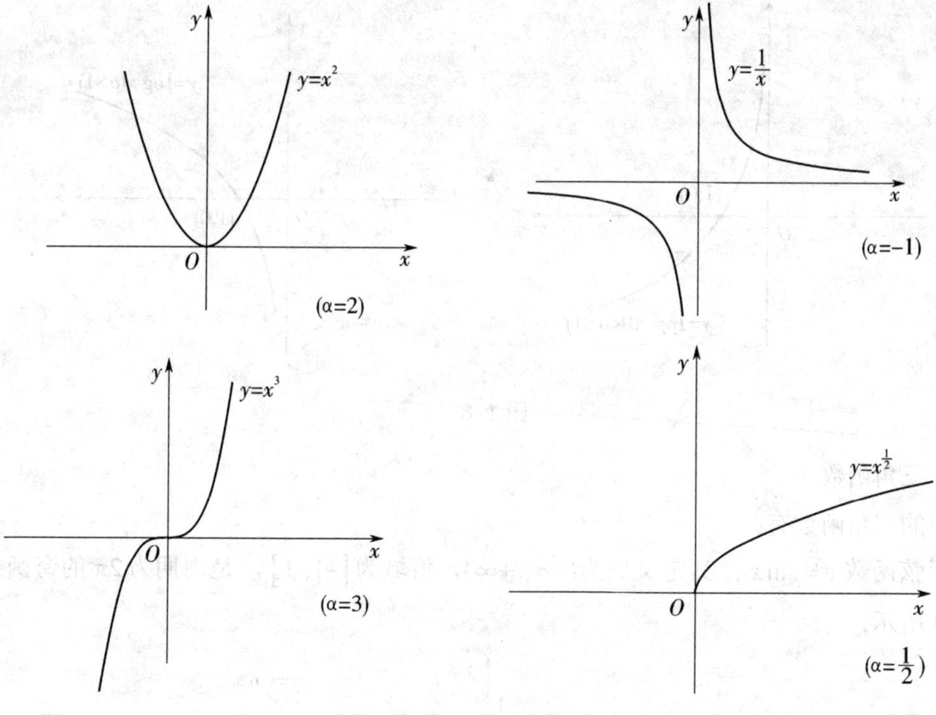

图 1-6

（3）指数函数.

指数函数 $y = a^x$ $(a > 0, a \neq 1, a\text{为常数})$，其定义域为 $(-\infty,+\infty)$．其图形如图 1-7 所示.

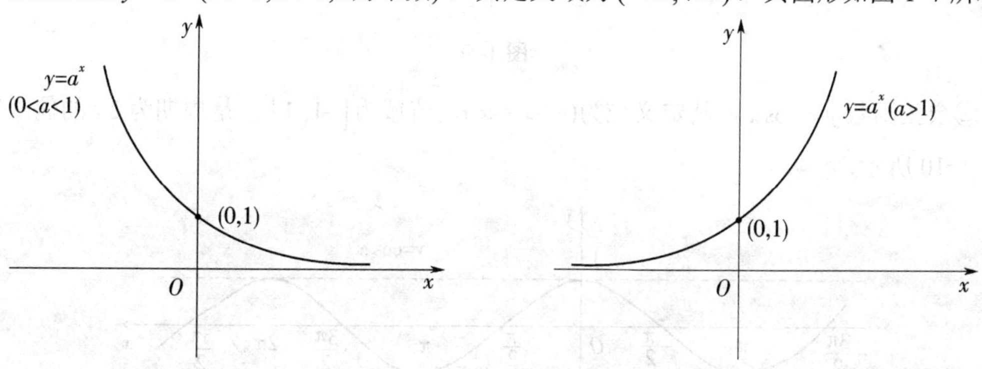

图 1-7

（4）对数函数.

对数函数 $y = \log_a x$ $(a > 0, a \neq 1, a\text{为常数})$，其定义域为 $(0,+\infty)$．其图形如图 1-8 所示.

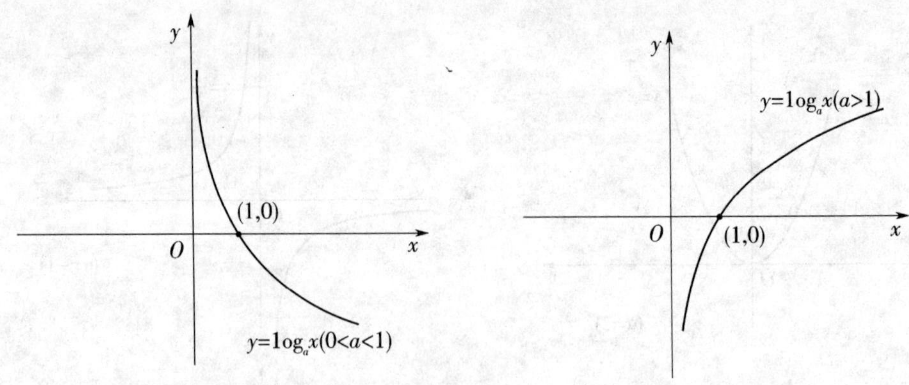

图 1-8

（5）三角函数.

常用的三角函数有：

①正弦函数 $y=\sin x$，其定义域为$(-\infty,+\infty)$，值域为$[-1,1]$，是周期为2π的奇函数，如图 1-9 所示.

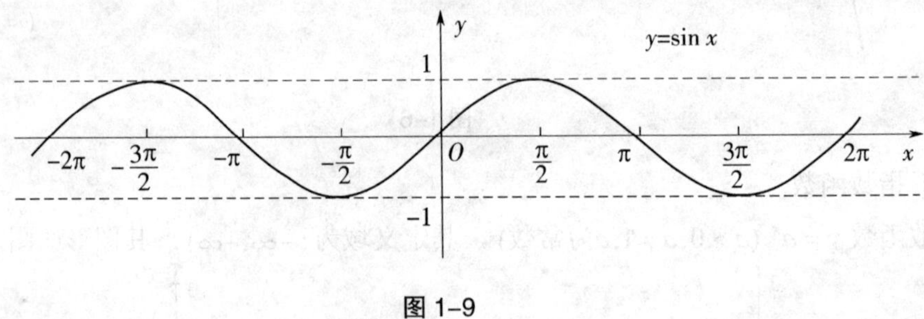

图 1-9

②余弦函数 $y=\cos x$，其定义域为$(-\infty,+\infty)$，值域为$[-1,1]$，是周期为2π的偶函数，如图 1-10 所示.

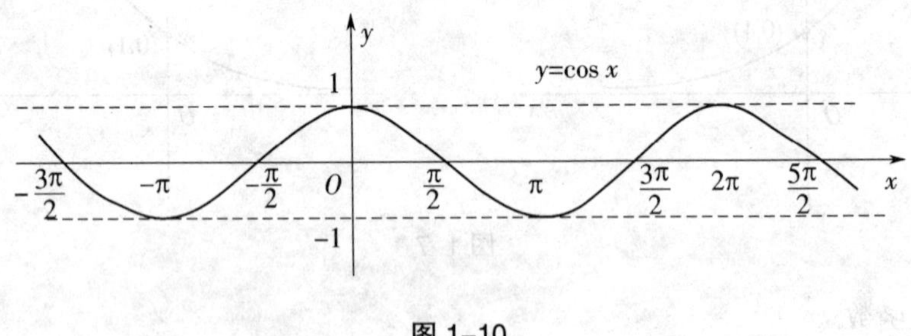

图 1-10

③正切函数 $y=\tan x$，其定义域为 $x\neq k\pi+\dfrac{\pi}{2},k\in Z$，值域为$(-\infty,+\infty)$，是周期为$\pi$的奇函数，如图 1-11 所示.

④余切函数 $y=\cot x$，其定义域为 $x\neq k\pi,k\in Z$，值域为$(-\infty,+\infty)$，是周期为π的奇函数，如图 1-12 所示.

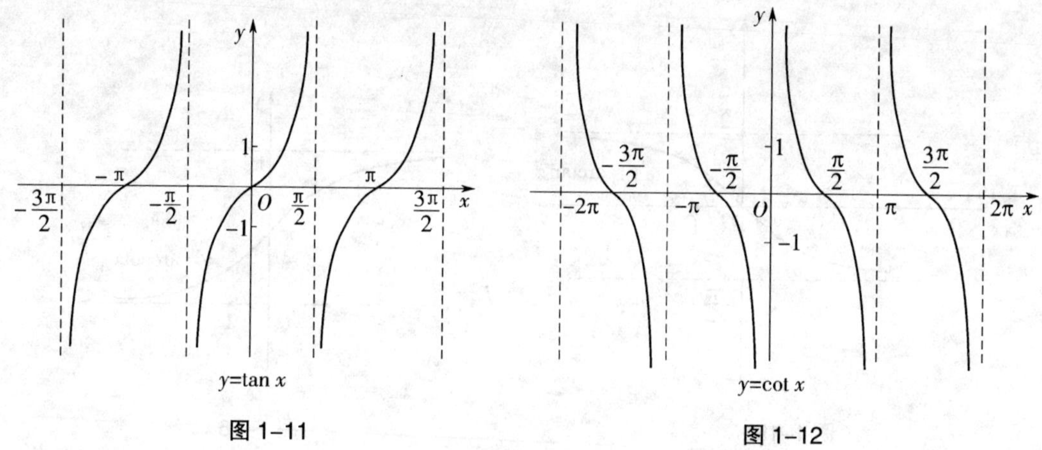

图 1–11　　图 1–12

（6）反三角函数.

由于三角函数 $y=\sin x$，$y=\cos x$，$y=\tan x$，$y=\cot x$ 不是单调函数，为了定义其反函数，对这些函数限定在“主值”区间来讨论反函数.

常用的反三角函数有：

①反正弦函数 $y=\arcsin x$，其定义域为 $[-1,1]$，值域为 $\left[-\dfrac{\pi}{2},\dfrac{\pi}{2}\right]$，如图 1-13 所示.

②反余弦函数 $y=\arccos x$，其定义域为 $[-1,1]$，值域为 $[0,\pi]$，如图 1-14 所示.

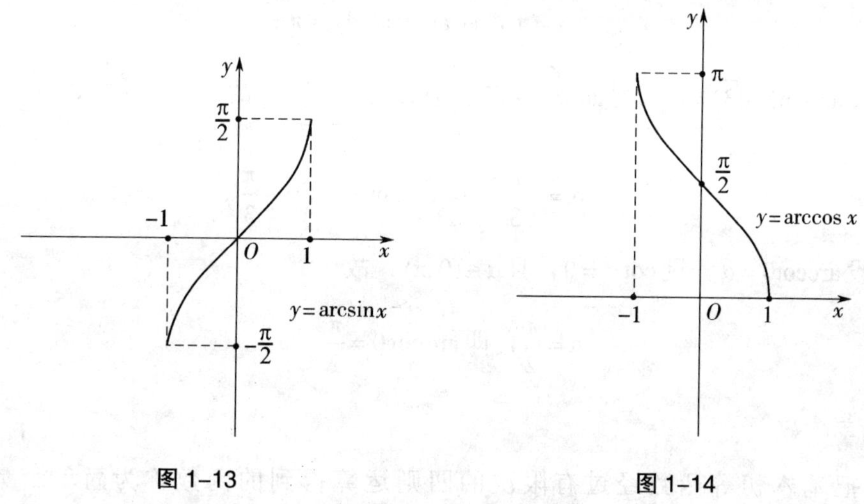

图 1–13　　图 1–14

③反正切函数 $y=\arctan x$，其定义域为 $(-\infty,+\infty)$，值域为 $(-\dfrac{\pi}{2},\dfrac{\pi}{2})$，如图 1-15 所示.

④反余切函数 $y=\text{arccot}\, x$，其定义域为 $(-\infty,+\infty)$，值域为 $(0,\pi)$，如图 1-16 所示.

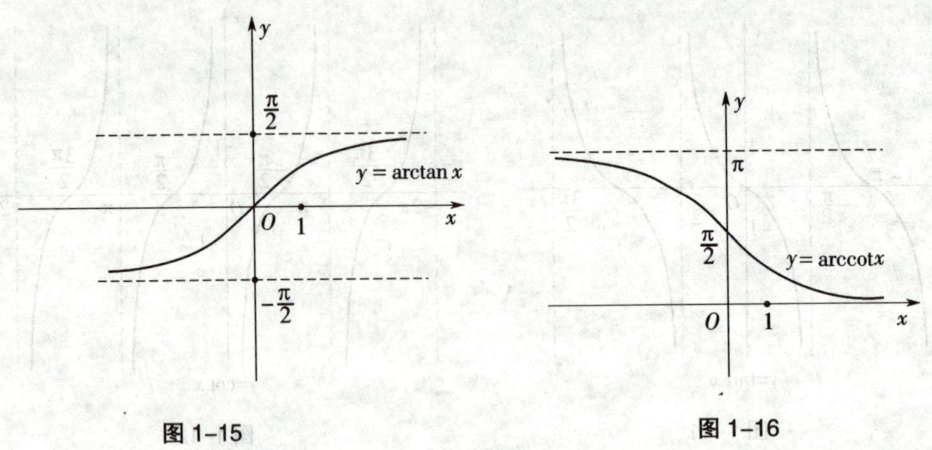

图 1-15　　图 1-16

例 6　求下列反三角式子的值.

（1）$\arcsin\frac{1}{2}$；　（2）$\arccos(-1)$；　（3）$\arctan(-\sqrt{3})$；　（4）$\operatorname{arccot}0$.

解　（1）设 $\arcsin\frac{1}{2}=\alpha$，则 $\sin\alpha=\frac{1}{2}$，且 $\alpha\in(-\frac{\pi}{2},\frac{\pi}{2})$，故

$$\alpha=\frac{\pi}{6}，即 \arcsin\frac{1}{2}=\frac{\pi}{6}；$$

（2）设 $\arccos(-1)=\alpha$，则 $\cos\alpha=-1$，且 $\alpha\in(0,\pi)$，故

$$\alpha=\pi，即 \arccos(-1)=\pi；$$

（3）设 $\arctan(-\sqrt{3})=\alpha$，则 $\tan\alpha=-\sqrt{3}$，且 $\alpha\in(-\frac{\pi}{2},\frac{\pi}{2})$，故

$$\alpha=-\frac{\pi}{3}，即 \arctan(-\sqrt{3})=-\frac{\pi}{3}；$$

（4）设 $\operatorname{arccot}0=\alpha$，则 $\cot\alpha=0$，且 $\alpha\in(0,\pi)$，故

$$\alpha=\frac{\pi}{2}，即 \operatorname{arccot}0=\frac{\pi}{2}.$$

2. 简单函数

我们把基本初等函数经过有限次的四则运算得到的函数称为**简单函数**. 例如 $y=2x^2-3x+5$，$y=\frac{x+1}{x-1}$，$y=x\sin x$ 等都是简单函数.

3. 复合函数

在实际问题中，我们常会遇到几个较简单的函数组合而成为较复杂的函数. 例如 $y=u^{\frac{1}{2}}(u\geqslant 0)$ 及 $u=1-x^2(-1\leqslant x\leqslant 1)$，将 $u=1-x^2$ 代入 $y=u^{\frac{1}{2}}$，可得到一个新的函数

$y=(1-x^2)^{\frac{1}{2}}$，此函数叫作 $y=u^{\frac{1}{2}}$ 和 $u=1-x^2$ 的复合函数．把一个函数代入另一个函数的运算称为函数的**复合运算**．

定义 2　设 y 是 u 的函数 $y=f(u)$，而 u 又是 x 的函数 $u=\varphi(x)$，则称函数 $y=f[\varphi(x)]$ 为**复合函数**，变量 u 称为**中间变量**．

例 7　将函数 $y=\ln u$，$u=\sin v$，$v=x^2+1$ 复合成一个函数．

解　将中间变量依次代入：$y=\ln u=\ln\sin v=\ln\sin(x^2+1)$，$y=\ln\sin(x^2+1)$ 即为所求函数．

一般地，我们可以将复合函数分解成若干个简单的函数进行研究．

例 8　下列函数是由哪些简单函数复合而成的？

（1）$y=\sqrt{1+x^2}$；

（2）$y=\sin(5x+3)$；

（3）$y=\tan^2 x$；

（4）$y=\mathrm{e}^{\cos^2 x}$．

解　（1）$y=\sqrt{1+x^2}$ 是由 $y=u^{\frac{1}{2}}$ 与 $u=1+x^2$ 复合而成的；

（2）$y=\sin(5x+3)$ 是由 $y=\sin u$ 与 $u=5x+3$ 复合而成的；

（3）$y=\tan^2 x$ 是由 $y=u^2$ 与 $u=\tan x$ 复合而成的；

（4）$y=\mathrm{e}^{\cos^2 x}$ 是由 $y=\mathrm{e}^u$，$u=v^2$ 与 $v=\cos x$ 复合而成的．

4．初等函数

定义 3　由基本初等函数经过有限次四则运算和有限次复合运算所得到的并且能用一个解析式表示的函数称为**初等函数**，否则称为非初等函数．

例如，$y=\sqrt{3+x^2}-x\sin 2x$，$y=\dfrac{x^2-2^x}{\ln(1+x)}$ 都是初等函数，而 $y=\begin{cases}x-1, x<0\\ x+1, x\geqslant 0\end{cases}$ 就不是初等函数．

三、经济函数

1．成本函数

总成本是工厂为生产一种产品所需的全部费用，通常可把总成本分为固定成本和变动成本两大类．固定成本是指厂房、机器设备的折旧费、保险费、管理人员的工资、广告费等．显然当产量在一定范围内变动时，上述开支都基本不变，故称固定成本．变动成本则指直接用于生产的成本，如原材料费用、能源消耗费用、生产工人工资、包装费等．显然变动成本与生产量有关，随生产量的增加而增加.

某产品的产量为Q，总成本为C，总成本函数记为

$$C = C(Q) = C_1 + C_2(Q)$$

其中C_1为固定成本，C_2为变动成本. 平均成本是生产一定量产品时，平均每单位产品的成本. 即

$$\overline{C} = \overline{C}(Q) = \frac{C(Q)}{Q} = \frac{C_1}{Q} + \frac{C_2(Q)}{Q}.$$

2. 收益函数

在经济学中常把价格p和需求量Q的乘积pQ称为在该需求量和价格下所得的总收益. 若某产品的市场需求量为Q，价格为p，两者所确定的需求函数为$Q = f(p)$或$p = h(Q)$，则称$R = pQ = h(Q)Q$为总收益函数. 平均收益为$\overline{R} = \overline{R}(Q) = \dfrac{R(Q)}{Q} = h(Q)$.

3. 利润函数

总收益R大于总成本C时，就有盈利，其利润为$L(Q) = R(Q) - C(Q)$. 此式称为利润函数. 当R小于C时，就要亏本.

如果总收益等于总成本，则既不亏本也不盈利，此时的产量或销售量为生产部门的保本点，或称为盈亏转折点.

例 9 某厂生产一种畅销的新型工艺品，为此更新专用设备和制作模具花去了200 000元，生产每件工艺品的直接成本为300元. 每件工艺品的售价为500元，产量Q与总成本C、平均成本$\overline{C}$、销售收入R以及利润L之间存在什么样的函数关系？表示了什么含义？

解 总成本C与产量Q之间的关系　　$C = 200\,000 + 300Q$.

平均成本$\overline{C}$与产量Q之间的关系　$\overline{C} = \dfrac{200\,000}{Q} + 300$.

销售收入R与产量Q之间的关系　$R = 500Q$.

利润L与产量Q之间的关系　　$L = R - C = 200Q - 200\,000$.

从利润关系来看，希望有较大的利润需要增加产量. 若$Q < 1000$，则要亏损；若$Q > 1000$，则可盈利；$Q = 1000$为保本点.

从平均成本来看，为了降低成本，应增加产量，以形成规模.

例 10 某工厂生产某产品每吨售价2千元，若每天生产Q吨的总成本为C（千元），且有$C = Q^2 - 4Q + 5$，求该厂的盈亏转折点.

解 总收入$R = 2Q$，设$R = C$，得

$$2Q = Q^2 - 4Q + 5.$$

解方程

$$Q^2 - 6Q + 5 = 0.$$

得
$$Q_1=1,\ Q_2=5.$$
即该厂盈亏转折点有两个，分别为生产1吨和生产5吨.

［小问题］这两个保本点在性质上有什么不同呢？

考虑利润，则有　$L=R-C=2Q-(Q^2-4Q+5)=-(Q-1)(Q-5)$.

显然，当$Q<1$和$Q>5$时，L是负的；当$1<Q<5$时，L是正的. 这说明第一个转折点$Q_1=1$是工厂保本的最低生产量；第二个转折点$Q_2=5$是盈利的最高生产量，当生产超过每天5吨时，工厂同样要亏本.

习题 1.1

1. 求下列函数的定义域:

（1）$y=\sqrt{2x-4}$；　（2）$y=\dfrac{x^2}{1+x}$；

（3）$y=\sqrt{x-2}+\dfrac{1}{x-3}-\lg(5-x)$；　（4）$y=\begin{cases}x^2+1, & x<1\\ 2x, & 1\leqslant x<3\end{cases}$.

2. 下列函数是由哪些简单函数复合而成的?

（1）$y=\sqrt{1-x^2}$；　（2）$y=\mathrm{e}^{x^2+1}$；

（3）$y=\sin\dfrac{3x}{2}$；　（4）$y=\cos^2(3x+1)$；

（5）$y=3^{\tan^2 x}$；　（6）$y=\ln\sqrt{1+x}$.

3. 设函数 $f(x)=\begin{cases}-(x+1), x\leqslant -1\\ \sqrt{1-x^2}, -1<x\leqslant 1\\ 0, \quad x>1\end{cases}$，求 $f(-2)$，$f(0)$，$f(2)$.

4. 单位阶跃函数 $u(t)=\begin{cases}1, & t\geqslant 0,\\ 0, & t<0\end{cases}$ 是电学中的一个常用函数. 请画出此函数的图形.

5. 写出如图 1-17 所示的矩形波函数 $f(x)$ 在一个周期 $[-\pi,\pi)$ 上的函数表达式.

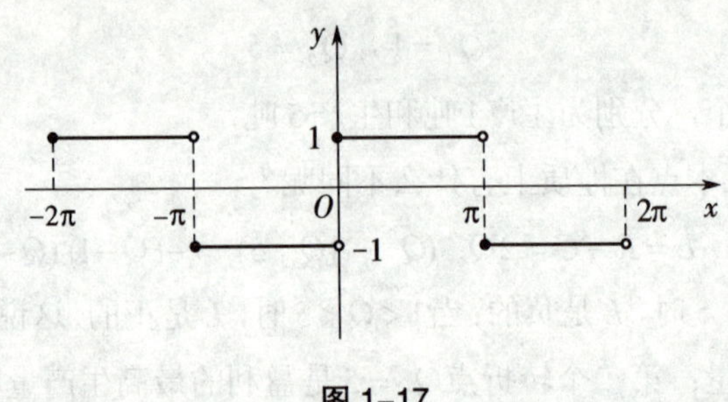

图 1–17

6. 一仪器由于长期磨损，使用 t 年后的价值由函数 $Q(t)=Q_0\mathrm{e}^{-0.04t}$ 确定. 使用 20 年后，仪器的价值为 8986.58 元，试问当初此仪器的价值为多少？

7. 一汽车租赁公司出租某种汽车的收费标准为：每天的基本租金为 200 元，另外每千米收费 15 元.

（1）试建立每天的租车费与行车路程 x（km）之间的函数关系.

（2）若某人某天付了 400 元租车费，问他开了多少千米？

8. 某企业生产一种产品，固定成本为 12 000 元，每单位产品的可变成本为 10 元，每单位产品的售价为 30 元，求：（1）总成本函数；（2）总收益函数；（3）总利润函数.

9. 某衬衣厂生产每件衬衣的可变成本为15元，每天的固定成本为 2000 元，如果每件衬衣的售价为20元，为了不亏本，该厂每天至少要生产多少件衬衣？

10. 某厂每批生产某种产品 x 个单位的费用为

$$C(x)=5x+200\ （元），$$

得到的收入为

$$R(x)=10x-0.01x^2\ （元）.$$

问：每批生产多少单位时才能使利润最大？

1.2　极限的定义

我国魏晋时期杰出的数学家刘徽(约公元 225—295)在公元 263 年创立了“割圆术”，解决了当时的数学难题——求圆的面积. 他借助于圆内接正多边形的面积，得出了圆的面积，刘徽叙述这种作法时说：“割之弥细，所失弥少，割之又割，以至于不可割，则与圆周合体而无所失矣”. 这就是说，随着圆内接正多边形边数无限增加，圆内接正多边形的面积就无限接近于圆的面积. 这种“割圆术”所运用的数学思想，正是本节将要学习的极限思想.

一、数列的极限

我们已经学习了数列的概念. 现在我们进一步考察当自变量 n 无限增大时，数列 $x_n=f(n)$ 的变化趋势.

先看下面两个数列.

（1）$\frac{1}{2}, \frac{1}{2^2}, \frac{1}{2^3}, \cdots, \frac{1}{2^n}, \cdots$；

（2）$2, \frac{1}{2}, \frac{4}{3}, \frac{3}{4}, \cdots, \frac{n+(-1)^{n-1}}{n}, \cdots$.

为清楚起见，我们把这两个数列的前几项分别在数轴上表示出来（见图 1-18，图 1-19）.

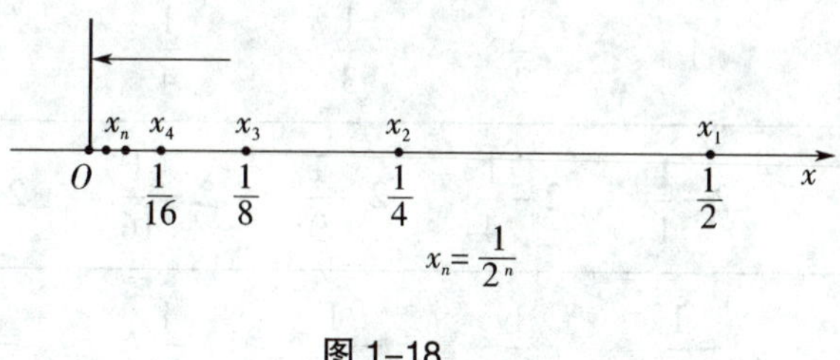

图 1-18

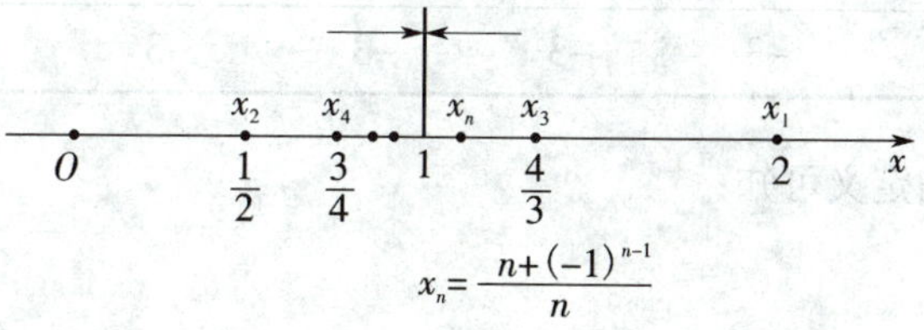

x_2 x_4 x_n x_3 x_1

O $\frac{1}{2}$ $\frac{3}{4}$ 1 $\frac{4}{3}$ 2 x

$x_n=\frac{n+(-1)^{n-1}}{n}$

图 1-19

由图 1-18 可以看出，当 n 无限增大时，表示数列 $x_n=\frac{1}{2^n}$ 的点逐渐密集在 $x=0$ 的右侧，即数列 $\frac{1}{2^n}$ 无限接近于 0；由图 1-19 可以看出，当 n 无限增大时，表示数列 $x_n=\frac{n+(-1)^{n-1}}{n}$ 的点逐渐密集在 $x=1$ 的附近，即数列 $\frac{n+(-1)^{n-1}}{n}$ 无限接近于 1.

这两个数列都具有这样的特性：随着项数 n 的无限增大，数列的项 x_n 无限地趋近于某个确定的常数 A. 一般地，我们给出下面的定义.

定义 1　如果当 n 无限增大时，数列 x_n 无限接近于一个确定的常数 A，则称常数 A 为数列 x_n 的**极限**，或称数列 x_n 收敛于 A，记作

$$\lim_{n\to\infty} x_n = A \text{ 或当 } n\to\infty \text{ 时，} x_n \to A.$$

前面两个数列的极限可分别记作：$\lim\limits_{n\to\infty}\frac{1}{2^n}=0$，$\lim\limits_{n\to\infty}\frac{n+(-1)^{n-1}}{n}=1$.

例 1　观察下列数列的变化趋势，写出它们的极限：

（1）$x_n=\dfrac{1}{n}$；（2）$x_n=2-\dfrac{1}{n^2}$；

（3）$x_n=(-1)^n\dfrac{1}{3^n}$；（4）$x_n=-3$.

解 列表考察这四个数列的前几项，及当$n\to\infty$时，它们的变化趋势：

n	1	2	3	4	5	…	$\to\infty$
（1）$x_n=\dfrac{1}{n}$	1	$\dfrac{1}{2}$	$\dfrac{1}{3}$	$\dfrac{1}{4}$	$\dfrac{1}{5}$	…	$\to 0$
（2）$x_n=2-\dfrac{1}{n^2}$	$2-\dfrac{1}{1}$	$2-\dfrac{1}{4}$	$2-\dfrac{1}{9}$	$2-\dfrac{1}{16}$	$2-\dfrac{1}{25}$	…	$\to 2$
（3）$x_n=(-1)^n\dfrac{1}{3^n}$	$-\dfrac{1}{3}$	$\dfrac{1}{9}$	$-\dfrac{1}{27}$	$\dfrac{1}{81}$	$-\dfrac{1}{243}$	…	$\to 0$
（4）$x_n=-3$	-3	-3	-3	-3	-3	…	$\to -3$

根据数列极限的定义可知：

（1）$\lim\limits_{n\to\infty}\dfrac{1}{n}=0$；

（2）$\lim\limits_{n\to\infty}(2-\dfrac{1}{n^2})=2$；

（3）$\lim\limits_{n\to\infty}(-1)^n\dfrac{1}{3^n}=0$；

（4）$\lim\limits_{n\to\infty}(-3)=-3$.

从前面所举的例子可以推得下面的结论：

（1）$\lim\limits_{n\to\infty}\dfrac{1}{n^\alpha}=0\ (\alpha>0)$；

（2）$\lim\limits_{n\to\infty}q^n=0$（$|q|<1$）；

（3）$\lim\limits_{n\to\infty}C=C$（$C$为常数）.

需要指出，不是任何数列都有极限. 例如，数列$x_n=2^n$，当n无限增大时，2^n也无限增大，不能无限接近于一个确定的常数，所以这个数列没有极限.

又如，数列$x_n=(-1)^n$，当n无限增大时，$(-1)^n$在-1与1之间摆动，也不能无限接近于一个确定的常数，所以这个数列也没有极限.

若数列没有极限，则称该数列**发散**.

二、函数的极限

1. 当 $x\to\infty$ 时, 函数 $f(x)$ 的极限

自变量 $x\to\infty$，指的是 x 的绝对值无限增大，它同时包含以下两种情况：

（1）x 取正值而无限增大，记作 $x\to+\infty$；

（2）x 取负值而它的绝对值无限增大，记作 $x\to-\infty$.

考察函数 $y=\dfrac{1}{x}$ 当 $x\to\infty$ 时的变化趋势. 由图 1-20 可以看出，当 x 的绝对值无限增大时，$\dfrac{1}{x}$ 的值无限地接近于常数 0，则称当 $x\to\infty$ 时，$\dfrac{1}{x}$ 的极限为 0，记作 $\lim\limits_{x\to\infty}\dfrac{1}{x}=0$.

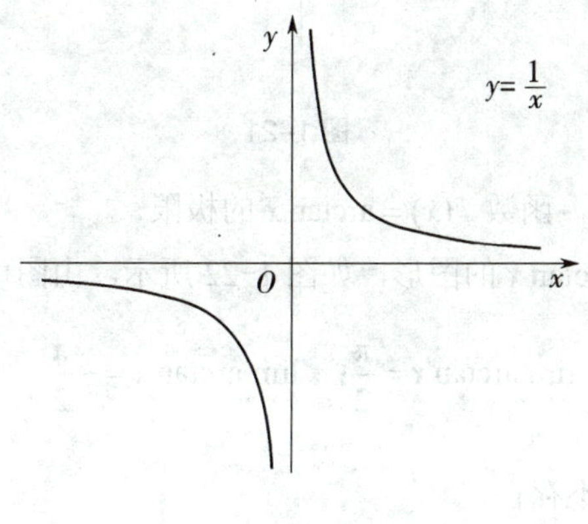

图 1-20

定义 2　如果当 $x\to\infty$ 时，函数 $f(x)$ 无限地接近于一个确定的常数 A，则常数 A 就叫作函数 $f(x)$ 当 $x\to\infty$ 时的**极限**，记作

$$\lim_{x\to\infty}f(x)=A.$$

在定义 2 中，如果只考虑 $x\to+\infty$ 的情形，就记作

$$\lim_{x\to+\infty}f(x)=A.$$

如果只考虑 $x\to-\infty$ 的情形，就记作

$$\lim_{x\to-\infty}f(x)=A.$$

根据定义 2 可得：$\lim\limits_{x\to+\infty}\dfrac{1}{x}=0$，$\lim\limits_{x\to-\infty}\dfrac{1}{x}=0$.

显然，$\lim\limits_{x\to\infty} f(x)=A \iff \lim\limits_{x\to+\infty} f(x)=\lim\limits_{x\to-\infty} f(x)=A$.

例 2 求 $\lim\limits_{x\to+\infty}(\frac{1}{2})^x$ 及 $\lim\limits_{x\to-\infty}(1+2^x)$.

解 观察图 1-21，可得 $\lim\limits_{x\to+\infty}(\frac{1}{2})^x=0$，$\lim\limits_{x\to-\infty}(1+2^x)=1$.

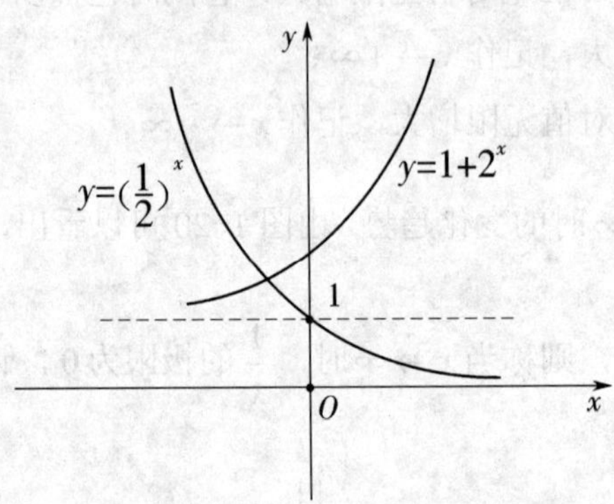

图 1-21

例 3 讨论当 $x\to\infty$ 时，函数 $f(x)=\arctan x$ 的极限.

解 作出函数 $f(x)=\arctan x$ 的图形，如图 1-22 所示，由图可知：

$$\lim_{x\to+\infty}\arctan x=\frac{\pi}{2};\quad \lim_{x\to-\infty}\arctan x=-\frac{\pi}{2},$$

所以 $\lim\limits_{x\to\infty}\arctan x$ 不存在.

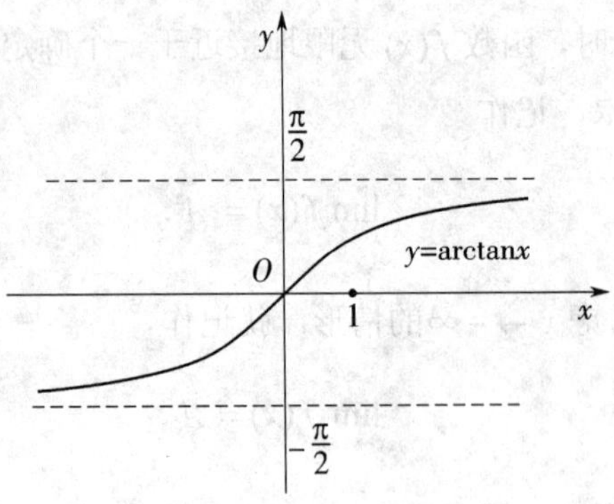

图 1-22

2. 当 $x \to x_0$ 时, 函数 $f(x)$ 的极限

首先介绍邻域的概念.

设 $x_0, \delta \in R$ 且 $\delta > 0$, 则开区间 $(x_0 - \delta, x_0 + \delta)$ 称为点 x_0 的 δ 邻域, 记为 $U(x_0, \delta)$, 即

$$U(x_0, \delta) = \{x | x_0 - \delta < x < x_0 + \delta\} = \{x \,|\, |x - x_0| < \delta\} = (x_0 - \delta, x_0 + \delta).$$

点 x_0 称为这邻域的中心，δ 称为这邻域的半径.

有时用到的邻域需要把邻域的中心去掉. 点 x_0 的 δ 邻域去掉中心 x_0 后，称为点 x_0 的去心邻域，记为 $\mathring{U}(x_0, \delta)$，即

$$\mathring{U}(x_0, \delta) = \{x \,|\, 0 < |x - x_0| < \delta\} = (x_0 - \delta, x_0) \cup (x_0, x_0 + \delta).$$

定义 3　设函数 $y = f(x)$ 在 x_0 的某去心邻域 $\mathring{U}(x_0, \delta)$ 内有定义, 如果当 $x \to x_0$ 时, 函数 $f(x)$ 无限地接近于一个确定的常数 A，则常数 A 就叫作函数 $f(x)$ 当 $x \to x_0$ 时的极限，记作

$$\lim_{x \to x_0} f(x) = A.$$

其中 $x \to x_0$ 表示 x 既从 x_0 的左侧无限接近于 x_0（记作 $x \to x_0^-$），也从 x_0 的右侧无限接近于 x_0（记作 $x \to x_0^+$）.

在定义 3 中，如果只考虑 $x \to x_0^-$ 的情形，就记作

$$\lim_{x \to x_0^-} f(x) = A.$$

此极限称为函数 $f(x)$ 当 $x \to x_0$ 时的左极限.

如果只考虑 $x \to x_0^+$ 的情形，就记作

$$\lim_{x \to x_0^+} f(x) = A.$$

此极限称为函数 $f(x)$ 当 $x \to x_0$ 时的右极限.

显然，$\lim\limits_{x \to x_0} f(x) = A \iff \lim\limits_{x \to x_0^-} f(x) = \lim\limits_{x \to x_0^+} f(x) = A.$

例 4　讨论函数 $y = \dfrac{x^2 - 1}{x - 1}$ 当 $x \to 1$ 时的极限.

解　作出函数 $y = \dfrac{x^2 - 1}{x - 1}$ 的图形（见图 1-23）. 此函数在 $x = 1$ 处没有定义. 但从图 1-23

可以看出，自变量x不论从1的左侧还是从1的右侧趋近于1时，函数$y=\frac{x^2-1}{x-1}$的值都无限接近于2．所以$\lim\limits_{x\to 1}\frac{x^2-1}{x-1}=2$．

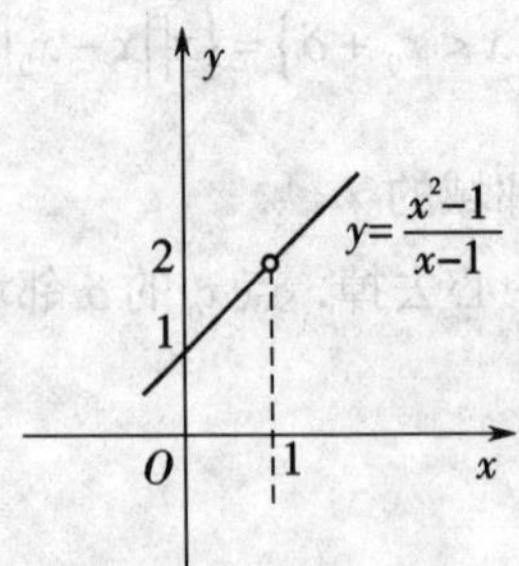

图 1-23

例 5　函数$f(x)=\begin{cases}x+1, & x>0\\ x-1, & x<0\end{cases}$，考察当$x\to 0$，$x\to 1$时函数极限的存在性．

解　观察图1-24可知：

（1）由于

$$\lim_{x\to 0^-}f(x)=\lim_{x\to 0^-}(x-1)=-1;$$

$$\lim_{x\to 0^+}f(x)=\lim_{x\to 0^+}(x+1)=1,$$

所以　$\lim\limits_{x\to 0}f(x)$不存在．

（2）$\lim\limits_{x\to 1}f(x)=\lim\limits_{x\to 1}(x+1)=2$．

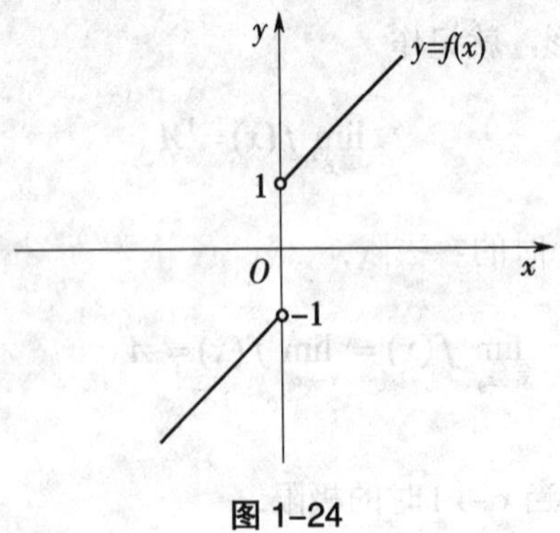

图 1-24

例 6　函数$f(x)=\begin{cases}-1, & x<0\\ x, & 0\leqslant x\leqslant 1\\ 1, & x>1\end{cases}$考察当$x\to 0$，$x\to 1$时函数极限的存在性．

解　(1) 因为 $\lim\limits_{x\to 0^-} f(x)=\lim\limits_{x\to 0^-}(-1)=-1$，

$$\lim_{x\to 0^+} f(x)=\lim_{x\to 0^+} x=0,$$

$$\lim_{x\to 0^-} f(x)\neq \lim_{x\to 0^+} f(x),$$

所以 $\lim\limits_{x\to 0} f(x)$ 不存在.

(2) 因为 $\lim\limits_{x\to 1^-} f(x)=\lim\limits_{x\to 1^-} x=1$，$\lim\limits_{x\to 1^+} f(x)=\lim\limits_{x\to 1^+} 1=1$

所以 $$\lim_{x\to 1^-} f(x)=\lim_{x\to 1^+} f(x)=1,$$

故 $$\lim_{x\to 1} f(x)=1.$$

从以上几个例题可以看出，分段函数在分段点的两侧往往有不同的函数表达式，因此在讨论当 $x\to x_0$（x_0 为分界点）时分段函数 $f(x)$ 的极限时，常常需要先讨论函数的左、右极限，然后判定函数的极限是否存在.

习题 1.2

1. 填空题:

(1) $\lim\limits_{n\to\infty} x_n=a$, $\lim\limits_{n\to\infty} x_n=b$，则有 a____b.

(2) 数列 $\{x_n\}$ 满足: $\lim\limits_{n\to\infty} x_{2n}=1$, $\lim\limits_{n\to\infty} x_{2n+1}=0$，则 $\lim\limits_{n\to\infty} x_n$____.

(3) $\lim\limits_{n\to\infty}(-1)^n$____.

(4) 若 $\lim\limits_{x\to x_0} f(x)=A$，则 $\lim\limits_{x\to x_0^+} f(x)=$____.

(5) 若 $\lim\limits_{x\to x_0^-} f(x)=3$，$\lim\limits_{x\to x_0^+} f(x)=4$，则 $\lim\limits_{x\to x_0} f(x)$____.

2. 观察下列数列的变化趋势，判断它们是否收敛，若收敛，写出其极限：

（1）$x_n = 2 + \frac{1}{2^n}$；（2）$x_n = \frac{1}{\sqrt[n]{3}}$；

（3）$x_n = (-1)^n \frac{1}{n}$；（4）$x_n = \frac{n-1}{n+1}$；

（5）$x_n = (-1)^n n$；（6）$x_n = \sin n$.

3.（存款模式）某人有本金 A 元，若银行存款的年利率为 r，不考虑个人所得税. 试建立此人 n 年末的本利和数列，并分析此数列的极限，解释其实际意义.

4. 已知函数 $f(x)=\begin{cases} x-2, & x<0 \\ 0, & x=0 \\ x+2, & x>0 \end{cases}$，讨论此函数当 $x \to 0$ 时的极限.

5. 已知 $f(x)=\begin{cases} x+1, & x \neq 1, \\ 3, & x=1. \end{cases}$，考察 $x \to 1$ 时，函数 $f(x)$ 的极限是否存在.

6. 证明：$\lim\limits_{x \to 0} \frac{|x|}{x}$ 不存在.

7. 设某城市白天出租车的收费 y（单位：元）与路程 x（单位：km）之间的关系式为 $y = f(x) = \begin{cases} 5+1.2x, & 0<x \leqslant 7 \\ 13.4+2.1(x-7), & x>7 \end{cases}$，考察 $x \to 7$ 时，函数 $f(x)$ 的极限是否存在.

1.3 极限的运算

求极限是本课程的基本运算之一，根据极限的定义，可以得到一些简单函数的极限. 对于比较复杂的函数的极限仍用定义去求解是不可行的. 下面我们给出极限的运算法则.

设 $\lim\limits_{x \to x_0} f(x) = A$，$\lim\limits_{x \to x_0} g(x) = B$，则有下列运算法则：

法则 1 $\lim\limits_{x \to x_0}[f(x) \pm g(x)] = \lim\limits_{x \to x_0} f(x) \pm \lim\limits_{x \to x_0} g(x) = A \pm B$

法则 2 $\lim\limits_{x \to x_0} f(x)g(x) = \lim\limits_{x \to x_0} f(x) \lim\limits_{x \to x_0} g(x) = AB$.

法则 3 $\lim\limits_{x \to x_0} \frac{f(x)}{g(x)} = \frac{\lim\limits_{x \to x_0} f(x)}{\lim\limits_{x \to x_0} g(x)} = \frac{A}{B}\ (B \neq 0)$.

注意：（1）法则对自变量的其他变化情形也是成立的；

（2）法则 1、2 可以推广到有限个函数的情形.

例 1　求 $\lim\limits_{x\to 2}(x^3+3x-1)$.

解　$\lim\limits_{x\to 2}(x^3+3x-1)=\lim\limits_{x\to 2}x^3+\lim\limits_{x\to 2}3x-\lim\limits_{x\to 2}1=(\lim\limits_{x\to 2}x)^3+3\lim\limits_{x\to 2}x-1$

$$=2^3+3\times 2-1=13.$$

例 2　求 $\lim\limits_{x\to 1}\dfrac{x^2-3x+4}{x+1}$.

解　因为　$\lim\limits_{x\to 1}(x^2-3x+4)=2$，　$\lim\limits_{x\to 1}(x+1)=2$，

所以　$$\lim_{x\to 1}\frac{x^2-3x+4}{x+1}=\frac{\lim\limits_{x\to 1}(x^2-3x+4)}{\lim\limits_{x\to 1}(x+1)}=\frac{2}{2}=1.$$

例 3　求 $\lim\limits_{x\to 3}\dfrac{x-3}{x^2-9}$.

解　因 $\lim\limits_{x\to 3}(x^2-9)=0$，不能直接用法则 3 求解，而当 $x\to 3$，但 $x\neq 3$，即 $x-3\neq 0$ 时，有

$$\lim_{x\to 3}\frac{x-3}{x^2-9}=\lim_{x\to 3}\frac{(x-3)}{(x+3)(x-3)}=\lim_{x\to 3}\frac{1}{x+3}=\frac{1}{6}.$$

例 4　求 $\lim\limits_{x\to 0}\dfrac{\sqrt{1+x}-1}{x}$.

解　因 $\lim\limits_{x\to 0}(\sqrt{1+x}-1)=0$，$\lim\limits_{x\to 0}x=0$，用 $(\sqrt{1+x}+1)$ 同乘分母、分子，得

$$\lim_{x\to 0}\frac{\sqrt{1+x}-1}{x}=\lim_{x\to 0}\frac{(\sqrt{1+x}-1)(\sqrt{1+x}+1)}{x(\sqrt{1+x}+1)}$$

$$=\lim_{x\to 0}\frac{x}{x(\sqrt{1+x}+1)}=\lim_{x\to 0}\frac{1}{(\sqrt{1+x}+1)}=\frac{1}{2}.$$

例 5　求 $\lim\limits_{n\to\infty}\dfrac{n^2+3n+6}{3n^2-n-1}$.

解　数列是特殊形式的函数，所以极限的运算法则依然适用.

当$n\to\infty$时，分子、分母的极限都不存在，不能直接运用法则．这时，可将分子、分母同除以n^2，得

$$\lim_{n\to\infty}\frac{n^2+3n+6}{3n^2-n-1}=\lim_{n\to\infty}\frac{1+\frac{3}{n}+\frac{6}{n^2}}{3-\frac{1}{n}-\frac{1}{n^2}}=\frac{1}{3}.$$

例 6　求$\lim\limits_{x\to\infty}\frac{3x^2-2x+5}{3x^3+2x+4}$.

解　$\lim\limits_{x\to\infty}\frac{3x^2-2x+5}{3x^3+2x+4}=\lim\limits_{x\to\infty}\frac{\frac{3}{x}-\frac{2}{x^2}+\frac{5}{x^3}}{3+\frac{2}{x^2}+\frac{4}{x^3}}=0$.

小结:

（1）运用极限运算法则时，必须注意只有各项极限存在（对商式，还要注意分母极限不为零）才能适用．

（2）如果所求极限呈现“$\frac{0}{0}$”、“$\frac{\infty}{\infty}$”等形式不能直接用法则，必须先对原式进行恒等变形（约分、通分、有理化、变量代换等），然后再求极限．

习题 1.3

1. 计算下列极限:

（1）$\lim\limits_{x\to1}(x^2-4x+5)$；　　（2）$\lim\limits_{x\to2}\frac{x+2}{x+1}$；

（3）$\lim\limits_{x\to-2}\frac{x-2}{x^2-1}$；　　（4）$\lim\limits_{x\to-1}\frac{x^2+2x+5}{x^2+1}$；

（5）$\lim\limits_{x\to-2}\frac{x^2-4}{x+2}$；　　（6）$\lim\limits_{x\to\infty}\frac{x^2-1}{2x^2-x-1}$；

（7）$\lim\limits_{x\to4}\frac{x^2-6x+8}{x^2-5x+4}$；　　（8）$\lim\limits_{x\to1}\frac{x^2-2x+1}{x^3-x}$；

（9）$\lim\limits_{x\to0}\frac{4x^3-2x^2+x}{3x^2+2x}$；　　（10）$\lim\limits_{h\to0}\frac{(x+h)^2-x^2}{h}$；

（11）$\lim\limits_{x\to\infty}\frac{8x^2-1}{6x^3-5x^2+1}$；　　（12）$\lim\limits_{n\to\infty}\frac{n(n+1)}{(n+2)(n+3)}$.

2. 一个储水池中有5000L的纯水．现用含盐30g / L的盐水以25L / min的速度注入这个

水池．t(min) 后水池中盐的浓度(单位：g / L) 为

$$C(t)=\frac{30t}{200+t}.$$

问当 $t\to+\infty$ 时盐的浓度如何变化？

1.4　两个重要极限

一、第一个重要极限

$$\lim_{x\to0}\frac{\sin x}{x}=1$$

观察表 1-2：

表 1-2

x	±0.1	±0.01	±0.001	$\pm0.0001\cdots\to0$
$\dfrac{\sin x}{x}$	0.9983	0.999 98	0.999 999	$0.999\,999\,998\cdots\to1$

由表中可以看到，当 $x\to0$ 时，$\dfrac{\sin x}{x}$ 的值趋近于常数 1．即

$$\lim_{x\to0}\frac{\sin x}{x}=1.$$

该极限的基本特征是：分子、分母的极限值均为零，且分母中的变量与分子正弦函数中的变量相同．该极限的一般形式为

$$\lim_{\Delta\to0}\frac{\sin\Delta}{\Delta}=1\ （\Delta\text{ 表示同一变量}）.$$

例 1　求 $\lim\limits_{x\to0}\dfrac{\sin 2x}{x}$．

解　$$\lim_{x\to0}\frac{\sin 2x}{x}=\lim_{x\to0}(2\times\frac{\sin 2x}{2x})=2\lim_{2x\to0}\frac{\sin 2x}{2x}$$
$$=2\times1=2.$$

例 2　求 $\lim\limits_{x\to0}\dfrac{\sin x^2}{x}$．

解 $\lim\limits_{x\to 0}\dfrac{\sin x^2}{x}=\lim\limits_{x\to 0}(x\cdot\dfrac{\sin x^2}{x^2})$

$=\lim\limits_{x\to 0}x\cdot\lim\limits_{x\to 0}\dfrac{\sin x^2}{x^2}$

$=0\times 1=0.$

例 3 求 $\lim\limits_{x\to 0}\dfrac{\tan x}{x}$.

解 $\lim\limits_{x\to 0}\dfrac{\tan x}{x}=\lim\limits_{x\to 0}(\dfrac{\sin x}{x}\cdot\dfrac{1}{\cos x})$

$=\lim\limits_{x\to 0}\dfrac{\sin x}{x}\cdot\lim\limits_{x\to 0}\dfrac{1}{\cos x}=\lim\limits_{x\to 0}\dfrac{\sin x}{x}\cdot\lim\limits_{x\to 0}\dfrac{1}{\cos x}=1\times 1=1.$

例 4 求 $\lim\limits_{x\to 0}\dfrac{1-\cos x}{x^2}$.

解 $\lim\limits_{x\to 0}\dfrac{1-\cos x}{x^2}=\lim\limits_{x\to 0}\dfrac{2\sin^2\frac{x}{2}}{x^2}=\dfrac{1}{2}\lim\limits_{x\to 0}\dfrac{\sin^2\frac{x}{2}}{(\frac{x}{2})^2}$

$=\dfrac{1}{2}\lim\limits_{x\to 0}(\dfrac{\sin\frac{x}{2}}{\frac{x}{2}}\cdot\dfrac{\sin\frac{x}{2}}{\frac{x}{2}})$

$=\dfrac{1}{2}\lim\limits_{x\to 0}\dfrac{\sin\frac{x}{2}}{\frac{x}{2}}\cdot\lim\limits_{x\to 0}\dfrac{\sin\frac{x}{2}}{\frac{x}{2}}=\dfrac{1}{2}\times 1\times 1=\dfrac{1}{2}.$

（这里应当注意的是当 $x\to 0$ 时，$\dfrac{x}{2}\to 0$.）

例 5 求 $\lim\limits_{x\to\infty}x\sin\dfrac{3}{x}$.

解 $\lim\limits_{x\to\infty}x\sin\dfrac{3}{x}=\lim\limits_{x\to\infty}\dfrac{3\sin\frac{3}{x}}{\frac{3}{x}}==3\lim\limits_{x\to\infty}\dfrac{\sin\frac{3}{x}}{\frac{3}{x}}=3\times 1=3.$

二、第二个重要极限

$$\lim_{x\to\infty}(1+\frac{1}{x})^x=\mathrm{e}$$

列表考察当 $x\to+\infty$ 时，函数 $(1+\dfrac{1}{x})^x$ 的变化趋势，如表 1-3 所示.

表 1–3

x	1	2	10	1000	10000	100000	1000000	…
$(1+\frac{1}{x})^x$	2	2.25	2.594	2.717	2.7181	2.7182	2.71828	…

由表中可见，当x无限变大时，函数$(1+\frac{1}{x})^x$的值无限趋近于常数$e=2.71828\cdots$，即

$$\lim_{x\to\infty}(1+\frac{1}{x})^x=e.$$

该极限的基本特征是：底数的极限值为 1，指数趋于无穷大，且指数与底数中第二项互为倒数．该极限的一般形式为

$$\lim_{\Delta\to\infty}(1+\frac{1}{\Delta})^{\Delta}=e.\text{（}\Delta\text{ 表示同一变量）}$$

例 6　求$\lim\limits_{x\to\infty}(1+\frac{1}{x})^{2x}$．

解　$\lim\limits_{x\to\infty}(1+\frac{1}{x})^{2x}=\lim\limits_{x\to\infty}[(1+\frac{1}{x})^x]^2=[\lim\limits_{x\to\infty}(1+\frac{1}{x})^x]^2=e^2$．

例 7　求$\lim\limits_{x\to\infty}(1-\frac{3}{x})^x$．

解　$\lim\limits_{x\to\infty}(1-\frac{3}{x})^x=\lim\limits_{x\to\infty}(1-\frac{3}{x})^{(-\frac{x}{3})\times(-3)}$，令$u=-\frac{3}{x}$，则$x\to\infty$时，$-\frac{3}{x}\to 0$，即$u\to 0$．

于是　$\lim\limits_{x\to\infty}(1-\frac{3}{x})^x=\lim\limits_{u\to 0}(1+u)^{\frac{1}{u}\times(-3)}=e^{-3}$．

例 8　求$\lim\limits_{x\to\infty}(\frac{2+x}{1+x})^x$．

解　$\lim\limits_{x\to\infty}(1+\frac{1}{x+1})^x=\lim\limits_{x\to\infty}(1+\frac{1}{x+1})^{(x+1)-1}=\lim\limits_{x\to\infty}(1+\frac{1}{x+1})^{x+1}\lim\limits_{x\to\infty}(1+\frac{1}{x+1})^{-1}=e$．

习题 1.4

1. 计算下列各极限:

(1) $\lim\limits_{x\to 0}\dfrac{\sin 3x}{\sin 2x}$; (2) $\lim\limits_{x\to 0}\dfrac{\tan 3x}{x}$;

(3) $\lim\limits_{x\to 0}x\cot x$; (4) $\lim\limits_{x\to 0}\dfrac{1-\cos 2x}{x\sin x}$;

(5) $\lim\limits_{x\to\infty}x\sin\dfrac{1}{x}$; (6) $\lim\limits_{x\to 0}\dfrac{x(x+3)}{\sin x}$;

(7) $\lim\limits_{x\to 0}(1-x)^{\frac{1}{x}}$; (8) $\lim\limits_{x\to 0}(1-3x)^{\frac{1}{x}}$;

(9) $\lim\limits_{x\to 0}(1-\dfrac{x}{2})^{\frac{2}{x}}$; (10) $\lim\limits_{x\to\infty}(1+\dfrac{1}{2x})^{x+1}$.

2. 分析刘徽的“割圆术”思想，并用极限方法求出圆的面积.

1.5 无穷小与无穷大

一、无穷小量

1. 无穷小量的定义

在实际问题中，我们经常遇到极限为零的变量. 例如，单摆离开铅直位置而摆动，由于空气阻力和机械摩擦力的作用，它的振幅随着时间的增加而逐渐减小并趋近于零. 又如，电容器放电时，其电压随着时间的增加而逐渐减小并趋近于零.

对于这样变量，我们给出下面的定义.

定义 1 如果当 $x\to x_0$（或 $x\to\infty$）时，函数 $f(x)$ 的极限为零，则函数 $f(x)$ 叫作当 $x\to x_0$（或 $x\to\infty$）时的无穷小量，简称无穷小.

例如，因为 $\lim\limits_{x\to 1}(x-1)=0$，所以函数 $x-1$ 是当 $x\to 1$ 时的无穷小.

又如，因为 $\lim\limits_{x\to\infty}\frac{1}{x}=0$，所以函数 $\frac{1}{x}$ 是当 $x\to\infty$ 时的无穷小.

注意：

（1）如果称一个函数 $f(x)$ 是无穷小，必须指明自变量 x 的变化过程. 如 $f(x)=x^2$ 在 $x\to 0$ 的过程中为无穷小量，而在自变量的其他变化过程中如 $x\to 1$ 时，$f(x)=x^2$ 就不是无穷小量.

（2）无穷小表达的是量的变化状态，并不是表示量的大小. 因此，无穷小并不是绝对值很小的量，而是以零为极限的变量. 一个量(常数)无论多么小，一般都不是无穷小. 如 10^{-32} 这个数虽然很小，但它不以零为极限，所以不是无穷小量.

（3）常数中只有“0”是无穷小.

例 1　自变量在怎样的变化过程中，下列函数为无穷小?

（1）$y=\frac{1}{x-1}$；（2）$y=2x-1$；（3）$y=2^x$；（4）$y=(\frac{1}{4})^x$.

解（1）因为 $\lim\limits_{x\to\infty}\frac{1}{x-1}=0$，所以当 $x\to\infty$ 时，$\frac{1}{x-1}$ 为无穷小；

（2）因为 $\lim\limits_{x\to\frac{1}{2}}(2x-1)=0$，所以当 $x\to\frac{1}{2}$ 时，$2x-1$ 为无穷小；

（3）因为 $\lim\limits_{x\to-\infty}2^x=0$，所以当 $x\to-\infty$ 时，2^x 为无穷小；

（4）因为 $\lim\limits_{x\to+\infty}(\frac{1}{4})^x=0$，所以当 $x\to+\infty$ 时，$(\frac{1}{4})^x$ 为无穷小.

2. 无穷小的性质

性质 1　有限个无穷小的代数和仍是无穷小. 无穷多个无穷小的代数和未必是无穷小，如 $\lim\limits_{n\to\infty}(\frac{1}{n}+\frac{1}{n}+\cdots+\frac{1}{n})=1$.

性质 2　有限个无穷小的积仍是无穷小.

性质 3　有界函数与无穷小的积仍是无穷小.

例 2　求 $\lim\limits_{x\to 0}x^2\sin\frac{1}{x}$.

解　因为 $\lim\limits_{x\to 0}x^2=0$，所以 x^2 为 $x\to 0$ 时的无穷小，又因为 $\left|\sin\frac{1}{x}\right|\leqslant 1$，即 $\sin\frac{1}{x}$ 为有界函数. 因此 $x^2\sin\frac{1}{x}$ 仍为 $x\to 0$ 时的无穷小，即

$$\lim_{x \to 0} x^2 \sin\frac{1}{x} = 0.$$

3. 函数极限与无穷小的关系

定理 1 具有极限的函数等于它的极限值与一个无穷小之和; 反之, 如果函数可表示为常数与无穷小之和, 那么该常数就是这函数的极限.

下面就 $x \to x_0$ 时的情形加以证明:

证 设 $\lim\limits_{x \to x_0} f(x) = A$. 令 $\alpha = f(x) - A$, 则

$$\lim_{x \to x_0} \alpha = \lim_{x \to x_0} [f(x) - A] = 0.$$

就是说, α 是当 $x \to x_0$ 时的无穷小. 由于 $\alpha = f(x) - A$, 所以 $f(x) = \alpha + A$.

这说明了具有极限的函数等于它的极限值与一个无穷小之和.

反之, 设 $f(x) = \alpha + A$, 其中 A 为常数, α 是当 $x \to x_0$ 时的无穷小, 则

$$\lim_{x \to x_0} f(x) = \lim_{x \to x_0} (A + \alpha) = A.$$

这就证明了如果函数可表示为常数与无穷小之和, 那么该常数就是这函数的极限.

类似地, 可以证明当 $x \to \infty$ 时的情形.

二、无穷大量

1. 无穷大量的定义

定义 2 如果当 $x \to x_0$（或 $x \to \infty$）时, 函数 $f(x)$ 的绝对值无限增大, 则称函数 $f(x)$ 为 $x \to x_0$（或 $x \to \infty$）时的**无穷大量**, 简称**无穷大**. 记作 $\lim\limits_{x \to x_0} f(x) = \infty$（或 $\lim\limits_{x \to \infty} f(x) = \infty$）.

在无穷大量的定义中, 若当 $x \to x_0$（或 $x \to \infty$）时, $f(x)$ 取正值无限增大, 就记作 $\lim\limits_{x \to x_0} f(x) = +\infty$（或 $\lim\limits_{x \to \infty} f(x) = +\infty$）; 若当 $x \to x_0$（或 $x \to \infty$）时, $f(x)$ 取负值而绝对值无限增大, 就记作 $\lim\limits_{x \to x_0} f(x) = -\infty$（或 $\lim\limits_{x \to \infty} f(x) = -\infty$）.

例如, 当 $x \to 0$ 时, $\left|\frac{1}{x}\right|$ 无限增大, 所以 $\frac{1}{x}$ 是当 $x \to 0$ 时的无穷大, 记作 $\lim\limits_{x \to 0} \frac{1}{x} = \infty$.

又如, 当 $x \to +\infty$ 时, 2^x 取正值而无限增大, 所以 2^x 是当 $x \to +\infty$ 时的正无穷大, 记作

$$\lim_{x \to +\infty} 2^x = +\infty.$$

当$x\to 0^+$时，$\ln x$取负值而绝对值无限增大，所以$\ln x$是当$x\to 0^+$时的负无穷大，记作

$$\lim_{x\to 0^+}\ln x=-\infty .$$

注意：

（1）当我们说某个函数是无穷大时，必须同时指出它的自变量的变化过程，例如，函数$\frac{1}{x}$是当$x\to 0$时的无穷大，而当x趋向于其他数值时它就不是无穷大.

（2）一个数不论多么大，都不能作为无穷大，如100^{10}就不是无穷大.

2．无穷小与无穷大的关系

定理 2　在自变量的同一变化过程中，无穷大的倒数为无穷小；恒不为零的无穷小的倒数为无穷大.

例 3　自变量在怎样的变化过程中，下列函数为无穷大?

（1）$y=\frac{1}{x-1}$；　（2）$y=2x-1$；　（3）$y=2^x$.

解（1）当$x\to 1$时，$\frac{1}{x-1}$为无穷大，记为$\lim\limits_{x\to 1}\frac{1}{x-1}=\infty$；

（2）当$x\to\infty$时，$2x-1$为无穷大，记为$\lim\limits_{x\to\infty}(2x-1)=\infty$；

（3）当$x\to+\infty$时，2^x为正无穷大，$\lim\limits_{x\to+\infty}2^x=+\infty$.

*三、无穷小阶的比较

由无穷小的性质知，有限个无穷小的和、积依然是无穷小，而两个无穷小的商不一定是无穷小．例如，$x\to 0$时，x，$2x$，x^2都是无穷小，但是

$$\lim_{x\to 0}\frac{x}{2x}=\frac{1}{2},\quad \lim_{x\to 0}\frac{x}{x^2}=\infty,\quad \lim_{x\to 0}\frac{x^2}{2x}=0 .$$

以上不同的结果，反映了不同的无穷小趋于零的“快慢”程度的不同．为了比较两个无穷小的变化速度的快慢，下面引入无穷小阶的概念.

定义 3　设$\lim\limits_{x\to x_0}\alpha(x)=0$，$\lim\limits_{x\to x_0}\beta(x)=0$.

（1）若$\lim\limits_{x\to x_0}\frac{\alpha(x)}{\beta(x)}=0$，则称$\alpha(x)$是比$\beta(x)$较高阶的无穷小，记为$\alpha(x)=o(\beta(x))$；

（2）若 $\lim\limits_{x\to x_0}\dfrac{\alpha(x)}{\beta(x)}=\infty$，则称 $\alpha(x)$ 是比 $\beta(x)$ 较低阶的无穷小；

（3）若 $\lim\limits_{x\to x_0}\dfrac{\alpha(x)}{\beta(x)}=C$（$C$ 为不等于零的常数），则称 $\alpha(x)$ 与 $\beta(x)$ 是同阶无穷小；特别地，当 $C=1$ 时，称 $\alpha(x)$ 与 $\beta(x)$ 是等价无穷小，记为 $\alpha(x)\sim\beta(x)$．

例如，因为 $\lim\limits_{x\to 0}\dfrac{x}{2x}=\dfrac{1}{2}$，所以称 $x\to 0$ 时，x 与 $2x$ 是同阶无穷小；因为 $\lim\limits_{x\to 0}\dfrac{x^2}{2x}=0$，所以称 $x\to 0$ 时，x^2 是比 $2x$ 较高阶的无穷小，即 $x^2=o(2x)$．

又如，因为 $\lim\limits_{x\to 0}\dfrac{\sin x}{x}=1$，所以称 $x\to 0$ 时，$\sin x$ 与 x 是等价无穷小，即 $\sin x\sim x$．

等价无穷小在计算"$\dfrac{0}{0}$"型的极限时有着重要的作用，可以简化运算．

定理 3　设当 $x\to x_0$ 时，$\alpha(x)$，$\beta(x)$，$\alpha_1(x)$，$\beta_1(x)$ 都是无穷小，且 $\alpha(x)\sim\alpha_1(x)$、$\beta(x)\sim\beta_1(x)$．若 $\lim\limits_{x\to x_0}\dfrac{\alpha_1(x)}{\beta_1(x)}$ 存在，则

$$\lim_{x\to x_0}\frac{\alpha(x)}{\beta(x)}=\lim_{x\to x_0}\frac{\alpha_1(x)}{\beta_1(x)}.$$

下面给出一些常用的当 $x\to 0$ 时的等价无穷小．

（1）$\sin x\sim x$；　（2）$\tan x\sim x$；　（3）$\arcsin x\sim x$；

（4）$1-\cos x\sim\dfrac{1}{2}x^2$；　（5）$\ln(1+x)\sim x$；　（6）$e^x-1\sim x$．

例 4　求极限 $\lim\limits_{x\to 0}\dfrac{\tan 3x}{\sin 2x}$．

解　当 $x\to 0$ 时，$\tan 3x\sim 3x$，$\sin 2x\sim 2x$，所以

$$\lim_{x\to 0}\frac{\tan 3x}{\sin 2x}=\lim_{x\to 0}\frac{3x}{2x}=\frac{3}{2}.$$

例 5　求极限 $\lim\limits_{x\to 0}\dfrac{1-\cos x}{x\sin x}$．

解　当 $x\to 0$ 时，$1-\cos x\sim\dfrac{1}{2}x^2$，$\sin x\sim x$，所以

$$\lim_{x\to 0}\frac{1-\cos x}{x\sin x}=\lim_{x\to 0}\frac{\frac{1}{2}x^2}{x\cdot x}=\frac{1}{2}.$$

例 6　求极限 $\lim\limits_{x\to 0}\dfrac{\sin x-\tan x}{x\tan^2 x}$.

解　$\lim\limits_{x\to 0}\dfrac{\sin x-\tan x}{x\tan^2 x}=\lim\limits_{x\to 0}\dfrac{\tan x(\cos x-1)}{x\tan^2 x}=\lim\limits_{x\to 0}\dfrac{\cos x-1}{x\tan x}=\lim\limits_{x\to 0}\dfrac{-\frac{1}{2}x^2}{x\cdot x}=-\dfrac{1}{2}$.

习题 1.5

1. 下列函数在自变量怎样变化时是无穷小？怎样变化时是无穷大？

（1）$y=\dfrac{1}{x^3}$；　（2）$y=\dfrac{1}{x+1}$；　（3）$y=\cot x$；　（4）$y=\ln x$.

2. 利用无穷小的性质求下列极限:

（1）$\lim\limits_{x\to 0}x\cos\dfrac{1}{x}$；　（2）$\lim\limits_{x\to +\infty}\dfrac{1}{x}\cdot 2^{-x}$；　（3）$\lim\limits_{x\to 0}(\sin x)^2$；　（4）$\lim\limits_{x\to -\infty}(\dfrac{1}{x}+\mathrm{e}^x)$.

3. 试证：当 $x\to 0$ 时，$\sin x^2$ 是比 $\tan x$ 高阶的无穷小.

4. 试证：当 $x\to 0$ 时，$\sqrt{1+x}-1$ 与 $\dfrac{1}{2}x$ 是等价的无穷小.

5. 一放射性材料的衰减模型为 $N=100\mathrm{e}^{-0.026t}$ (单位:mg)，求:

（1）该放射性材料最初有多少？

（2）衰减10% 所需的时间？

（3）给出 $t\to +\infty$ 时的衰减规律.

1.6　函数的连续性

在现实生活中有许多量都是连续变化的，例如，一天中气温的变化、植物的生长、金属受热长度的变化等，都是连续变化的量. 这些现象反映在数学上就是函数的连续性. 18 世纪，人们对函数连续性的研究仍停留在几何直观上，认为连续函数的图形能一笔画成. 直到 19 世纪，严格的极限理论建立后，人们给出连续精确的数学表述. 为了刻画函数的连续性，我们先介绍函数增量的概念.

一、函数连续的概念

1. 增量

定义　设变量 u 从它的初值 u_0 变到终值 u_1，则终值与初值之差 u_1-u_0 就叫作变量 u 的增量，又叫作 u 的改变量，记作 Δu，即

$$\Delta u=u_1-u_0 .$$

增量可以是正的，可以是负的，也可以是零.

如果函数 $y=f(x)$ 在 x_0 的某邻域内有定义，当自变量 x 从 x_0 变到 $x_0+\Delta x$ 时，函数 $y=f(x)$ 相应地从 $f(x_0)$ 变到 $f(x_0+\Delta x)$，因此函数 y 的相应改变量为

$$\Delta y=f(x_0+\Delta x)-f(x_0)\text{（见图 1-25）}.$$

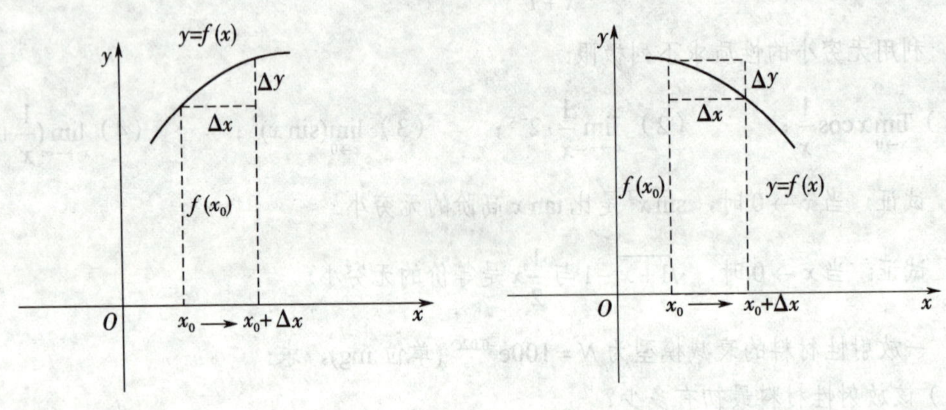

图 1–25

例 1　设 $y=f(x)=3x^2-1$，求适合下列条件的自变量的增量 Δx 和函数的增量 Δy.

（1）当 x 由 1 变到 1.5；

（2）当 x 由 1 变到 0.5；

（3）当 x 由 1 变到 $1+\Delta x$.

解　（1）$\Delta x=1.5-1=0.5$，$\Delta y=f(1.5)-f(1)=5.75-2=3.75$；

（2）$\Delta x=0.5-1=-0.5$，$\Delta y=f(0.5)-f(1)=0.75-1-2=-2.25$；

（3）$\Delta x=(1+\Delta x)-1=\Delta x, \Delta y=f(1+\Delta x)-f(1)=[3(1+\Delta x)^2-1]-2=6\Delta x+3(\Delta x)^2$.

2. 函数连续的定义

（1）函数 $y=f(x)$ 在点 x_0 处的连续性

定义 1　设函数 $y=f(x)$ 在 x_0 的某邻域内有定义，如果当自变量 x 在点 x_0 处的增量 Δx 趋于 0 时，函数 $y=f(x)$ 相应的增量 $\Delta y=f(x_0+\Delta x)-f(x_0)$ 也趋近于 0，即 $\lim\limits_{\Delta x\to 0}\Delta y=0$，则称函

数 $y=f(x)$ 在点 x_0 连续.

例 2　根据定义 1 证明函数 $y=f(x)=3x^2-1$ 在点 $x=1$ 连续.

证　因为函数 $f(x)=3x^2-1$ 的定义域为 $(-\infty, +\infty)$，故函数在 $x=1$ 的某邻域内有定义.

设自变量在 $x=1$ 处有增量 Δx，则函数相应的增量为

$$\Delta y=6\Delta x+3(\Delta x)^2.$$

因为　$\lim\limits_{\Delta x\to 0}\Delta y=\lim\limits_{\Delta x\to 0}[6\Delta x+3(\Delta x)^2]=0$，

所以根据定义 1 可知函数 $f(x)=3x^2-1$ 在点 $x=1$ 连续.

设 $x=x_0+\Delta x$，则 $\Delta x\to 0$ 就是 $x\to x_0$，$\Delta y\to 0$ 就是 $f(x)\to f(x_0)$，$\lim\limits_{\Delta x\to 0}\Delta y=0$ 就是 $\lim\limits_{x\to x_0}f(x)=f(x_0)$.

因此，函数在某点处连续的定义又可叙述如下.

定义 2　设函数 $y=f(x)$ 在 x_0 的某邻域内有定义，如果函数 $f(x)$ 当 $x\to x_0$ 时的极限存在，且等于它在点 x_0 处的函数值 $f(x_0)$，即若

$$\lim_{x\to x_0}f(x)=f(x_0),$$

那么就称函数 $y=f(x)$ 在点 x_0 连续.

例 3　根据定义 2 证明函数 $y=f(x)=3x^2-1$ 在点 $x=1$ 连续.

证　（1）函数 $f(x)=3x^2-1$ 的定义域为 $(-\infty, +\infty)$，故函数在 $x=1$ 的某邻域内有定义，且 $f(1)=2$；

（2）$\lim\limits_{x\to 1}f(x)=\lim\limits_{x\to 1}(3x^2-1)=2$；

（3）$\lim\limits_{x\to 1}f(x)=2=f(1)$.

因此，根据定义 2 可知，函数 $f(x)=3x^2-1$ 在点 $x=1$ 连续.

如果函数 $f(x)$ 在 x_0 点不连续，则称函数 $f(x)$ 在 x_0 间断，x_0 为函数 $f(x)$ 的间断点.

（2）函数 $y=f(x)$ 在区间 $[a, b]$ 上的连续性

如果函数 $y=f(x)$ 在区间 (a, b) 内的每一点都连续，则称函数在开区间 (a, b) 内连续，区间 (a, b) 叫作函数 $y=f(x)$ 的连续区间.

如果函数在开区间 (a, b) 内连续，且在左端点 a 处右连续（即 $\lim\limits_{x\to a^+}f(x)=f(a)$），在右端点 b 处左连续（即 $\lim\limits_{x\to b^-}f(x)=f(b)$），则称函数在闭区间 $[a, b]$ 上连续.

例 4 作出函数 $f(x)=\begin{cases}1, & x<-1\\ x, & -1\leqslant x\leqslant 1\end{cases}$ 的图形，并讨论函数 $f(x)$ 在点 $x=1$ 及 $x=-1$ 处的连续性.

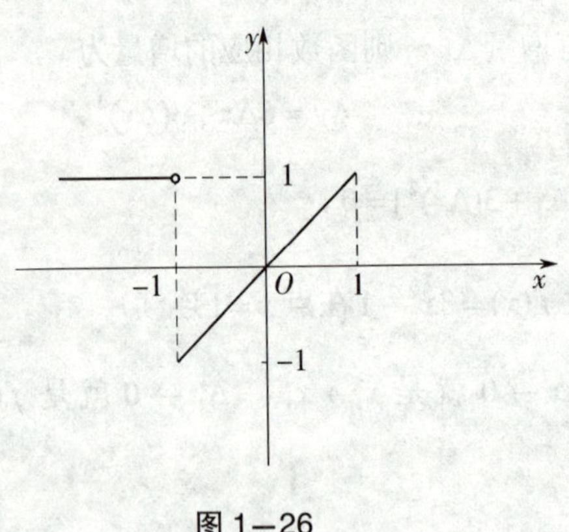

图 1—26

解 函数 $f(x)$ 在区间 $(-\infty,1]$ 内有定义. 函数的图形如图 1-26 所示.

因为 $$\lim_{x\to 1^-} f(x)=\lim_{x\to 1^-} x=1,\quad f(1)=1,$$

所以函数在点 $x=1$ 左连续.

因为 $$\lim_{x\to -1^+} f(x)=\lim_{x\to -1^+} x=-1;$$

$$\lim_{x\to -1^-} f(x)=\lim_{x\to -1^-} 1=1.$$

所以 $\lim\limits_{x\to -1} f(x)$ 不存在，即函数 $f(x)$ 在点 $x=-1$ 不连续，$x=-1$ 是函数的间断点.

例 5 设 $f(x)=\begin{cases}a+x, & x\leqslant 0\\ \cos x, & x>0\end{cases}$，试确定 a 的值，使 $f(x)$ 在 $(-\infty,+\infty)$ 内连续.

解 要使 $f(x)$ 在 $(-\infty,+\infty)$ 内连续，则有函数 $f(x)$ 在 $x=0$ 连续.

又因为 $f(0)=a$，$\lim\limits_{x\to 0^-} f(x)=\lim\limits_{x\to 0^-}(a+x)=a$，$\lim\limits_{x\to 0^+} f(x)=\lim\limits_{x\to 0^+}\cos x=1$.

所以 $\lim\limits_{x\to 0^-} f(x)=\lim\limits_{x\to 0^+} f(x)$，因而 $a=1$.

二、初等函数的连续性

初等函数在其定义区间内都是连续的. 初等函数的连续性为我们提供了一种求函数极限的方法：如果函数 $f(x)$ 是初等函数，且 x_0 是其定义区间内的点，则函数 $f(x)$ 在点 x_0 连续，

即 $\lim\limits_{x\to x_0} f(x)=f(x_0)$.

例 6　求 $\lim\limits_{x\to 0}\sqrt{1-x^2}$.

解　设函数 $f(x)=\sqrt{1-x^2}$，这是一个初等函数，它的定义区间是 $[-1,1]$，而 $x=0$ 在该区间内，所以

$$\lim_{x\to 0}\sqrt{1-x^2}=f(0)=1.$$

例 7　求 $\lim\limits_{x\to\frac{\pi}{2}}\ln\sin x$.

解　设函数 $f(x)=\ln\sin x$，它的一个定义区间为 $(0,\pi)$，而 $x=\dfrac{\pi}{2}$ 在该区间内，所以

$$\lim_{x\to\frac{\pi}{2}}\ln\sin x=\ln\sin\frac{\pi}{2}=0.$$

三、闭区间上连续函数的性质

1. 最大值与最小值性质

在闭区间上连续的函数一定存在最大值和最小值.

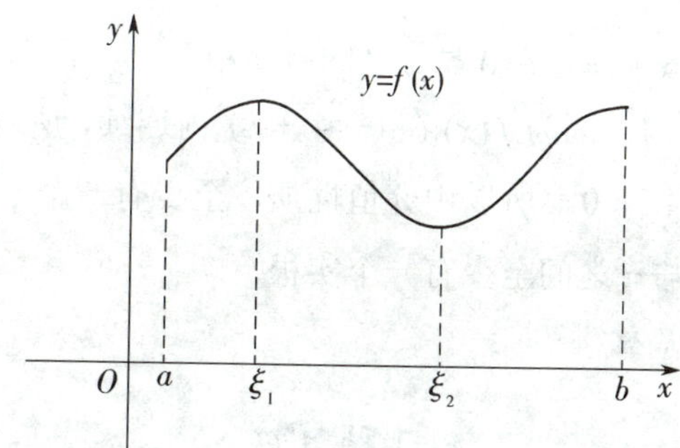

图 1–27

如图 1–27 所示，设函数 $f(x)$ 在闭区间 $[a, b]$ 上连续，那么在 $[a, b]$ 上至少有一点 $\xi_1\,(a\leqslant\xi_1\leqslant b)$ 使得函数值 $f(\xi_1)$ 为最大，即

$$f(\xi_1)\geqslant f(x)\quad(a\leqslant x\leqslant b);$$

又至少有一点 $\xi_2\,(a\leqslant\xi_2\leqslant b)$，使得函数值 $f(\xi_2)$ 为最小，即

$$f(\xi_2)\leqslant f(x)\quad(a\leqslant x\leqslant b);$$

这样的函数值 $f(\xi_1)$ 和 $f(\xi_2)$ 分别叫作函数 $f(x)$ 在区间 $[a, b]$ 上的**最大值**和**最小值**.

2. 介值性质

设函数 $f(x)$ 在闭区间 $[a, b]$ 上连续，且在该区间的两端点取不同的数值 $f(a)=A$ 与 $f(b)=B$，那么，不论 C 是 A 与 B 之间的怎样一个数，在开区间 (a, b) 内至少有一点 ξ，使得

$$f(\xi)=C \quad (a<\xi<b);$$

特别地，如果 $f(a)$ 和 $f(b)$ 异号，那么在开区间 (a, b) 内至少有一点 ξ，使得

$$f(\xi)=0 \quad (a<\xi<b).$$

由图 1-28 可以看出，在 $[a, b]$ 上连续的曲线 $y=f(x)$ 与直线 $y=C(A<C<B)$ 至少有一个交点，交点的坐标为 $(\xi, f(\xi))$，其中 $f(\xi)=C$.

如图 1-29 所示，如果 $f(a)$ 和 $f(b)$ 异号，那么，在 $[a, b]$ 上连续的曲线 $y=f(x)$ 与 x 轴至少有一个交点，交点的坐标为 $(\xi, 0)$，即 $f(\xi)=0$.

上述介值性质是求方程 $f(x)=0$ 的近似解的理论依据.

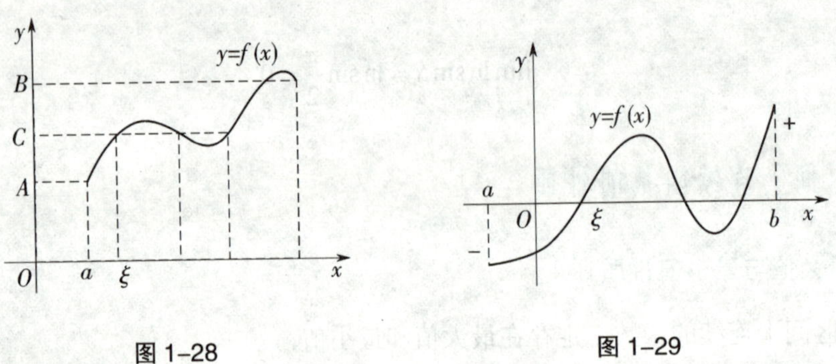

图 1-28　　图 1-29

例 8　证明方程 $\sin x-x+1=0$ 在 0 与 π 之间有实根.

证　设 $f(x)=\sin x-x+1$，因为 $f(x)$ 在 $(-\infty,+\infty)$ 内连续，所以 $f(x)$ 在 $[0, \pi]$ 上也连续，而 $f(0)=1>0$， $f(\pi)=-\pi+1<0$，所以由介值性质，至少有一个 $\xi\in(0,\pi)$，使得 $f(\xi)=0$，即方程 $\sin x-x+1=0$ 在 0 与 π 之间至少有一个实根.

习题 1.6

1. 讨论函数 $f(x)=3x-2$ 在 $x=0$ 的连续性.

2. 函数 $f(x)=\begin{cases} x^2-1, & 0\leqslant x\leqslant 1 \\ x+1, & x>1 \end{cases}$ 在 $x=\frac{1}{2}$, $x=1$ 及 $x=2$ 处是否连续？并作出函数的图形.

3. 求函数 $f(x)=\begin{cases} -x^2, & -\infty<x\leqslant -1 \\ 2x+1, & -1<x\leqslant 1 \\ 4-x, & 1<x<+\infty \end{cases}$ 的连续区间，并作出函数的图形.

4. 设 $f(x)=\begin{cases}\dfrac{2}{x}\sin x, & x<0\\ k, & x=0\\ x\sin\dfrac{1}{x}+2, & x>0\end{cases}$，试确定 k 的值，使 $f(x)$ 在定义域内连续.

5. 求下列极限:

（1）$\lim\limits_{x\to 0}\sqrt{x^2-2x+5}$；　　（2）$\lim\limits_{x\to -2}\dfrac{2x^2+1}{x+1}$；

（3）$\lim\limits_{t\to -2}\dfrac{e^t+1}{t}$；　　（4）$\lim\limits_{x\to \frac{\pi}{4}}\dfrac{\sin 2x}{2\cos(\pi-x)}$；

（5）$\lim\limits_{x\to \frac{\pi}{4}}\dfrac{\sin x-\cos x}{\cos 2x}$；　　（6）$\lim\limits_{x\to 0}\dfrac{\sqrt{x+1}-1}{x}$；

（7）$\lim\limits_{x\to 0}\dfrac{\sqrt{x+4}-2}{\sin 5x}$；　　（8）$\lim\limits_{x\to 0}\ln\dfrac{\sin x}{x}$.

6. 证明方程 $2^x-4x+1=0$ 在 $(0,1)$ 内有根.

7. 证明方程 $x-2\sin x=1$ 至少有一个正根小于 3.

综合练习一

一、选择题

1. 函数 $y=1+\sin x$ 是（　　）.

A. 奇函数　　B. 偶函数

C. 单调增加函数　　D. 有界函数

2. 下列函数中不是复合函数的是（　　）.

A. $y=\left(\dfrac{1}{3}\right)^x$　　B. $y=e^{1+x^2}$

C. $y=\ln\sqrt{1-x}$　　D. $y=\sin(2x+1)$

3. 函数 $f(x)=\dfrac{1}{1-x}$ 在（　　）条件下趋于 $+\infty$.

A. $x\to 1$　　B. $x\to 1^+$　　C. $x\to 1^-$

4. 如果函数 $f(x)$ 当 $x\to x_0$ 时极限存在，则函数 $f(x)$ 在点 x_0（　　）.

A. 有定义　　B. 无定义　　C. 不一定有定义

5. $f(x)=\dfrac{x^2+x-2}{x^2-4x+3}$的连续区间是（　　）.

A. $(-\infty,1)\cup(1,3)\cup(3,+\infty)$　　B. $(-\infty,1)\cup(1,+\infty)$

C. $(-\infty,3)\cup(3,+\infty)$

二、写出下列函数的复合过程

1. $y=\mathrm{e}^{\sqrt{x^2+1}}$；　　2. $y=\ln\sin(3x^2-5)$；

3. $y=\tan^2(\dfrac{\pi}{3}-2x)$；　　4. $y=(\arccos\sqrt{\ln x})^3$.

三、求下列各极限

1. $\lim\limits_{n\to\infty}\dfrac{n^2-4}{n^2+1}$；　　2. $\lim\limits_{n\to\infty}\dfrac{3n^3-2n+1}{8-n^3}$；

3. $\lim\limits_{x\to 1^+}\dfrac{x^4-1}{x^3-1}$；　　4. $\lim\limits_{x\to 5}\dfrac{x^2-7x+10}{x^2-25}$；

5. $\lim\limits_{x\to\infty}\dfrac{3x^2+2}{1-4x^2}$；　　6. $\lim\limits_{x\to\infty}\dfrac{3x^3+2}{1-4x^2}$.

四、解答题

1. 设$f(x)=\dfrac{x^2-1}{|x-1|}$，求$\lim\limits_{x\to 1^-}f(x)$及$\lim\limits_{x\to 1^+}f(x)$，并说明$\lim\limits_{x\to 1}f(x)$是否存在.

2. 判断方程$\mathrm{e}^{\sin x}-\ln(1+x)=0$在$(0,2\pi)$内是否有根.

3. 计划造一个容积为V的圆柱形无盖蓄水池，已知其侧面单位面积的造价为底面单位面积造价的2倍. 如果底面的造价为80元/m^2，试建立蓄水池的总造价A（元）与底面半径r(m)的函数关系.

4. 某人将2000元钱存入银行单利年利率为9%，那么5年后得到的本利和为多少？若按复利计算，2000元钱在10年后得到的本利和为5000元，那么年利率是多少？

5. 某展览馆的门票规定：每人5元，40人以上（含40人）的团体票以6折优惠. 设团体人数为x人，所花门票费为y元. 试建立门票费用y与团体人数x之间的关系. 并分别计算当有32名、40名、50名学生入馆参观时需要支付的门票费. 试简单分析购票策略.

6. 设清除费用$C(x)$(单位:元)与清除污染成分的$x\%$之间的函数关系为$C(x)=\dfrac{7300x}{100-x}$，求$\lim\limits_{x\to 50}C(x)$和$\lim\limits_{x\to 100^-}C(x)$，并解释其实际意义.

第二章 一元函数微分学

欧洲文艺复兴运动之后，社会生产力显著提高，大大推动了科学研究的进程．伴随着天文、力学的研究需要，17 世纪微积分思想方法的研究成为数学研究的中心问题．概括地讲，17 世纪的微积分是围绕着下列四种类型的问题的解决而逐步建立起来的：一是求非匀速运动物体在任意时刻的速度和加速度，导致了“瞬时变化率”的研究；二是确定运动物体在其轨道上任意一点处的运动方向（轨迹的切线方向），以及研究光线通过透视镜的通道而提出的求曲线的切线问题；三是炮弹的最大射程的发射角，行星离开太阳的最远和最近的距离（即远日点和近日点），导致了函数极值的研究；四是寻求行星运行轨道的曲线的长度、行星矢径扫过的面积（曲线围成的面积）、曲面围成的体积、物体的重心与引力计算导致的一般积分方法．

本章主要解决前三类问题，第四类问题在第三章解决．首先从实际问题中抽象出导数的概念，进而推导出导数的计算公式和计算法则，在此基础上讨论微分学的应用．

2.1 导数的概念

一、引例

1．瞬时速度

设一物体做变速直线运动，其运动规律为 $s=s(t)$，求该物体在 t_0 时刻的速度 $v(t_0)$．

首先我们要明确瞬时速度是什么？物体在时刻 t_0 的瞬时速度与它在 t_0 附近的平均速度有着密切的关系．当时间由 t_0 变到 $t_0+\Delta t$（即时间改变量为 Δt）时，物体经过的路程（路程改变量）为：

$$\Delta s = s(t_0+\Delta t)-s(t_0)$$

于是物体从 t_0 到 $t_0+\Delta t$ 这一段时间的平均速度是

$$\bar{v}=\frac{\Delta s}{\Delta t}=\frac{s(t_0+\Delta t)-s(t_0)}{\Delta t}.$$

当 Δt 变化时，$\bar{v}$ 也随之变化．当 Δt 较小时，可以认为 $\bar{v}$ 是物体在 t_0 时刻的瞬时速度的近似值，Δt 越小，$\bar{v}$ 就越接近物体在 t_0 时刻的瞬时速度．于是，物体在 t_0 时刻的瞬时速度就是

当Δt无限接近于0（$\Delta t\neq 0$）时，平均速度$\bar{v}$的极限，即

$$v(t_0)=\lim_{\Delta t\to 0}\bar{v}=\lim_{\Delta t\to 0}\frac{\Delta s}{\Delta t}=\lim_{\Delta t\to 0}\frac{s(t_0+\Delta t)-s(t_0)}{\Delta t}.$$

这就是做变速直线运动的物体在时刻t_0的速度的定义及计算方法.

2. 切线斜率

如图2-1所示，设曲线L的方程为$y=f(x)$，求此曲线上点M处切线的斜率.

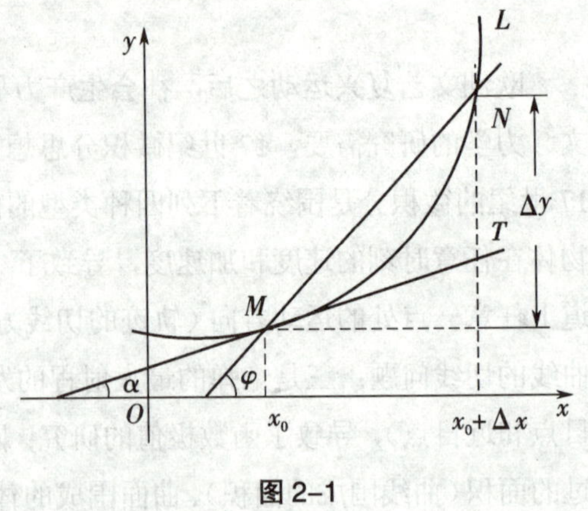

图 2-1

要求曲线在某点的切线的斜率，首先我们要明确曲线在该点的切线是如何定义的.

设M是曲线L上的一个定点，N是曲线L上另一个点，过点M和N作一条直线MN，称MN为曲线L的割线，当点N沿曲线L向定点M运动时，割线MN的极限位置MT称为曲线L在点M处的切线（对比一下中学学过的曲线切线的定义）.

因此，割线MN的斜率k'的极限（$N\to M$）就是切线MT的斜率k.

下面我们来求曲线在M点的切线的斜率．设点M的坐标为$(x_0,f(x_0))$，点N的坐标为$(x_0+\Delta x,f(x_0+\Delta x))$，割线$MN$的斜率为

$$k'=\frac{\Delta y}{\Delta x}=\frac{f(x_0+\Delta x)-f(x_0)}{\Delta x}.$$

当$N\to M$时，$\Delta x\to 0$．于是，曲线L在点M处的切线MT的斜率为

$$k=\lim_{\Delta x\to 0}k'=\lim_{\Delta x\to 0}\frac{\Delta y}{\Delta x}=\lim_{\Delta x\to 0}\frac{f(x_0+\Delta x)-f(x_0)}{\Delta x}.$$

这就是曲线切线的定义及其斜率的计算方法.

二、导数概念

1. 函数$f(x)$在点x_0处的导数

上面两个引例，一个是物理学中的瞬时速度，一个是几何学中的切线斜率．但从数学结构上看，它们却具有共同的特点：函数的增量与自变量的增量之比，当自变量的增量趋于零时的极限．这种形式的极限在自然科学和工程技术领域内还有许多，如加速度、角速度、电流强度等都可以归结为这种形式．我们抛开这些问题的具体背景，抓住它们在数量关系上的共性——求增量比的极限，就得到了导数的概念.

定义　设函数$y=f(x)$在点x_0的某邻域内有定义，当自变量x在x_0处有改变量Δx时，相

应的函数值的改变量是$\Delta y=f(x_0+\Delta x)-f(x_0)$，如果极限

$$\lim_{\Delta x\to 0}\frac{\Delta y}{\Delta x}=\lim_{\Delta x\to 0}\frac{f(x_0+\Delta x)-f(x_0)}{\Delta x}$$

存在，则称函数$y=f(x)$在点x_0处可导（或存在导数），此极限叫作函数$f(x)$在点x_0处的导数，记为$f'(x_0)$，即

$$f'(x_0)=\lim_{\Delta x\to 0}\frac{\Delta y}{\Delta x}=\lim_{\Delta x\to 0}\frac{f(x_0+\Delta x)-f(x_0)}{\Delta x}.$$

函数$y=f(x)$在点x_0处的导数还记作$y'\big|_{x=x_0}$，$\left.\frac{\mathrm{d}y}{\mathrm{d}x}\right|_{x=x_0}$，$\left.\frac{\mathrm{d}f}{\mathrm{d}x}\right|_{x=x_0}$.

如果极限$\lim\limits_{\Delta x\to 0}\frac{\Delta y}{\Delta x}=\lim\limits_{\Delta x\to 0}\frac{f(x_0+\Delta x)-f(x_0)}{\Delta x}$不存在，则称函数$f(x)$在点$x_0$处不可导.

可以看出，上述两个问题都是导数问题. 如果物体运动规律是$s=s(t)$，则物体在t_0时刻的瞬时速度$v(t_0)$就是$s(t)$在t_0的导数$s'(t_0)$，即$v(t_0)=s'(t_0)$. 如果曲线的方程是$y=f(x)$，则曲线在点x_0处的切线斜率k就是函数$f(x)$在点x_0的导数$f'(x_0)$，即$k=f'(x_0)$.

在导数的定义中，如果令$x_0+\Delta x=x$，则当$\Delta x\to 0$时，有$x\to x_0$，故函数$y=f(x)$在x_0处的导数$f'(x_0)$也可表述为

$$f'(x_0)=\lim_{x\to x_0}\frac{f(x)-f(x_0)}{x-x_0}.$$

根据定义，求函数$y=f(x)$在点x_0处的导数的步骤如下：

（1）求函数的增量$\Delta y=f(x_0+\Delta x)-f(x_0)$；

（2）求比值$\frac{\Delta y}{\Delta x}=\frac{f(x_0+\Delta x)-f(x_0)}{\Delta x}$；

（3）求极限$\lim\limits_{\Delta x\to 0}\frac{\Delta y}{\Delta x}$.

例 1　用定义求函数$f(x)=x^2$在$x=1$处的导数.

解　第一步求Δy：$\Delta y=f(1+\Delta x)-f(1)=(1+\Delta x)^2-1^2=2\Delta x+(\Delta x)^2$.

第二步求$\frac{\Delta y}{\Delta x}$：$\frac{\Delta y}{\Delta x}=\frac{2\Delta x+(\Delta x)^2}{\Delta x}=2+\Delta x\ (\Delta x\neq 0)$.

第三步求极限：$f'(1)=\lim\limits_{\Delta x\to 0}\frac{\Delta y}{\Delta x}=\lim\limits_{\Delta x\to 0}(2+\Delta x)=2$.

例 2　用导数定义判断函数$f(x)=x^{\frac{1}{3}}$在$x=0$处是否可导.

解　第一步求Δy：$\Delta y=f(0+\Delta x)-f(0)=(\Delta x)^{\frac{1}{3}}$.

第二步求 $\frac{\Delta y}{\Delta x}$：$\frac{\Delta y}{\Delta x}=\frac{(\Delta x)^{\frac{1}{3}}}{\Delta x}=\frac{1}{(\Delta x)^{\frac{2}{3}}}$ $(\Delta x\neq 0)$.

第三步求极限：因为 $\lim\limits_{\Delta x\to 0}\frac{\Delta y}{\Delta x}=\lim\limits_{\Delta x\to 0}\frac{1}{(\Delta x)^{\frac{2}{3}}}=\infty$，所以函数 $f(x)=x^{\frac{1}{3}}$ 在 $x=0$ 不可导.

2. 导函数

如果函数 $f(x)$ 在区间 (a,b) 内每一点都可导，则称函数 $f(x)$ 在区间 (a,b) 内可导. 这时对每一个 $x\in(a,b)$，都存在唯一确定的导数 $f'(x)$ 与 x 对应，这就确定了一个新的函数，称此函数为函数 $f(x)$ 的**导函数**（简称**导数**），记为 $f'(x)$，y'，$\frac{\mathrm{d}y}{\mathrm{d}x}$ 或 $\frac{\mathrm{d}f}{\mathrm{d}x}$，即

$$f'(x)=\lim_{\Delta x\to 0}\frac{f(x+\Delta x)-f(x)}{\Delta x}.$$

根据定义，$f'(x)$ 和 $f'(x_0)$ 就是函数与函数值的关系，即 $f'(x_0)$ 就是函数 $f'(x)$ 在点 x_0 处的函数值. 因此，如果已知 $f'(x)$，要求出 $f'(x_0)$，只要把 $x=x_0$ 代入 $f'(x)$ 中求函数值即可.

例 3 求下列函数的导数：

（1）$f(x)=C$ （C 为常数）;

（2）$f(x)=x^2$；

（3）$f(x)=x^3$.

解 （1）$\Delta y=f(x+\Delta x)-f(x)=C-C=0$，$\frac{\Delta y}{\Delta x}=0$，从而有

$$f'(x)=\lim_{\Delta x\to 0}\frac{\Delta y}{\Delta x}=0.$$

即 $$(C)'=0\ (\text{常数的导数恒等于 } 0).$$

（2）第一步求 Δy：$\Delta y=f(x+\Delta x)-f(x)=(x+\Delta x)^2-x^2=2x\Delta x+(\Delta x)^2$.

第二步求 $\frac{\Delta y}{\Delta x}$：$\frac{\Delta y}{\Delta x}=\frac{2x\Delta x+(\Delta x)^2}{\Delta x}=2x+\Delta x$ $(\Delta x\neq 0)$.

第三步求极限：$f'(x)=\lim\limits_{\Delta x\to 0}\frac{\Delta y}{\Delta x}=\lim\limits_{\Delta x\to 0}(2x+\Delta x)=2x$.

即 $$(x^2)'=2x.$$

（3）第一步求 Δy：
$$\begin{aligned}\Delta y&=f(x+\Delta x)-f(x)=(x+\Delta x)^3-x^3\\&=3x^2\Delta x+3x(\Delta x)^2+(\Delta x)^3;\end{aligned}$$

第二步求 $\frac{\Delta y}{\Delta x}$：
$$\begin{aligned}\frac{\Delta y}{\Delta x}&=\frac{3x^2\Delta x+3x(\Delta x)^2+(\Delta x)^3}{\Delta x}\\&=3x^2+3x\Delta x+(\Delta x)^2\ (\Delta x\neq 0);\end{aligned}$$

第三步求极限：$f'(x)=\lim\limits_{\Delta x\to 0}\dfrac{\Delta y}{\Delta x}=\lim\limits_{\Delta x\to 0}[3x^2+3x\Delta x+(\Delta x)^2]=3x^2$.

即
$$(x^3)'=3x^2.$$

一般地，有
$$(x^\alpha)'=\alpha x^{\alpha-1}\ (\alpha\text{为常数}).$$

例 4　求下列函数的导数：

（1）$y=x\sqrt[3]{x}$；　　（2）$y=\dfrac{\sqrt[3]{x}}{\sqrt{x}}$.

解　（1）因为 $y=x\sqrt[3]{x}=x^{\frac{4}{3}}$，所以 $y'=\dfrac{4}{3}x^{\frac{4}{3}-1}=\dfrac{4}{3}x^{\frac{1}{3}}$.

（2）因为 $y=\dfrac{\sqrt[3]{x}}{\sqrt{x}}=x^{-\frac{1}{6}}$，所以 $y'=-\dfrac{1}{6}x^{-\frac{1}{6}-1}=-\dfrac{1}{6}x^{-\frac{7}{6}}$.

用类似方法，我们可以得到一些常用的求导基本公式.

（1）$(C)'=0$（C 为常数）；　　（2）$(x^\alpha)'=\alpha x^{\alpha-1}$；

（3）$(\log_a x)'=\dfrac{1}{x\ln a}$；　　（4）$(\ln x)'=\dfrac{1}{x}$；

（5）$(a^x)'=a^x\ln a$；　　（6）$(\mathrm{e}^x)'=\mathrm{e}^x$；

（7）$(\sin x)'=\cos x$；　　（8）$(\cos x)'=-\sin x$；

（9）$(\tan x)'=\sec^2 x$；　　（10）$(\cot x)'=-\csc^2 x$；

（11）$(\sec x)'=\sec x\tan x$；　　（12）$(\csc x)'=-\csc x\cot x$.

（13）$(\arcsin x)'=\dfrac{1}{\sqrt{1-x^2}}$；　　（14）$(\arccos x)'=-\dfrac{1}{\sqrt{1-x^2}}$.

（15）$(\arctan x)'=\dfrac{1}{1+x^2}$；　　（16）$(\operatorname{arccot} x)'=-\dfrac{1}{1+x^2}$

例 5　已知 $f(x)=\ln x$，求 $f'(2)$.

解　因为 $f'(x)=(\ln x)'=\dfrac{1}{x}$，所以 $f'(2)=\dfrac{1}{2}$.

三、导数的实际意义

从导数的定义来看，导数的实质就是因变量对自变量的变化率，导数就是变化率问题的数学模型.

1. 导数的物理意义

（1）速度．若做变速直线运动的物体的运动方程为 $s = s(t)$，则其运动速度为 $v = \lim\limits_{\Delta t \to 0} \dfrac{\Delta s}{\Delta t} = s'(t)$．即速度就是路程对时间的变化率．

（2）加速度．若做变速直线运动的物体的运动速度为 $v = v(t)$，则加速度为 $a = \lim\limits_{\Delta t \to 0} \dfrac{\Delta v}{\Delta t} = v'(t)$．即加速度就是速度对时间的变化率．

（3）电流强度．若导体内电量的变化规律为 $Q = Q(t)$，则电流强度 $i(t) = \lim\limits_{\Delta t \to 0} \dfrac{\Delta Q}{\Delta t} = Q'(t)$．即电流强度就是电量对时间的变化率．

（4）密度．体密度：$\rho = \dfrac{\mathrm{d}m}{\mathrm{d}v}$（质量对体积的变化率）．面密度：$\rho = \dfrac{\mathrm{d}m}{\mathrm{d}s}$（质量对面积的变化率）．线密度：$\rho = \dfrac{\mathrm{d}m}{\mathrm{d}l}$（质量对长度的变化率）．

2. 导数的经济意义

（1）人口增长率．人口增长率就是人口函数对时间的导数．

（2）边际成本、边际收入与边际利润．某产品的总成本是 $C = C(x)$，x 是产品的产量，则产量的变化引起成本的变化率是成本函数的导数 $C' = C'(x)$，经济学中常称为边际成本；同样收入函数 $R = R(x)$ 的导数 $R' = R'(x)$ 称为边际收入；利润函数 $L = L(x)$ 的导数 $L' = L'(x)$ 称为边际利润．

3. 导数的几何意义

由引例及导数的定义可知，函数 $y = f(x)$ 在 x_0 处的导数 $f'(x_0)$ 就是曲线 $y = f(x)$ 在点 x_0 处的切线斜率，从而得到曲线 $y = f(x)$ 在点 (x_0, y_0) 处的切线方程为

$$y - y_0 = f'(x_0)(x - x_0).$$

法线方程为

$$y - y_0 = -\frac{1}{f'(x_0)}(x - x_0).$$

例 6　求曲线 $y = x^2$ 在点（1，1）处的切线方程和法线方程．

解　由导数的几何意义知，曲线 $y = x^2$ 在点（1，1）处的切线斜率为

$$k = y'\big|_{x=1} = (2x)\big|_{x=1} = 2.$$

所以，所求切线方程为 $y - 1 = 2(x - 1)$，即 $y = 2x - 1$．

法线方程为 $y - 1 = -\dfrac{1}{2}(x - 1)$，即 $y = -\dfrac{1}{2}x + \dfrac{3}{2}$．

习题 2.1

1. 下列命题是否正确？若不正确举出反例：

（1）若函数 $y=f(x)$ 在点 x_0 处不可导，则 $y=f(x)$ 在点 x_0 处一定不连续.

（2）若曲线 $y=f(x)$ 处处有切线，则 $y=f(x)$ 必处处可导.

（3）函数 $y=\sqrt{x}$ 在点 $x=0$ 处不可导.

2．已知做变速直线运动的物体的运动方程为 $s=3t^2+5t$，求物体从 2 秒到 $(2+\Delta t)$ 秒的平均速度 $\overline{v}$ 及在 2 秒时的瞬时速度 $v(2)$.

3．用导数的定义求函数 $f(x)=2x-3$ 的导数.

4．利用幂函数的求导公式，求下列函数的导数：

（1）$y=x^3$；　　（2）$y=\dfrac{\sqrt{x}}{\sqrt[3]{x}}$；　　（3）$y=x^{-3}$.

5．求曲线 $y=\ln x$ 在（1, 0）点处的切线与法线方程.

6．求曲线 $y=x^2$ 上与直线 $y=2x+1$ 平行的切线方程.

7．设非恒定电流从 0 到 t 这段时间内通过导线横截面的电量为 $Q=\sin t$，求在 $t=\dfrac{\pi}{4}$ 时的电流强度 $i(\dfrac{\pi}{4})$.

2.2　初等函数求导

前面我们讨论了导数的定义，并且利用定义计算了一些简单函数的导数，对于初等函数，虽然也可以用定义求他们的导数，但是，运算过程通常非常繁琐. 因此，我们要利用一些求导公式和法则来简化求导运算.

一、函数和、差、积、商的求导法则

设函数 $u=u(x)$ 与 $v=v(x)$ 都是 x 的可导函数，则

（1）$(u\pm v)'=u'\pm v'$；

（2）$(uv)'=u'v+uv'$；

（3）$(Cu)'=Cu'$（C 为常数）；

（4）$(\dfrac{u}{v})'=\dfrac{u'v-uv'}{v^2}$.

例 1 求 $y=2x^3-5x^2+3x-7$ 的导数.

解
$$\begin{aligned} y' &= (2x^3-5x^2+3x-7)' \\ &= (2x^3)'-(5x^2)'+(3x)'-(7)' \\ &= 2(x^3)'-5(x^2)'+3(x)' \\ &= 2\times 3x^2-5\times 2x+3 \\ &= 6x^2-10x+3 . \end{aligned}$$

例 2 设 $y=x^3\ln x+\sin 5$，求 y'.

解
$$\begin{aligned} y' &= (x^3)'\cdot\ln x+x^3\cdot(\ln x)'+(\sin 5)' \\ &= 3x^2\cdot\ln x+x^3\cdot\frac{1}{x}+0 \\ &= 3x^2\cdot\ln x+x^2 . \end{aligned}$$

例 3 求 $y=\tan x$ 的导数.

解
$$\begin{aligned} y' &= (\tan x)'=\left(\frac{\sin x}{\cos x}\right)' \\ &= \frac{(\sin x)'\cos x-(\cos x)'\sin x}{\cos^2 x}=\frac{\cos^2 x+\sin^2 x}{\cos^2 x} \\ &= \frac{1}{\cos^2 x}=\sec^2 x . \end{aligned}$$

同理可得：$(\cot x)'=-\csc^2 x$.

例 4 求 $y=\sec x$ 的导数.

解
$$\begin{aligned} y' &= (\sec x)'=\left(\frac{1}{\cos x}\right)' \\ &= \frac{-(\cos x)'}{\cos^2 x}=\frac{\sin x}{\cos^2 x} \\ &= \tan x\cdot\sec x . \end{aligned}$$

同理可得：$(\csc x)'=-\cot x\cdot\csc x$.

例 5 电路中某点的电流强度 i 是通过该点处的电量 q 关于时间 t 的变化率，如果某一电路中的电量为 $q(t)=t^3+t$. 求：

（1）电流函数 $i(t)$；

（2）$t=2$ 时的电流强度.

解 （1）$i(t)=\dfrac{\mathrm{d}q}{\mathrm{d}t}=(t^3+t)'=3t^2+1$；

（2）$i(2)=\left.\dfrac{\mathrm{d}q}{\mathrm{d}t}\right|_{t=2}=\left.(3t^2+1)\right|_{t=2}=3\times 2^2+1=13$.

例 6　已知某物体做直线运动，运动方程为 $s=(2t^2-1)(t+1)$．求在 $t=2$ 时的速度及加速度．

解　物体的运动速度及加速度分别为

$$\begin{aligned} v(t)=\frac{\mathrm{d}s}{\mathrm{d}t}&=[(2t^2-1)(t+1)]' \\ &=(2t^2-1)'(t+1)+(2t^2-1)(t+1)' \\ &=4t(t+1)+2t^2-1 \\ &=6t^2+4t-1, \end{aligned}$$

$$\begin{aligned} a(t)=\frac{\mathrm{d}v}{\mathrm{d}t}&=(6t^2+4t-1)' \\ &=12t+4, \end{aligned}$$

$t=2$ 时的速度和加速度分别为

$$v(2)=(6t^2+4t-1)\Big|_{t=2}=31;$$
$$a(2)=(12t+4)\Big|_{t=2}=28.$$

二、复合函数的求导

我们前面求导总是直接对自变量求导，但多数情况并不能这样做．例如，求 $y=\sin 2x$ 的导数就无法直接套用公式，否则就会发生错误．

错误解答：$y'=(\sin 2x)'=\cos 2x$．

正确解答：$y'=(\sin 2x)'=(2\sin x\cos x)'$
$=2(\cos^2 x-\sin^2 x)$
$=2\cos 2x$．

比较之下，答案错误的原因是把 $2x$ 当成了自变量．$y=\sin 2x$ 是复合函数，对于复合函数求导，有以下链式法则．

如果 $u=\phi(x)$ 在点 x 处可导，而 $y=f(u)$ 在对应的点 $u=\phi(x)$ 处可导，则复合函数 $y=f[\phi(x)]$ 在点 x 处可导，且有

$$\frac{\mathrm{d}y}{\mathrm{d}x}=\frac{\mathrm{d}y}{\mathrm{d}u}\cdot\frac{\mathrm{d}u}{\mathrm{d}x}$$

或　$$y'_x=y'_u\cdot u'_x=f'(u)\cdot\phi'(x)$$

或 $$\{f[\phi(x)]\}'=f'[\phi(x)]\cdot\phi'(x).$$

注　① y'_x 表示 y 对自变量 x 的导数，y'_u 表示 y 对中间变量 u 的导数，u'_x 表示中间变量 u 对自变量 x 的导数．

② $f'[\phi(x)]$ 表示复合函数 $f[\phi(x)]$ 关于中间变量 $u=\phi(x)$ 的导数，而 $\{f[\phi(x)]\}'$ 表示复合函数 $f[\phi(x)]$ 关于自变量 x 的导数．

由复合函数求导法则知，复合函数的导数等于复合函数对中间变量的导数乘以中间变量对自变量的导数．该法则可推广到有限次复合函数的求导运算．

若 $y=f(u)$，$u=\varphi(v)$，$v=g(x)$，则复合函数 $y=f\{\varphi[g(x)]\}$ 的导数为

$$\frac{\mathrm{d}y}{\mathrm{d}x}=\frac{\mathrm{d}y}{\mathrm{d}u}\cdot\frac{\mathrm{d}u}{\mathrm{d}v}\cdot\frac{\mathrm{d}v}{\mathrm{d}x}=y'_u\cdot u'_v\cdot v'_x .$$

该法则称为复合函数求导的链式法则．在计算复合函数的导数时，关键是弄清楚复合函数的结构，即它是由哪几个基本初等函数或简单函数复合而成的，然后再求导．

这样求 $y=\sin 2x$ 的导数就不成问题了．$y=\sin 2x$ 是由 $y=\sin u$，$u=2x$ 复合而成的．

$$y'_x=(\sin u)'_u(2x)'_x=\cos u\times 2=2\cos u=2\cos 2x .$$

例 7　求函数 $y=(1-2x)^7$ 的导数．

解　$y=(1-2x)^7$ 是由 $y=u^7$，$u=1-2x$ 两个函数复合而成的，而 $y'_u=7u^6$，$u'_x=-2$，所以

$$y'=y'_u\cdot u'_x=7u^6\cdot(-2)=-14(1-2x)^6 .$$

例 8　设 $y=\sin^2 x$，求 y'．

解　$y=\sin^2 x$ 是由 $y=u^2$，$u=\sin x$ 复合而成，而 $y'_u=(u^2)'=2u$，$u'_x=(\sin x)'=\cos x$，所以

$$y'_x=y'_u\cdot u'_x=2u\cdot\cos x=2\sin x\cdot\cos x=\sin 2x .$$

例 9　设 $y=\ln\sin x$，求 y'．

解　$y=\ln\sin x$ 是由 $y=\ln u$，$u=\sin x$ 复合而成，而 $y'_u=(\ln u)'=\frac{1}{u}$，$u_x=(\sin x)'=\cos x$，所以

$$y'_x=y'_u\cdot u'_x=\frac{1}{u}\cdot\cos x=\frac{\cos x}{\sin x}=\cot x .$$

复合函数求导熟练后，中间变量可以不必写出．

例 10　设 $y=\sqrt{a-x^2}$，求 y'．

解　$y'_x=\frac{1}{2}(a-x^2)^{-\frac{1}{2}}\cdot(a-x^2)'_x=\frac{-x}{\sqrt{a-x^2}}$．

例 11　设 $y=\frac{x}{\sqrt{1+x^2}}$，求 y'．

解　先用商的求导法则，遇到复合函数时，再用复合函数求导法则．

$$y'=\frac{(x)'\sqrt{1+x^2}-x(\sqrt{1+x^2})'}{(\sqrt{1+x^2})^2}$$

$$=\frac{\sqrt{1+x^2}-x\cdot\frac{1}{2}\frac{2x}{\sqrt{1+x^2}}}{1+x^2}=\frac{(1+x^2)-x^2}{\sqrt{1+x^2}\,(1+x^2)}=\frac{1}{(1+x^2)^{\frac{3}{2}}} .$$

例 12　求函数 $y=\ln(x+\sqrt{x^2+a^2})$ 的导数．

解　函数 $y=\ln(x+\sqrt{x^2+a^2})$ 是由 $y=\ln u$，$u=x+\sqrt{v}$ 和 $v=x^2+a^2$ 复合而成.

$$y_u'=\frac{1}{u}，u_v'=1+\frac{1}{2\sqrt{v}}，v_x'=2x.$$

所以　$$y_x'=y_u'\cdot u_v'\cdot v_x'=\frac{1}{u}\cdot(1+\frac{1}{2\sqrt{v}})2x.$$

这样就出现了错误，在 $u=x+\sqrt{v}$ 中，x 不再是复合函数，而 $\sqrt{v}$ 是复合函数，所以，$v_x'=2x$ 应该跟在 $(\sqrt{v})'$ 的后面，而不是跟在 u_v' 的后面．即

$$y'=\frac{1}{u}\cdot(1+\frac{1}{2\sqrt{v}}2x)=\frac{1}{x+\sqrt{x^2+a^2}}(1+\frac{x}{\sqrt{x^2+a^2}})$$

$$=\frac{1}{\sqrt{x^2+a^2}}.$$

例 13 放射性元素碳-14 的衰减满足：$Q=\mathrm{e}^{-0.000\,121t}$，其中 Q 是第 t 年碳-14 的余量．求碳-14 的衰减速度.

解　碳-14 的衰减速度 v 为

$$v=\frac{\mathrm{d}Q}{\mathrm{d}t}=(\mathrm{e}^{-0.000\,121t})'$$

$$=\mathrm{e}^{-0.000121t}(-0.000\,121t)'$$

$$=-0.000121\,\mathrm{e}^{-0.000\,121t}.$$

三、隐函数求导

1．隐函数求导法

函数 f（对应关系）的表示方法有多种，其中有这样一种，自变量与因变量之间的对应关系 f 是由方程 $F(x,y)=0$ 所确定的，即有两个非空数集 A 与 B，对任意数 $x\in A$，通过方程 $F(x,y)=0$ 对应唯一一个 $y\in B$，这种对应关系 f（或写为 $y=f(x)$）称为由方程 $F(x,y)=0$ 确定的隐函数．而把形如 $y=f(x)$ 的函数叫作显函数．前面我们所遇到的函数，都是 $y=f(x)$ 的形式．例如，$y=\sin x$，$y=\ln(1+\sqrt{1+x^2})$ 等都是显函数．而方程 $x+y^3=1$，$\mathrm{e}^{x+y}=xy$ 等所确定的函数称之为隐函数.

有些隐函数容易化成显函数，如 $3x^2+2y-5=0$ 可化为 $y=-\frac{1}{2}(3x^2-5)$；有些隐函数则很难显化，如由 $\mathrm{e}^{x+y}=xy$ 所确定的函数．但在实际问题中，有时需要计算隐函数的导数，因此，我们有必要找出直接由方程 $F(x,y)=0$ 来求隐函数的导数的方法.

求方程 $F(x, y)=0$ 确定的隐函数 y 的导数 $\frac{\mathrm{d}y}{\mathrm{d}x}$，可将方程 $F(x, y)=0$ 两边同时对 x 求导，得到一个关于 $\frac{\mathrm{d}y}{\mathrm{d}x}$ 的方程，然后从中解出 $\frac{\mathrm{d}y}{\mathrm{d}x}$ 即可.

方程两边求导时要注意两点：

① y 是 x 的函数.

② y 的函数如 y^2，$\ln y$，e^y，$\sin y$ 都是 x 的复合函数，对 x 求导则有 $(y^2)'=2yy'$；$(\ln y)'=\frac{1}{y}y'$；$(\mathrm{e}^y)'=\mathrm{e}^y y'$；$(\sin y)'=\cos y\cdot y'$. 而 $(xy)'=y+xy'$；$(\frac{y}{x})'=\frac{y'x-y}{x^2}$；$(\frac{x}{y})'=\frac{y-xy'}{y^2}$.

例 14 求由方程 $xy-\mathrm{e}^x+\mathrm{e}^y=0$ 所确定的隐函数的导数 $\frac{\mathrm{d}y}{\mathrm{d}x}$.

解 方程 $xy-\mathrm{e}^x+\mathrm{e}^y=0$ 两端同时对 x 求导，遇到 y 要注意 y 是 x 的函数，用复合函数求导法则，得

$$y+xy'-\mathrm{e}^x+\mathrm{e}^y y'=0.$$

从而 $y'=\frac{\mathrm{d}y}{\mathrm{d}x}=\frac{\mathrm{e}^x-y}{x+\mathrm{e}^y}$.

例 15 求曲线 $x^2+xy+y^2=4$ 在点 $(2, -2)$ 处的切线方程.

解 方程 $x^2+xy+y^2-4=0$ 两边对 x 求导，得

$$2x+y+xy'+2y\cdot y'=0.$$

解得

$$y'=-\frac{2x+y}{x+2y}.$$

由导数的几何意义知，曲线在 $(2, -2)$ 处的切线斜率 $k=y'\Big|_{\substack{x=2\\y=-2}}=1$.

所以，所求切线方程为 $y+2=1\cdot(x-2)$，即 $y-x+4=0$.

*2. 反函数的求导法则

设函数 $y=f(x)$ 可导并且存在可导反函数 $x=\phi(y)$（直接反函数），$f'(x)$ 与 $\phi'(y)$ 之间有什么样的关系？

方程 $y=f(x)$ 两边同时对 y 求导（把 x 看作是 y 的函数，y 是自变量），得

$$1=f'(x)\cdot x_y',$$

即

$$x_y'=\frac{1}{f'(x)}=\frac{1}{y_x'}.$$

因此我们得到结论：互为反函数的导数互为倒数.

例 16 求反正弦函数 $y=\arcsin x\ (-1<x<1)$ 的导数.

解　函数 $y=\arcsin x$ 的直接反函数为 $x=\sin y$．方程 $x=\sin y$ 两边同时对 x 求导得

$$1=\cos y\cdot y'_x$$

所以

$$y'_x=\frac{1}{\cos y}=\frac{1}{\cos(\arcsin x)}=\frac{1}{\sqrt{1-x^2}}.$$

即

$$(\arcsin x)'=\frac{1}{\sqrt{1-x^2}}\ (-1<x<1).$$

同理可以推导另外三个反三角函数的导数公式：

$$(\arccos x)'=-\frac{1}{\sqrt{1-x^2}}\ (-1<x<1);$$

$$(\arctan x)'=\frac{1}{x^2+1};$$

$$(\operatorname{arc}\cot x)'=-\frac{1}{x^2+1}.$$

*四、由参数方程所确定的函数的导数

一般情况下，参数方程

$$\begin{cases}x=\varphi(t),\\ y=f(t)\end{cases}(t\text{为参数})$$

确定了 y 是 x 的函数（当然也可以说确定了 x 是 y 的函数），它是通过参数 t 联系起来的．此函数可以看成是由 $y=f(t)$ 和 $t=\varphi^{-1}(x)$ 复合而成的函数，根据复合函数与反函数的求导法则，有

$$y'_x=y'_t\cdot t'_x=\frac{y'_t}{x'_t}=\frac{f'(t)}{\varphi'(t)}.$$

例 17　求摆线 $\begin{cases}x=t-\sin t\\ y=1-\cos t\end{cases}$ 在 $t=\dfrac{\pi}{2}$ 处的切线方程．

解　$t=\dfrac{\pi}{2}$ 对应的曲线上的点为 $P(\dfrac{\pi}{2}-1,1)$，且 $y'_t=\sin t$，$x'_t=1-\cos t$，

$\dfrac{\mathrm{d}y}{\mathrm{d}x}=\dfrac{y'_t}{x'_t}=\dfrac{\sin t}{1-\cos t}$，$\left.\dfrac{\mathrm{d}y}{\mathrm{d}x}\right|_{t=\frac{\pi}{2}}=1$，故摆线在点 P 处的切线方程为 $x-y-\dfrac{\pi}{2}+2=0$．

五、高阶导数

在某些问题中，需要对函数 $y=f(x)$ 多次求导，如路程 $s=s(t)$ 对时间 t 的导数是物体运动的速度 $v(t)=s'(t)$，而加速度 $a(t)=s''(t)$，相当于连续两次对 $s=s(t)$ 求导．

定义　如果函数 $y=f(x)$ 的导数 $f'(x)$ 在点 x 处可导，则称 $f'(x)$ 在点 x 处的导数为函数 $y=f(x)$ 在点 x 处的**二阶导数**，记为 y''，即

$$y''=[f'(x)]'=\frac{d}{dx}(\frac{dy}{dx})=\lim_{\Delta x\to 0}\frac{f'(x+\Delta x)-f'(x)}{\Delta x}.$$

$[f'(x)]'$ 也记作 $f''(x)$，$\frac{d}{dx}(\frac{dy}{dx})$ 记作 $\frac{d^2y}{dx^2}$.

相应地，把 $y=f(x)$ 的导数 $f'(x)$ 叫作函数 $y=f(x)$ 的一阶导数.

类似地，二阶导数的导数叫作三阶导数，三阶导数的导数叫作四阶导数，……，$(n-1)$ 阶导数的导数叫作 n 阶导数，它们分别记作 y'''，$y^{(4)}$，…，$y^{(n)}$，

$$或\quad f'''(x),\ f^{(4)}(x),\ \cdots,f^{(n)}(x),$$

$$或\quad \frac{d^3y}{dx^3},\ \frac{d^4y}{dx^4},\cdots,\ \frac{d^ny}{dx^n}.$$

函数的二阶及二阶以上的导数统称为函数的**高阶导数**.

由上述可知，求高阶导数只需应用一阶导数的基本公式和求导法则反复进行求导运算即可.

例 18 设 $y=x^2\sin x$，求 y''.

解 $y'=2x\sin x+x^2\cos x$.

$$\begin{aligned}y''&=2\sin x+2x\cos x+2x\cos x-x^2\sin x\\&=2\sin x+4x\cos x-x^2\sin x.\end{aligned}$$

例 19 求 $y=a^x$ 的 n 阶导数.

解 $y'=\ln a\cdot a^x$，$y''=(\ln a)^2\cdot a^x$，$y'''=(\ln a)^3\cdot a^x$，…，$y^{(n)}=(\ln a)^n\cdot a^x$.

特别地，当 $a=\mathrm{e}$ 时，有 $(\mathrm{e}^x)^{(n)}=\mathrm{e}^x$.

习题 2.2

1．求下列函数的导数：

（1）$y=3x^2-\frac{2}{x^2}+\sin\frac{\pi}{5}$；　　（2）$y=x^{10}+10^x+\lg 10$；

（3）$y=x\ln x$；　　（4）$y=(\sqrt{x}+1)(\frac{1}{\sqrt{x}}-1)$；

（5）$y=-\mathrm{e}^x+\frac{1}{\ln x}$；　　（6）$y=\sqrt{x\sqrt{x\sqrt{x}}}$；

（7）$y=\frac{x^3-x-2\pi}{x^2}$；　　（8）$y=\frac{\sin x}{1+\cos x}$.

2．求下列函数的导数：

（1）$y=(2x-1)^4$；　　（2）$y=\sin^2 3x$；

（3）$y = x\sin 2x$；　（4）$y = x\sqrt{x^2+1}$

（5）$y = \ln(x^2-3)$；　（6）$y = 2^{\sin x}$；

（7）$y = \sin x^2$；　（8）$y = \mathrm{e}^{\cos x}$；

（9）$y = \ln\cos\dfrac{x}{2}$；　（10）$y = \dfrac{1}{\sqrt{a^2-x^2}}$.

3．将一只球从桥上抛向空中，t 秒后球相对于地面的高度为 y 米，$y = f(t) = -2t^2+10t+3$.求

（1）球在 0 到 2 秒内的平均速度.

（2）球在 2 秒时的瞬时速度.

4．火箭发射 t 秒后的高度为 $s = 2t^2$ 千米，求火箭发射后 5 秒时的速度.

5．某城市正在遭受一场瘟疫，通过研究发现，第 t 天感染该疾病的人数为 $p(t) = 100t^2 - 5t^3$（t 的单位：天；$0 \leqslant t \leqslant 20$）. 试求该疾病在 $t = 10$ 天时的传播速度.

6．石油流经一管道的路程与时间的关系为 $s^3 - 2t^2 = 5t$，求石油流经管道的流速.

7．设质点做直线运动，其运动方程为 $s = t^3 - 3t + 2$，求质点在 $t = 2$ 时的速度及加速度.

8．求由下列方程确定的隐函数的导数：

（1）$x^2 - y^2 = 36$；　（2）$y = x + \ln y$；

（3）$y = 1 - x\mathrm{e}^y$；　（4）$\cos(xy) = x$.

9. 求下列参数方程所确定的函数 $y = y(x)$ 的导数 $\dfrac{\mathrm{d}y}{\mathrm{d}x}$：

（1）$\begin{cases} x = 1 - t^2, \\ y = t - t^3 \end{cases}$($t$为参数)；　（2）$\begin{cases} x = \mathrm{e}^t\sin t, \\ y = \mathrm{e}^t\cos t \end{cases}$($t$为参数).

10．求曲线 $\begin{cases} x = 1 + 2t - t^2, \\ y = 4t^2 \end{cases}$ 在点 $(-2,\ 4)$ 的切线方程和法线方程.

11．设 $f(x) = x\cos x$，求 $f'''(\dfrac{\pi}{2})$.

12. 求下列函数的 n 阶导数.

（1）$y = x^n$；　（2）$y = \dfrac{1}{1-x}$.

2.3 函数的微分

一、微分的概念

先看一个具体问题. 一块正方形金属薄片受温度变化的影响，其边长由 x_0 变到 $x_0+\Delta x$（见图 2-2），问此薄片的面积大约改变了多少？

正方形薄片受温度变化的影响所改变的面积可以看成是当自变量 x 在 x_0 处有改变量 Δx 时，函数 $A=x^2$ 相应的增量，即

$$\Delta A=(x_0+\Delta x)^2-{x_0}^2=2x_0\cdot\Delta x+(\Delta x)^2 .$$

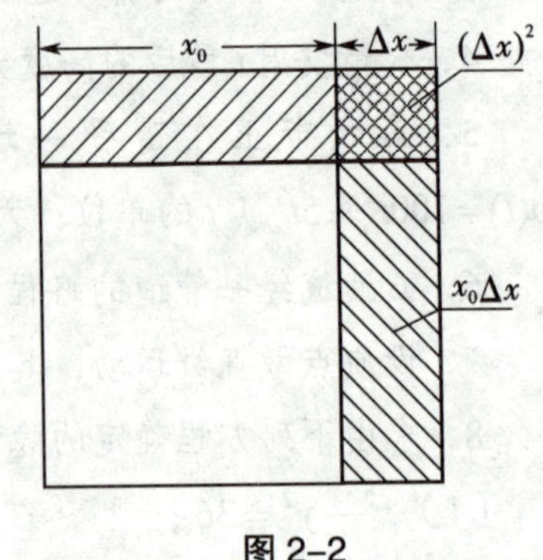

图 2-2

当 Δx 很小时，例如 $x_0=1$，$\Delta x=0.01$ 时，则 $2x_0\Delta x=0.02$，而另外一部分 $(\Delta x)^2=0.0001$. Δx 越小，$(\Delta x)^2$ 就比 $2x_0\Delta x$ 小得越多. 因此，如果要取 ΔA 的近似值，显然 $2x_0\Delta x$ 是 ΔA 的一个很好的近似. 其中 $2x_0=(x^2)'\big|_{x=x_0}$. 我们从图 2－2 中也可以看出，ΔA 分成两部分：第一部分是 $2x_0\cdot\Delta x$，即图形中带有斜线的两个矩形面积之和，在 ΔA 中占有很大比例；而第二部分 $(\Delta x)^2$ 在图中是带有交叉斜线的小正方形的面积，当 $\Delta x\to 0$ 时，第二部分比第一部分小得多，因此 $\Delta A\approx 2x_0\cdot\Delta x$.

定义 设函数 $f(x)$ 在点 x_0 的某邻域内可导，则称 $f'(x_0)\Delta x$ 为函数 $f(x)$ 在 x_0 处的**微分**，记作

$$\mathrm{d}y\big|_{x=x_0}=f'(x_0)\Delta x .$$

上例中，$2x_0\Delta x$ 即为函数 $A=x^2$ 在 x_0 处的微分，记为 $\mathrm{d}A\big|_{x=x_0}=f'(x_0)\Delta x$，函数在某一点的微分即为函数在该点增量的近似值.

$f(x)$ 在任一点 x 的微分叫作函数 $f(x)$ 的微分，记作

$$\mathrm{d}y=f'(x)\Delta x .$$

由微分的定义，函数 $y=x$ 的微分为

$$\mathrm{d}y=\mathrm{d}x=(x)'\Delta x=\Delta x .$$

即自变量 x 的微分 $\mathrm{d}x$ 等于自变量 x 的增量 Δx，于是当 x 是自变量时，可以用自变量的微分 $\mathrm{d}x$ 代替它的增量 Δx，于是函数 $y=f(x)$ 的微分可以写作

$$\mathrm{d}y=f'(x)\mathrm{d}x ,$$

或
$$f'(x)=\frac{\mathrm{d}y}{\mathrm{d}x}.$$
即函数的导数可以看作是函数的微分 $\mathrm{d}y$ 与自变量的微分 $\mathrm{d}x$ 之商．因此函数的导数 $f'(x)$ 又称为函数的微商．前面是把 $\frac{\mathrm{d}y}{\mathrm{d}x}$ 当作一个整体看待，现在我们可以把 $\frac{\mathrm{d}y}{\mathrm{d}x}$ 看作是一个分式，这将给以后的运算带来方便．

因为函数 $y=f(x)$ 的微分为 $\mathrm{d}y=f'(x)\mathrm{d}x$，所以求函数的微分可转化为求函数的导数．

例 1　设函数 $f(x)=x^2+1$，求当 $x_0=1,\Delta x=0.1$ 时函数的增量 Δy 与微分 $\mathrm{d}y$．

解　$\Delta y\Big|_{\substack{x_0=1\\ \Delta x=0.1}}=f(x_0+\Delta x)-f(x_0)=f(1+0.1)-f(1)$

$=(1.1^2+1)-(1^2+1)=0.21$．

$\mathrm{d}y\Big|_{\substack{x_0=1\\ \Delta x=0.1}}=f'(x_0)\Delta x=2x_0\Delta x=2\times1\times0.1=0.2$．

例 2　设 $y=2-x+x^2$，求 $\mathrm{d}y$．

解　$\mathrm{d}y=(2-x+x^2)'\mathrm{d}x=(-1+2x)\mathrm{d}x$．

例 3　设 $y=x\mathrm{e}^x$，求 $\mathrm{d}y$．

解　$\mathrm{d}y=(x\mathrm{e}^x)'\mathrm{d}x=(\mathrm{e}^x+x\mathrm{e}^x)\mathrm{d}x=\mathrm{e}^x(1+x)\mathrm{d}x$．

例 4　设 $y=\sin 2x$，求 $\mathrm{d}y$．

解　$\mathrm{d}y=(\sin 2x)'\mathrm{d}x=\cos 2x(2x)'\mathrm{d}x=2\cos 2x\mathrm{d}x$．

二、微分的几何意义

设函数 $y=f(x)$ 可微，如图 2-3 所示，在曲线上任取点 $M(x_0,y_0)$，过 M 作曲线的切线 MT，则其斜率为 $k=f'(x_0)=\tan\alpha$．当自变量在 x_0 处取得增量 Δx 时，就得到曲线上另一点 $N(x_0+\Delta x,y_0+\Delta y)$，由图 2-3 可知，$MQ=\Delta x$，$NQ=\Delta y$，$QP=MQ\cdot\tan\alpha=f'(x_0)\Delta x=\mathrm{d}y$．

由此可见，Δy 表示曲线 $y=f(x)$ 上的点 $M(x_0,y_0)$ 在曲线上纵坐标的增量，$\mathrm{d}y$ 表示曲线在点 $M(x_0,y_0)$ 的切线上纵坐标的增量．当 $|\Delta x|$ 很小时，$\Delta y\approx\mathrm{d}y$，$|\overset{\frown}{MN}|\approx|MP|$．

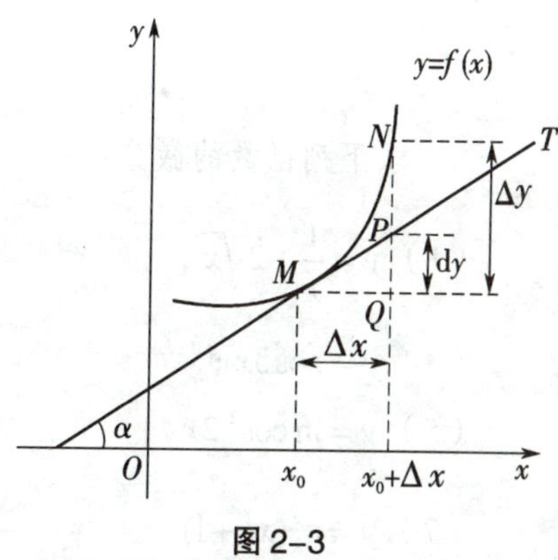

图 2-3

三、微分在近似计算中的应用

由微分的定义可知，如果函数 $y=f(x)$ 在点 x_0 可导，则当 $|\Delta x|$ 很小时，有
$$\Delta y\approx\mathrm{d}y=f'(x_0)\Delta x.$$

例 5　某公司生产一种新型游戏程序，若能全部售出，收入函数为 $R=36x-\frac{x^2}{20}$，其中 x

为公司的日产量，如果公司的日产量从250增加到260，请估算公司每天收入的增加量.

解　当公司每天的产量从250增加到260时，公司每天产量的增加量为$\Delta x=10$，用$\mathrm{d}R$估算每天的收入增加量为

$$\Delta R\Big|_{\substack{\Delta x=10\\x=250}}\approx \mathrm{d}R\Big|_{\substack{\Delta x=10\\x=250}}=(36x-\frac{x^2}{20})'\Delta x\Big|_{\substack{\Delta x=10\\x=250}}=(36-\frac{x}{10})\Delta x\Big|_{\substack{\Delta x=10\\x=250}}=110 .$$

*四、弧微分

在图 2-3 中，当$\Delta x\to 0$时，我们把曲线弧$\overset{\frown}{MN}$的长度叫作弧微分，记作$\mathrm{d}s$．由上面讨论可知，$\mathrm{d}s\approx|MP|$，当$\Delta x\to 0$时$\mathrm{d}s=|MP|$．在$\mathrm{Rt}\Delta MPQ$中，MP是斜边，直角边$|MQ|=\mathrm{d}x$，$|PQ|=\mathrm{d}y$，所以，

$$|MP|=\sqrt{(\mathrm{d}x)^2+(\mathrm{d}y)^2}$$

简记为

$$|MP|=\sqrt{\mathrm{d}x^2+\mathrm{d}y^2} .$$

即弧微分

$$\mathrm{d}s=\sqrt{\mathrm{d}x^2+\mathrm{d}y^2} .$$

当曲线是用$y=f(x)$表示时，$\mathrm{d}s=\sqrt{\mathrm{d}x^2+\mathrm{d}y^2}=\sqrt{1+[f'(x)]^2}\,\mathrm{d}x$.

习题 2.3

1．求下列函数的微分：

（1）$y=\frac{1}{x}+2\sqrt{x}$；　　（2）$y=x\sin 2x$，；

（3）$y=\cos 3x$；　　（4）$y=x\arctan x$；

（5）$y=\ln\cos^2 2x$　；　　（6）$y=(\mathrm{e}^x+\mathrm{e}^{-x})^3$；

（7）$y=\mathrm{e}^x(x^2+1)$；　　（8）$y=2x^2-3x+\sin\frac{\pi}{10}+\ln 10$.

2．在下列各括号中填入一个函数，使各等式成立：

（1）$3x^2\mathrm{d}x=\mathrm{d}(\quad)$　；　　（2）$\frac{1}{1+x^2}\mathrm{d}x=\mathrm{d}(\quad)$；

（3）$2\cos 2x\mathrm{d}x=\mathrm{d}(\quad)$；　　（4）$\frac{1}{x-1}\mathrm{d}x=\mathrm{d}(\quad)$；

（5）$\frac{1}{x^2}\mathrm{d}x = \mathrm{d}(\quad)$；　　（6）$2x\mathrm{d}x = \mathrm{d}(\quad)$．

3. 设函数 $f(x)=x^2$，求当 $x_0=2, \Delta x=-0.1$ 时函数的增量 Δy 与微分 $\mathrm{d}y$．

4. 有一批半径为 1cm 的球，为了提高球面的光洁度，要镀上一层铜，厚度为 0.01cm，估计每只球需用铜多少克？（铜的密度是 8.9 g/cm^2）

5. 求下列曲线的弧微分：

（1）$y=x^2+x$；　　（2）$y=\sin x$．

2.4　拉格朗日中值定理与函数的单调性

微积分的主要研究对象是函数，导数（微分）是研究函数的主要工具．那么如何利用导数这个工具来研究函数呢？微分中值定理正是联系函数与它们的导数之间关系的桥梁．本节主要介绍拉格朗日中值定理，并利用此定理来讨论函数的单调性．

一、拉格朗日中值定理

定理　（拉格朗日（Lagrange）中值定理）如果函数 $f(x)$ 满足如下条件：

（1）在闭区间 $[a,\ b]$ 上连续；

（2）在开区间 $(a,\ b)$ 内可导．

那么在 $(a,\ b)$ 内至少有一点 $\xi(a<\xi<b)$，使得

$$f'(\xi)=\frac{f(b)-f(a)}{b-a}.$$

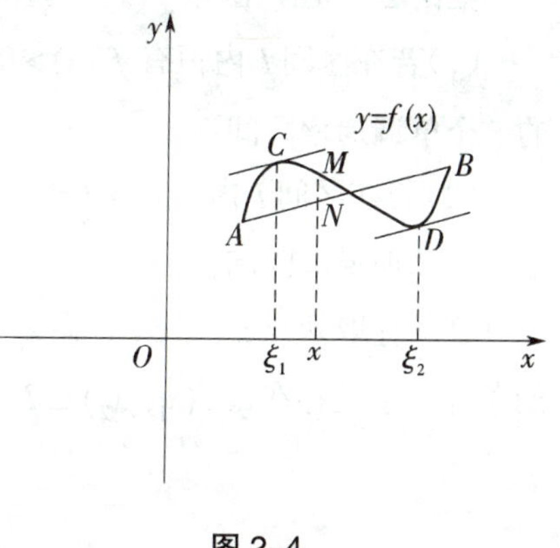

图 2-4

拉格朗日定理的几何意义：如图 2-4 所示，在满足条件的曲线 $y=f(x)$ 上，至少存在一点 $C(\xi_1, f(\xi_1))$，使得曲线在该点的切线平行于曲线两端点的连线 AB．

例 1　验证函数 $f(x)=x^2+1$ 在闭区间 $[1,\ 4]$ 上满足拉格朗日中值定理的条件，并求出拉格朗日中值定理结论中的 ξ．

解　我们从定理中的两个条件来逐一判断是否符合．

函数 $f(x)$ 显然在 $[1,\ 4]$ 上连续，即条件（1）符合．

因为 $f'(x)=2x$，此函数在（1, 4）内有意义，所以函数 $f(x)$ 在（1, 4）内可导，条件（2）符合．

所以 $f(x)$ 在 $[1,\ 4]$ 上满足拉格朗日中值定理的条件．

又 $f(1)=2$, $f(4)=17$ ，令 $f'(\xi)=\dfrac{f(4)-f(1)}{4-1}$ ，即 $2\xi=\dfrac{15}{3}=5$ ，所以拉格朗日中值定理结论中的 $\xi=\dfrac{5}{2}$.

二、函数的单调性

在中学我们讨论函数的性质时，基本上是根据函数的图形来讨论的．而中学的方法不能作为准确的作图依据，因此，我们的讨论就有很大的局限性．借助导数这个工具，我们就可以准确地把握函数的性质．首先我们利用导数来讨论函数的单调性．根据拉格朗日中值定理，我们可以得到如下两个推论．

推论 1 若函数 $f(x)$ 在区间 I 内可导，且 $f'(x)\equiv 0$ ，则 $f(x)$ 在区间 I 内是一个常数函数．

证 任取两点 $x_1,x_2\in I$ ，设 $x_1<x_2$ ，显然，函数 $f(x)$ 在区间 $[x_1,\ x_2]$ 上满足拉格朗日定理的条件，于是存在 $\xi\in(x_1,\ x_2)\subset I$ ，使得

$$f(x_2)-f(x_1)=f'(\xi)(x_2-x_1)=0 .$$

即

$$f(x_1)=f(x_2) .$$

这说明在区间 I 内，任何两点对应的函数值都相等，因而函数 $f(x)$ 是常数函数．

推论 2 已知函数 $f(x)$ 在区间 I 内可导，

(1)若在区间 I 内恒有 $f'(x)>0$ ，则函数 $f(x)$ 在区间 I 内单调递增，区间 I 称为函数 $f(x)$ 的一个单调递增区间；

(2)若在区间 I 内恒有 $f'(x)<0$ ，则函数 $f(x)$ 在区间 I 内单调递减，区间 I 称为函数 $f(x)$ 的一个单调递减区间．

证 任取两点 $x_1,x_2\in I$ ，设 $x_1<x_2$ ，显然，函数 $f(x)$ 在区间 $[x_1,\ x_2]$ 上满足拉格朗日定理的条件，于是存在 $\xi\in(x_1,\ x_2)\subset I$ ，使得

$$f'(\xi)=\frac{f(x_2)-f(x_1)}{x_2-x_1} .$$

(1) 若在区间 I 内恒有 $f'(x)>0$ ，这时当然有 $f'(\xi)>0$ ，于是 $f(x_2)-f(x_1)>0$ ，这说明函数 $f(x)$ 在区间 I 内单调递增；

(2) 若在区间 I 内恒有 $f'(x)<0$ ，这时当然有 $f'(\xi)<0$ ，于是 $f(x_2)-f(x_1)<0$ ，这说明函数 $f(x)$ 在区间 I 内单调递减．

说明： 当函数在某区间内仅在一些孤立的点处的导数为零或不存在，而在该区间内的其他点处的导数均大于（或小于）零，此时该函数在这个区间内仍是单调递增（递减）的．在推论 2 中，函数的定义区间可以是任意形式的区间．

例 2 讨论函数 $y=x^2$ 的单调性．

解 函数的定义域为 $(-\infty,\ +\infty)$

$$y'=2x .$$

当 $x<0$ 时, $y'<0$，所以函数在 $(-\infty,\ 0)$ 内单调减少;

当 $x>0$ 时, $y'>0$，所以函数在 $(0,\ +\infty)$ 内单调增加.

例 3　讨论函数 $y=\sqrt[3]{x^2}$ 的单调性.

解　函数的定义域为 $(-\infty,\ +\infty)$，而函数的导数为 $y'=\dfrac{2}{3\sqrt[3]{x}}\ (x\neq 0)$，所以函数在 $x=0$ 处不可导.

当 $x<0$ 时, $y'<0$，所以函数在 $(-\infty,\ 0)$ 内单调减少;

当 $x>0$ 时, $y'>0$，所以函数在 $(0,\ +\infty)$ 内单调增加.

例 4　判定函数 $y=x-\sin x$ 在 $[0,\ 2\pi]$ 上的单调性.

解　因为在 $(0,\ 2\pi)$ 内 $y'=1-\cos x>0$，所以函数 $y=x-\sin x$ 在 $[0,\ 2\pi]$ 上单调增加.

导数为零的点可能是单调区间的分界点,在例 1 中，$f'(x)=0$ 的点是单调区间的分界点. 另外，导数不存在的点也可能是单调区间的分界点．例 2 中函数 $y=\sqrt[3]{x^2}$ 在点 $x=0$ 处连续，但它在 $x=0$ 处不可导. 在区间 $\left(-\infty,\ 0\right)$ 内，$y'<0$，函数单调减少；而在区间 $\left(0,\ +\infty\right)$ 内 $y'>0$，函数单调增加，所以点 $x=0$ 是函数 $y=\sqrt[3]{x^2}$ 单调区间的分界点.

确定函数 $f(x)$ 单调性的一般步骤:

（1）确定函数 $f(x)$ 的定义域.

（2）求出一阶导数 $f'(x)$，确定使 $f'(x)=0$ 及 $f'(x)$ 不存在的点.

（3）用（2）所得的点将定义域划分为若干子区间，列表确定 $f'(x)$ 在各个子区间内的符号，进而确定函数 $f(x)$ 的单调区间.

例 5　确定函数 $f(x)=2x^3-9x^2+12x-3$ 的单调区间.

解　（1）函数的定义域为 $(-\infty,\ +\infty)$.

（2）$f'(x)=6x^2-18x+12=6(x-1)(x-2)$,

由 $f'(x)=0$，得 $x_1=1$，$x_2=2$.

（3）列表讨论如下

x	$(-\infty,\ 1)$	$(1,\ 2)$	$(2,\ +\infty)$
$f'(x)$	+	−	+
$f(x)$	↗	↘	↗

所以，函数 $f(x)$ 在区间 $(-\infty,\ 1)$ 和 $(2,\ +\infty)$ 内单调增加，在区间 $(1,\ 2)$ 内单调减少.

习题 2.4

1. 验证函数 $f(x)=\ln(1+x)$ 在区间 $[0,\ 1]$ 上满足拉格朗日定理的条件，并求出使定理结论

成立的 ξ 的值.

2. 确定下列函数的单调区间:

(1) $f(x)=3x-x^2$;　　(2) $f(x)=\mathrm{e}^x-x-1$;

(3) $f(x)=(x-1)(x+1)^3$;　　(4) $f(x)=2x^2-\ln x$;

(5) $f(x)=3x^4-4x^3$;　　(6) $f(x)=x^3-3x+1$.

2.5 函数的极值与最大(小)值

在生产实践与科学实验中,经常会遇到"最好"、"最大"、"最小"、"最省"等问题. 在数学上,这些问题一般都归结为函数的极值的问题. 极值问题不仅在实际问题中占据重要的位置,而且它也是函数性态的一个重要特征.

一、函数的极值及其求法

1. 函数的极值

定义 设函数 $f(x)$ 在 x_0 的某邻域内有定义, 对于 x_0 附近的任意 x, 如果都有 $f(x)<f(x_0)$(或 $f(x)>f(x_0)$), 则称 $f(x_0)$ 是函数 $f(x)$ 的一个**极大值**(或**极小值**). x_0 叫作函数 $f(x)$ 的一个**极大**(或**极小**)**点**.

函数的极大值与极小值统称为函数的**极值**, 使函数取得极值的点称为**极值点**.

关于函数的极值, 作以下说明.

(1) 函数的极大值和极小值概念是局部性的. 如果 $f(x_0)$ 是函数 $f(x)$ 的一个极大值, 那只是就 x_0 附近的一个局部范围来说, $f(x_0)$ 是最大的; 如果就 $f(x)$ 的整个定义域来说, $f(x_0)$ 不一定是最大值. 如图 2-5 中 $f(x_1)$ 是函数 $f(x)$ 的极大值, 但不是最大值. 对于极小值情况类似.

(2) 函数的极大值不一定比极小值大. 如图 2-5 中, 极大值 $f(x_1)$ 小于极小值 $f(x_5)$.

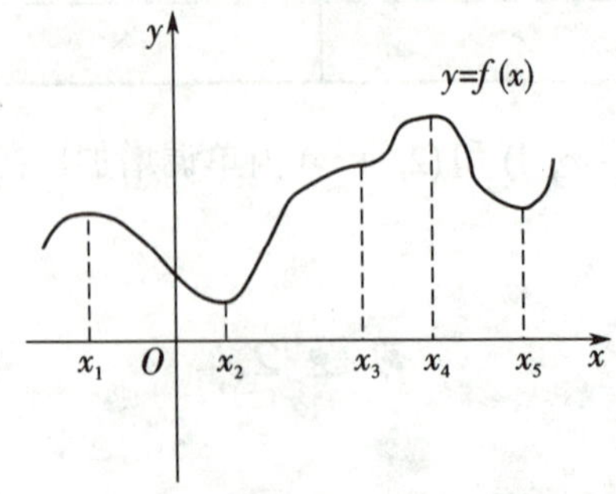

图 2-5

（3）函数的极值点只能在区间的内部，而不能在区间的端点.

（4）由极值的定义可知：函数的极值点一定是函数单调区间的分界点，即一阶导数为零的点和一阶导数不存在的点.

我们把一阶导数等于零的点，称为函数的驻点.

2. 极值的判别法

设函数 $f(x)$ 在点 x_0 处连续且在 x_0 的某去心邻域内可导，

（1）若当 $x<x_0$ 时，$f'(x)>0$，而当 $x>x_0$ 时，$f'(x)<0$，那么函数 $f(x)$ 在 x_0 处取得极大值；

（2）若当 $x<x_0$ 时，$f'(x)<0$，而当 $x>x_0$ 时，$f'(x)>0$，那么函数 $f(x)$ 在 x_0 处取得极小值；

（3）若在点 x_0 的左右两侧，$f'(x)$ 不改变符号，则函数 $f(x)$ 在 x_0 处不取得极值.

求函数极值点和极值的步骤

（1）确定函数的定义域；

（2）求出导数 $f'(x)$；

（3）求出 $f(x)$ 的全部驻点和不可导点；

（4）用驻点和不可导点把函数的定义域划分为若干区间，列表讨论在相应区间内 $f'(x)$ 的符号，确定极值点；

（5）计算出各极值点的函数值便得函数的极值.

实际上只要讨论了函数的单调性，就可求出函数的极值.

例 1　求函数 $f(x)=\left(x^2-1\right)^3-1$ 的极值.

解（1）$f(x)$ 的定义域为 $(-\infty,+\infty)$；

（2）$f'(x)=3\left(x^2-1\right)^2\cdot 2x=6x(x+1)^2(x-1)^2$，令 $f'(x)=0$，得驻点 $x_1=-1$，$x_2=0$，$x_3=1$；

（3）列表讨论如下.

x	$(-\infty,-1)$	-1	$(-1,0)$	0	$(0,1)$	1	$(1,+\infty)$
$f'(x)$	$-$	0	$-$	0	$+$	0	$+$
$f(x)$	↘	不取极值	↘	极小值 -2	↗	不取极值	↗

所以，函数在点 $x=0$ 取得极小值 $f(0)=-2$，函数没有极大值.

例 2　求函数 $f(x)=x^3-3x^2-9x+5$ 的极值.

解　（1）$f(x)$ 的定义域为 $(-\infty,+\infty)$；

（2） $f'(x)=3x^2-6x-9=3(x+1)(x-3)$，

由 $f'(x)=0$，得驻点 $x_1=-1$，$x_2=3$．

这两个点把函数的定义域划分为三个区间，在相应的区间内讨论函数的性质，如下表所示.

x	$(-\infty,-1)$	-1	$(-1,3)$	3	$(3,+\infty)$
$f'(x)$	+	0	−	0	+
$f(x)$	↗	极大值 10	↘	极小值 −22	↗

所以函数的极大值为 $f(-1)=10$，极小值为 $f(3)=-22$．

例 3　求函数 $f(x)=(x-1)\sqrt[3]{x^2}$ 的极值.

解（1） $f(x)$ 的定义域为 $(-\infty,+\infty)$；

（2） $f'(x)=\sqrt[3]{x^2}+\frac{2}{3}x^{-\frac{1}{3}}(x-1)=\frac{5x-2}{3\sqrt[3]{x}}$，令 $f'(x)=0$，得驻点 $x_1=\frac{2}{5}$，不可导点为 $x_2=0$；

（3）列表讨论如下.

x	$(-\infty,0)$	0	$(0,\frac{2}{5})$	$\frac{2}{5}$	$(\frac{2}{5},+\infty)$
$f'(x)$	+	不存在	−	0	+
$f(x)$	↗	极大值 0	↘	极小值 $-\frac{3}{5}\sqrt[3]{\frac{4}{25}}$	↗

所以，函数在点 $x=0$ 处取得极大值 $f(0)=0$，在点 $x=\frac{2}{5}$ 处取得极小值 $f(\frac{2}{5})=-\frac{3}{5}\sqrt[3]{\frac{4}{25}}$．

二、函数的最大值和最小值

1．闭区间上连续函数的最大（小）值

设函数 $f(x)$ 在闭区间 $[a,b]$ 上连续，则函数 $f(x)$ 的最大值和最小值一定存在. 函数的最大值和最小值有可能在区间的端点处取得，也可能在区间 (a,b) 内取得. 若函数的最大值在区间内取得，则最大值点一定是函数的极值点. 因此求闭区间上连续函数的最大值和最小值，只需求出函数在区间内的所有驻点和不可导点，把相应点的函数值计算出来，并和端点处的函数值比较，最大的就是函数的最大值，最小的就是函数的最小值.

例 4　求函数 $y=2x^3+3x^2-12x+14$ 在 $[-3,4]$ 上的最大值和最小值

解　$f'(x)=6x^2+6x-12$，由 $f'(x)=0$ 得驻点 $x_1=-2$，$x_2=1$.

由于 $f(-3)=23$，$f(-2)=34$；$f(1)=7$；$f(4)=142$.

因此函数 $y=2x^3+3x^2-12x+14$ 在 $[-3,4]$ 上的最大值为 $f(4)=142$，最小值为 $f(1)=7$.

2．实际问题中的最大（小）值

在实际问题中，我们首先需要根据问题的意义建立数学模型，一般情况下，先建立一个目标函数 $f(x)$．如果目标函数 $f(x)$ 在它的定义域内有唯一的驻点 x_0，而从实际问题本身可以知道函数 $f(x)$ 必有最大值或最小值，那么 $f(x_0)$ 就是所要求的最大值或最小值.

例 5　铁路线上 AB 段的距离为 100km．工厂 C 距离 A 处为 20km, AC 垂直于 AB（见图 2-6）．为了运输需要, 要在 AB 线上选定一点 D 向工厂修筑一条公路．已知铁路每吨公里货运的运费与公路上每吨公里货运的运费之比为 3:5．为了使货物从供应站 B 运到工厂 C 的运费最省, 问 D 点应选在何处？

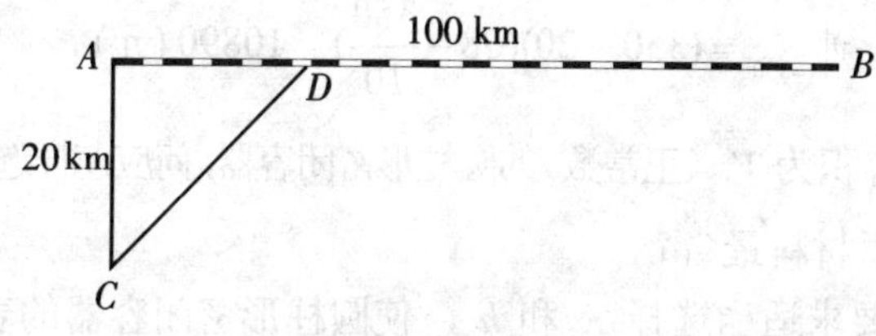

图 2-6

解　设 $AD=x$ (km), 则 $DB=(100-x)$(km), $CD=\sqrt{20^2+x^2}=\sqrt{400+x^2}$ (km).

再设铁路上每吨公里的运费为 $3k$，公路上每吨公里的运费为 $5k$，货物从 B 点到 C 点需要的总运费为 y, 则

$$y=5k\cdot CD+3k\cdot DB \quad (k \text{ 是某个正数}),$$

即

$$y=5k\sqrt{400+x^2}+3k(100-x) \quad (0\leqslant x\leqslant 100),$$

于是问题归结为：求目标函数 y 在 $[0, 100]$ 上的最小值.

$$y'=k\left(\frac{5x}{\sqrt{400+x^2}}-3\right)=k\frac{5x-3\sqrt{400+x^2}}{\sqrt{400+x^2}},$$

由 $y'=0$，得

$$5x-3\sqrt{400+x^2}=0.$$

解之得 $x=15$，目标函数有唯一驻点：$AD=15$(km).

根据题意可知，该函数一定存在最小值，故

$$y\big|_{x=15}=380k$$

即为所求．因此当 $AD=15$(km) 时总运费最省.

例 6　某房地产公司有 50 套公寓要出租，当租金定为每月 180 元时，公寓会全部租出去．当

租金每月增加 10 元时，就有一套公寓租不出去，而租出去的房子每月需花费 20 元的整修维护费．试问房租定为多少可获得最大收入？

解　设每套公寓的租金为每月 x 元，获取的收入为 y 元，则目标函数为

$$y=(x-20)\left(50-\frac{x-180}{10}\right)\quad(180\leqslant x<+\infty),$$

整理得　$y=(x-20)(68-\dfrac{x}{10})$，

则　$y'=(68-\dfrac{x}{10})+(x-20)(-\dfrac{1}{10})=70-\dfrac{x}{5}$．

由 $y'=0$ 得唯一驻点：$x=350$．

故每套公寓月租金为 350 元时收入最高．最大收入为

$$y\big|_{x=350}=(350-20)(68-\frac{350}{10})=10890\,(\text{元}).$$

例 7　要建造一个容积为 V（正常数）的圆柱形密闭容器，问应怎样选择圆柱形容器的半径 R 和高 h，才能使所用的原材料最省？

解　由题意可知，要求适当选择 R 和 h，使圆柱形密闭容器的表面积 S 最小而其容积 V 是一个常数．因为 $S(R)=2\pi Rh+2\pi R^2\ (0<R<+\infty)$，而 $V=\pi R^2h$，即 $h=\dfrac{V}{\pi R^2}$，所以 $S(R)=2\pi R^2+\dfrac{2V}{R}\ (0<R<+\infty)$，求导得 $S'(R)=4\pi R-\dfrac{2V}{R^2}$，令 $S'(R)=0$，得唯一驻点 $R=\sqrt[3]{\dfrac{V}{2\pi}}$，代入 $h=\dfrac{V}{\pi R^2}$，可得 $h=\sqrt[3]{\dfrac{4V}{\pi}}$．因此，当 $R=\sqrt[3]{\dfrac{V}{2\pi}}$，$h=\sqrt[3]{\dfrac{4V}{\pi}}$ 时，所用的原材料最省．

例 8　设某产品的总成本函数为 $C(q)=0.25q^2+15q+1600$（元）（q 为产品的产量），求当产量为多少时，该产品的平均成本最小，并求最小平均成本．

解　该产品的平均成本函数为

$$\overline{C}(q)=\frac{C(q)}{q}=0.25q+\frac{1600}{q}+15\quad(q>0)$$

$$\overline{C}'(q)=0.25-\frac{1600}{q^2}.$$

令 $\overline{C}'(q)=0$，即 $\overline{C}'(q)=0.25-\dfrac{1600}{q^2}=0$，求得唯一驻点 $q=80$．所以 $\overline{C}(q)$ 在 $q=80$ 处取得最小值，其最小值为

$$\overline{C}(80)=0.25\times 80+15+\frac{1600}{80}=55\ (\text{元}).$$

习题 2.5

1. 判断下列函数有无极值：

（1）$y=x^3$；　（2）$y=\sqrt[3]{x}$；　（3）$y=x+\tan x$.

2. 求下列函数的极值：

（1）$y=x^4-2x^3$；　（2）$y=\dfrac{x}{1+x^2}$；

（3）$y=\arctan x-\dfrac{1}{2}\ln(1+x^2)$；　（4）$y=1-\sqrt[3]{(x-2)^2}$.

3. 求下列函数在给定区间上的最大或最小值：

（1）$y=2^x$，$x\in[-1, 5]$；　（2）$y=x^4-2x^2+5$，$x\in[-2, 3]$；

（3）$y=\dfrac{2}{3}x-\sqrt[3]{x}$，$x\in[-1, 8]$；　（4）$y=\dfrac{1}{3}x^3-3x^2+9x$，$x\in[0, 4]$.

4. 把长为 a 的线段截成两段，怎样截才能使以这两段线段为边所组成的矩形的面积最大？

5. 求证面积一定的矩形中，正方形的周长最短.

6. 矿井下有一“T”形通道（见右图），由于施工的需要，需把 8m 长的钢管由 A 通道水平抬至 B 通道.若通道的宽分别为 2m 和 3m，那么钢管能否顺利通过？

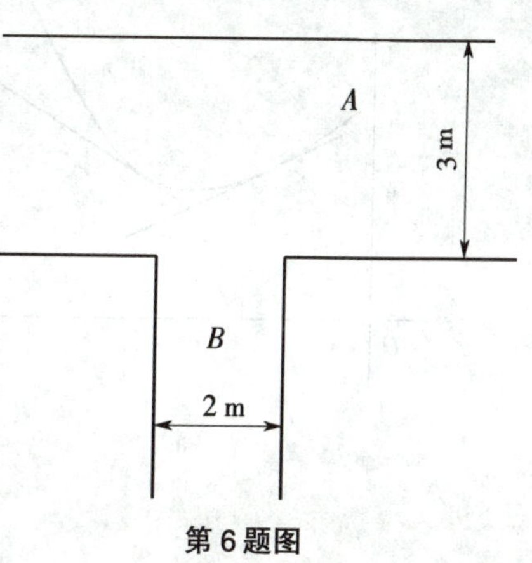

第 6 题图

7. 设某产品的价格与需求的关系为 $P=250-0.3q$，总成本函数 $C(q)=100q+1800$（元），求当产量和价格分别是多少时，该产品的利润最大，并求最大利润.

2.6　曲线的凹凸性与拐点

在前面，我们根据函数一阶导数的符号可以知道函数在某个区间内是单调增加的还是单调减少的. 但是，仅仅知道函数在某个区间内的单调性，还不能准确地刻画函数的特性，比如函数 $y=x^2$ 和函数 $y=\sqrt{x}$，这两个函数在 $[0, +\infty)$ 内的图形都是沿 x 轴正向上升的，但是，它们上升的方式是不一样的（见图 2-7），也就是说它们的弯曲方式不同. 这就是我们将要讨论的曲线的凹凸性.

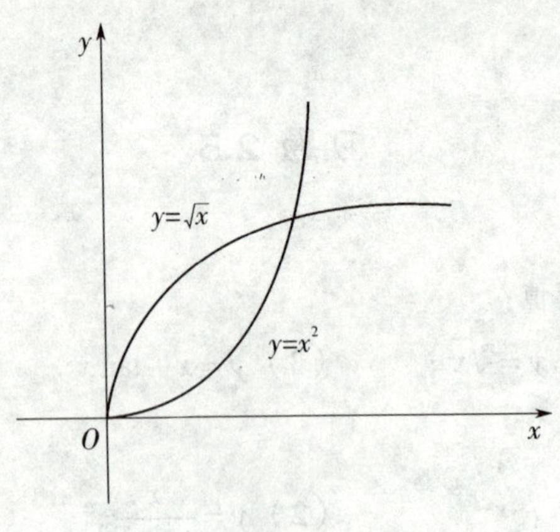

图 2-7

一、曲线的凹凸性

我们观察图 2-8，在图（a）中，曲线是向下凹入的，此时曲线位于其上各点切线的上方；在图（b）中，曲线是向上凸起的，此时曲线位于其上各点切线的下方. 关于曲线的弯曲方向，我们给出如下定义.

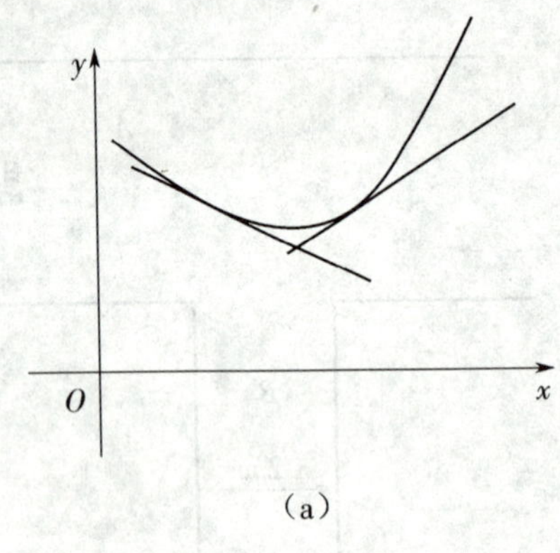

（a）

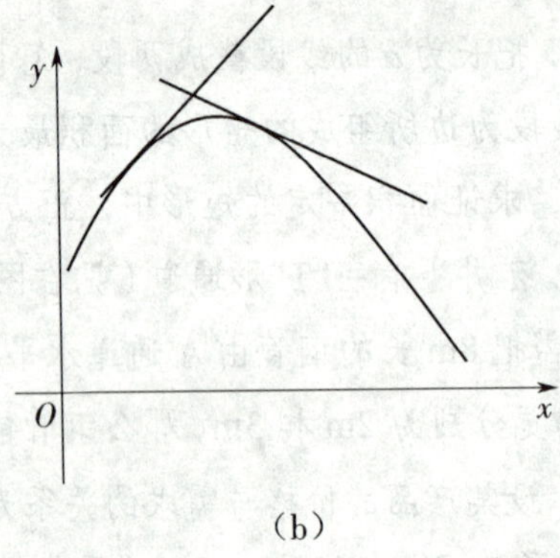

（b）

图 2-8

定义 1 如果在某区间内，曲线弧总位于其上任一点的切线的上方，则称该曲线弧在此区间内是**凹**的（见图 2-8（a））；如果曲线弧总位于其上任意一点的切线的下方，则称该曲线弧在此区间内是**凸**的（见图 2-8（b））.

下面给出曲线凹凸性的判定定理.

定理 设函数 $f(x)$ 在 (a, b) 内具有二阶导数，

（1）若在 (a, b) 内 $f''(x)>0$，则曲线 $y=f(x)$ 在 (a, b) 内是凹的；

（2）若在 (a, b) 内 $f''(x)<0$，则曲线 $y=f(x)$ 在 (a, b) 内是凸的.

例 1 讨论曲线 $y=x^3$ 的凹凸性.

解 $y'=3x^2$，$y''=6x$.

所以，当 $x<0$ 时，$y''<0$，曲线是凸的；当 $x>0$ 时，$y''>0$，曲线是凹的. 曲线形状如

图 2-9 所示.

由例 1 可以看出，点 (0,0) 是曲线由凸变凹的分界点.

定义 2　连续曲线上凹的曲线弧与凸的曲线弧的分界点称为该曲线的**拐点**.

例 1 中的点 (0, 0) 是曲线 $y=x^3$ 的拐点.

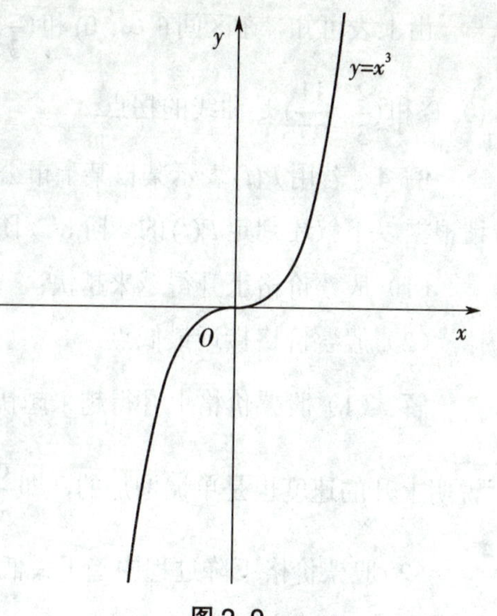

图 2-9

例 2　讨论曲线 $y=\sqrt[3]{x}$ 的拐点.

解　函数的定义域为 $(-\infty, +\infty)$；

$$y'=\frac{1}{3\sqrt[3]{x^2}}，\quad y''=-\frac{2}{9x\sqrt[3]{x^2}}.$$

方程 $y''=0$ 无解，而函数在 $x=0$ 处不存在二阶导数，当 $x<0$ 时，$y''>0$；当 $x>0$ 时，$y''<0$.

因此，点 (0, 0) 是曲线的拐点.

极值点是函数的单调区间的分界点，而拐点是曲线凹凸区间的分界点．讨论曲线的拐点实质上就是确定曲线的凹凸性．因此，我们可以按以下步骤讨论曲线的拐点.

（1）确定函数 $y=f(x)$ 的定义域；

（2）求出函数的二阶导数 $f''(x)$；

（3）求出使二阶导数为零的点和二阶导数不存在的点；

（4）对以上各点，在它们的两侧讨论 $f''(x)$ 的正、负，进而确定出曲线的凹凸区间和拐点.

例 3　讨论曲线 $y=3x^4-4x^3+1$ 的凹、凸区间及拐点.

解　（1）函数的定义域为 $(-\infty, +\infty)$.

（2）$y'=12x^3-12x^2$，

$$y''=36x^2-24x=36x(x-\frac{2}{3})；$$

由 $y''=0$，得 $x_1=0$，$x_2=\frac{2}{3}$.

（3）$x_1=0$，$x_2=\frac{2}{3}$ 这两个点把函数的定义域分成了三个区间，列表考察曲线在相应区间的凹凸性，如下表所示（表中“⌒”表示曲线是凸的，“‿”表示曲线是凹的）.

x	$(-\infty,0)$	0	$(0,\frac{2}{3})$	$\frac{2}{3}$	$(\frac{2}{3},+\infty)$
$f''(x)$	+	0	−	0	+
曲线 y	‿	拐点(0,1)	⌒	拐点 $(\frac{2}{3},\frac{11}{27})$	‿

由上表可知，在区间 $(-\infty, 0)$ 和 $(\frac{2}{3}, +\infty)$ 内曲线是凹的，在区间 $(0, \frac{2}{3})$ 内曲线是凸的．点 $(0, 1)$ 和 $(\frac{2}{3}, \frac{11}{27})$ 是曲线的拐点．

例 4 若用 $P(t)$ 表示某日某上市公司在时刻 t 的股票价格，并设 $P(t)$ 是连续可导函数，请根据以下叙述判定 $P(t)$ 的一阶、二阶导数的正负号．

（1）股票价格上升得越来越快；

（2）股票价格接近最低点．

解 （1）股票价格上升得越来越快，一方面说明股票价格在上升，即 $\frac{dP}{dt} > 0$；另一方面说明上升的速度也是单调增加的，即 $\frac{d^2P}{dt^2} > 0$；

（2）股票价格下降过程中趋于最低点时，$\frac{dP}{dt} < 0$ 而趋于 0，股票价格上涨过程中，$\frac{dP}{dt} > 0$．

二、函数图形的描绘

1．曲线的水平渐近线和垂直渐近线

要想完整描绘出函数的图形，除了要知道其升降、凹凸性、极值点和拐点等性态外，还需了解曲线无限远离坐标原点时的变化状况，这就是下面要讨论的曲线的渐近线问题．在此，我们仅讨论曲线的水平渐近线和垂直渐近线．

先看两个例子：

（1）当 $x \to -\infty$ 时，曲线 $y = \arctan x$ 无限接近于直线 $y = -\frac{\pi}{2}$；当 $x \to +\infty$ 时，曲线 $y = \arctan x$ 无限接近于直线 $y = \frac{\pi}{2}$（见图 2-10）．

（2）当 $x \to 1^+$ 时，曲线 $y = \ln(x-1)$ 无限接近于直线 $x = 1$（见图 2-11）．

一般地，有下面的定义．

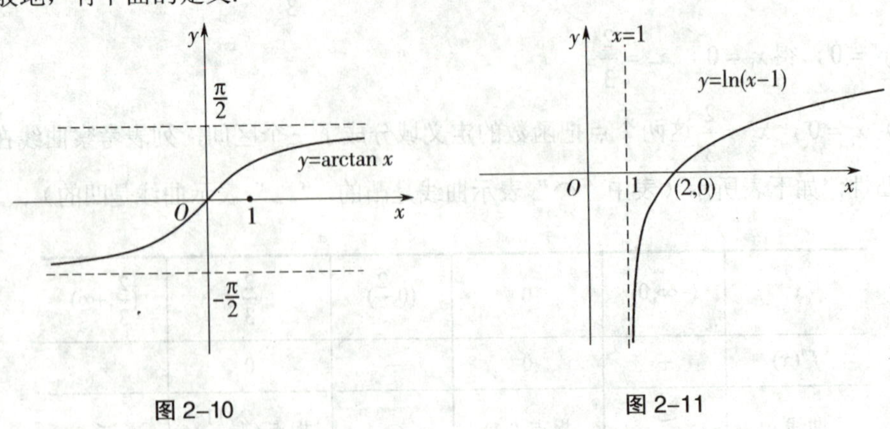

图 2-10　　图 2-11

定义 3 若 $\lim\limits_{x\to-\infty} f(x)=b$ 或 $\lim\limits_{x\to+\infty} f(x)=b$ 或 $\lim\limits_{x\to\infty} f(x)=b$，则称直线 $y=b$ 为曲线 $y=f(x)$ 的**水平渐近线**.

例如，因为 $\lim\limits_{x\to-\infty}\arctan x=-\dfrac{\pi}{2}$，$\lim\limits_{x\to+\infty}\arctan x=\dfrac{\pi}{2}$，所以直线 $y=-\dfrac{\pi}{2}$ 和 $y=\dfrac{\pi}{2}$ 是曲线 $y=\arctan x$ 的两条水平渐近线.

又如 $\lim\limits_{x\to\infty}\dfrac{1}{1+x}=0$，所以直线 $y=0$ 即 x 轴是曲线 $y=\dfrac{1}{1+x}$ 的一条水平渐近线.

定义 4 若 $\lim\limits_{x\to x_0^-} f(x)=\infty$ 或 $\lim\limits_{x\to x_0^+} f(x)=\infty$ 或 $\lim\limits_{x\to x_0} f(x)=\infty$，则称直线 $x=x_0$ 为曲线 $y=f(x)$ 的**垂直渐近线**.

例如，因为 $\lim\limits_{x\to1^+}\ln(x-1)=-\infty$，所以直线 $x=1$ 是曲线 $y=\ln(x-1)$ 的垂直渐近线.

又如 $\lim\limits_{x\to-2}\dfrac{1}{(x+2)(x-3)}=\infty$，$\lim\limits_{x\to3}\dfrac{1}{(x+2)(x-3)}=\infty$，所以直线 $x=-2$ 和 $x=3$ 都是 $y=\dfrac{1}{(x+2)(x-3)}$ 的垂直渐近线.

2. 函数图形的描绘

在中学学习函数时，我们一般是用描点法来描绘函数的图形，很难准确地把握函数的一些关键性态，比如关键点、凹凸性等．现在我们可以利用导数，来准确地把握函数的关键性态，进而比较准确地绘出函数的图形.

利用导数描绘函数的图形一般步骤包括：

（1）确定函数的定义域，考察函数的奇偶性；

（2）求出函数的一阶和二阶导数，并求出方程 $f'(x)=0$ 和 $f''(x)=0$ 在定义域内的所有实根及 $f'(x)$、$f''(x)$ 不存在的点，用这些点把定义域划分为若干个部分区间；

（3）列表考察在每个部分区间内 $f'(x)$，$f''(x)$ 的正负，确定曲线的单调性、极值，凹凸性和拐点；

（4）确定曲线的渐近线；

（5）确定极值点、拐点、曲线与坐标轴的交点，并把这些点在坐标系中描绘出来；

（6）根据需要，可以在关键点的附近取一些辅助点，以便更准确地确定函数的图形.

最后，用光滑流畅的曲线把这些点联结起来，就可得到函数的图形.

例 5 描绘函数 $f(x)=\dfrac{4(x+1)}{x^2}-2$ 的图形.

解 （1）函数的定义域为 $x \neq 0$，此函数为非奇非偶函数.

（2） $f'(x) = -\dfrac{4(x+2)}{x^3}$，$f''(x) = \dfrac{8(x+3)}{x^4}$.

由 $f'(x)=0$，得驻点 $x=-2$，由 $f''(x)=0$，得 $x=-3$.

（3）列表讨论函数在各部分区间内的性态.

x	$(-\infty,-3)$	-3	$(-3,-2)$	-2	$(-2,0)$	0	$(0,+\infty)$
$f'(x)$	$-$		$-$	0	$+$	不存在	$+$
$f''(x)$	$-$	0	$+$		$+$		$+$
$f(x)$	↘	拐点 $(-3,-2\frac{8}{9})$	↘	极小值 -3	↗	间断点	↘

（4）因为

$$\lim_{x\to\infty} f(x) = \lim_{x\to\infty}\left[\frac{4(x+1)}{x^2}-2\right] = -2,$$

因而 $y=-2$ 是曲线的水平渐近线.

又

$$\lim_{x\to 0} f(x) = \lim_{x\to 0}\left[\frac{4(x+1)}{x^2}-2\right] = +\infty.$$

因而 $x=0$ 是曲线的垂直渐近线.

在坐标系中绘出拐点：$(-3, -2\frac{8}{9})$，极值点：$(-2, -3)$，曲线与坐标轴的交点：$(1-\sqrt{3}, 0)$，$(1+\sqrt{3}, 0)$，渐近线 $y=-2$，再取辅助点：$A(-1, -2)$，$B(1, 6)$，$C(2, 1)$.

根据以上讨论，描绘出函数的图形，如图 2-12 所示.

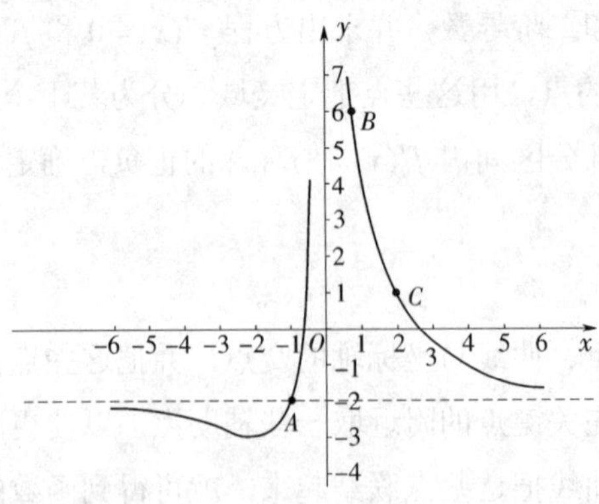

图 2-12

*三、曲线的曲率

曲率（曲线上某点的弯曲程度）是描述曲线局部性质的标志.

如图 2-13 所示，设曲线 C 是光滑的，可以看到，在曲线 C 上，弧段 PQ 与 QR 的长度相差不多，而它们的弯曲程度却差别很大. 当动点沿曲线 C 从点 P 运动到 Q 时，曲线 C 的切线转过的角度 $\Delta\alpha$，比动点从 Q 运动到 R 时曲线 C 的切线转过的角度 $\Delta\beta$ 要大得多. 由此可见，曲线弯曲的程度与曲线的切线转过的角度有着密切的关系.

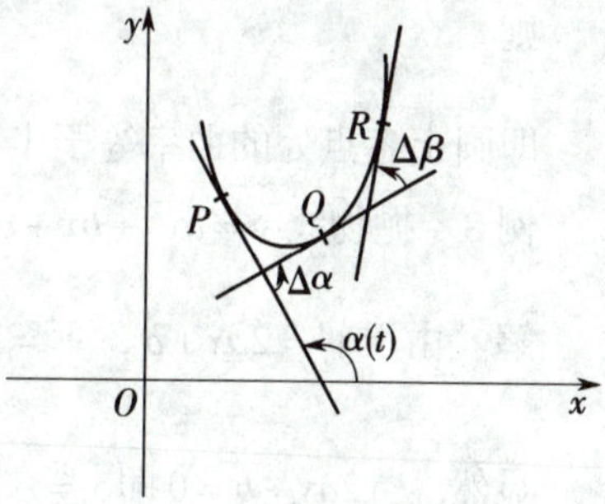

图 2-13

设点 P 处切线的倾角为 α，当动点沿曲线 C 从点 P 运动到 Q 时，动点对应的切线转过的角度为 $\Delta\alpha$，若曲线上弧段 PQ 的长为 Δs，则称比值

$$\bar{K}=\frac{\Delta\alpha}{\Delta s}$$

为弧段 PQ 的平均曲率. 如果极限

$$K=\lim_{\Delta s\to 0}\left|\frac{\Delta\alpha}{\Delta s}\right|=\left|\lim_{\Delta s\to 0}\frac{\Delta\alpha}{\Delta s}\right|$$

存在，则称此极限为曲线 C 在点 P 处的**曲率**. 记作

$$K=\left|\frac{\mathrm{d}\alpha}{\mathrm{d}s}\right|.$$

设曲线的直角坐标方程是 $y=f(x)$，且 $f(x)$ 具有二阶导数. 因为 $\tan\alpha=y'$，所以 $\alpha=\arctan y'$，$\mathrm{d}\alpha=\frac{y''}{1+y'^2}\mathrm{d}x$，又 $\mathrm{d}s=\sqrt{1+y'^2}\mathrm{d}x$，于是，

$$K=\left|\frac{\mathrm{d}\alpha}{\mathrm{d}s}\right|=\frac{|y''|}{(1+y'^2)^{3/2}}.$$

若曲线是由参数方程

$$\begin{cases}x=\varphi(t),\\ y=\psi(t)\end{cases}$$

表示，则

$$K=\frac{|y''x'-y'x''|}{(x'^2+y'^2)^{\frac{3}{2}}}.$$

例 6　计算直线 $y=ax+b$ 上任一点的曲率.

解　显然 $y'=a, y''=0$，所以直线 $y=ax+b$ 上任一点的曲率 $K=0$，即直线的曲率处处为零.

例 7 计算半径为 R 的圆上任一点的曲率.

解 由于圆的参数方程为 $\begin{cases} x = R\cos t \\ y = R\sin t \end{cases}$，$x_t' = -R\sin t, x_t'' = -R\cos t$, $y_t' = R\cos t, y_t'' = -R\sin t$.

则
$$K = \frac{\left|R^2\sin^2 t + R^2\cos^2 t\right|}{R^3} = \frac{1}{R} .$$

即圆上各点处的曲率等于半径的倒数，且半径越小曲率越大.

例 8 抛物线 $y = ax^2 + bx + c$ 上哪一点处的曲率最大？

解 由于 $y' = 2ax + b$，$y'' = 2a$，由曲率公式，得 $K = \dfrac{|2a|}{[1+(2ax+b)^2]^{3/2}}$.

显然，当 $2ax + b = 0$ 即 $x = -\dfrac{b}{2a}$ 时，曲率最大，它对应抛物线的顶点. 因此，抛物线在顶点处的曲率最大，最大曲率为 $K = |2a|$.

如图 2-14 所示，设曲线在点 $M(x, y)$ 处的曲率为 $K(K \neq 0)$，在点 M 处曲线上凹的一侧过 M 的法线上取一点 D，使 $|DM| = K^{-1} = \rho$，以 D 为圆心，ρ 为半径作圆，这个圆叫作曲线在点 M 处的曲率圆，曲率圆的圆心 D 叫作曲线在点 M 处的曲率中心，曲率圆的半径 ρ 叫作曲线在点 M 处的曲率半径.

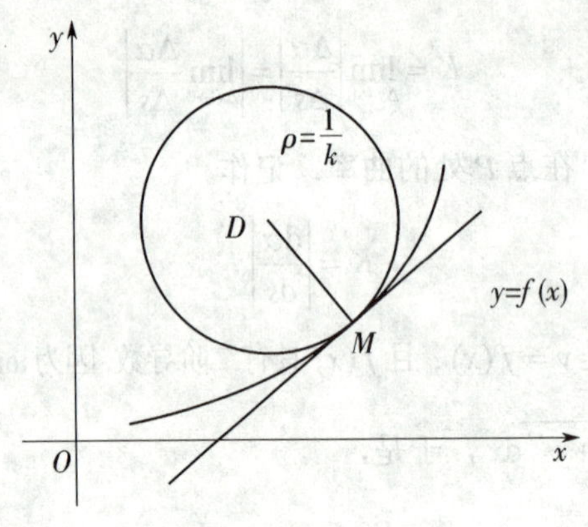

图 2-14

曲线在点 M 处的曲率 $K(K \neq 0)$ 与曲线在点 M 处的曲率半径 ρ 有如下关系：

$$\rho = \frac{1}{K} .$$

习题 2.6

1. 求下列函数的凹凸区间及拐点：

（1）$y = x\mathrm{e}^{-x}$；（2）$y = (x+1)^4 + \mathrm{e}^x$.

2. 试确定 $y = k(x^2-3)^2$ 中的 k 值，使曲线在拐点处的法线通过原点.

3. 曲线 $y = ax^3 + bx^2 + cx + d$ 在 $x=0$ 处有极值 $f(0)=0$，$(1, 1)$ 是拐点，求 a，b，c，d 的值.

4. 求一个四次多项式 $f(x)$，使该曲线在点 $(0, 0)$ 与 x 轴相切，且在拐点 $(1, 1)$ 处，有平行于 x 轴的切线.

5. 2006 年，面对中国房价的暴涨，经济学家预测：2007 年中国房价将会出现拐点. 试解答这句话的意思.

6. 在一个有限的环境中，人口的增长通常遵从如图所示的“S”形曲线，它描述了人口增长率是怎样随时间而变化的，解释 t_0 与 L 的实际意义.

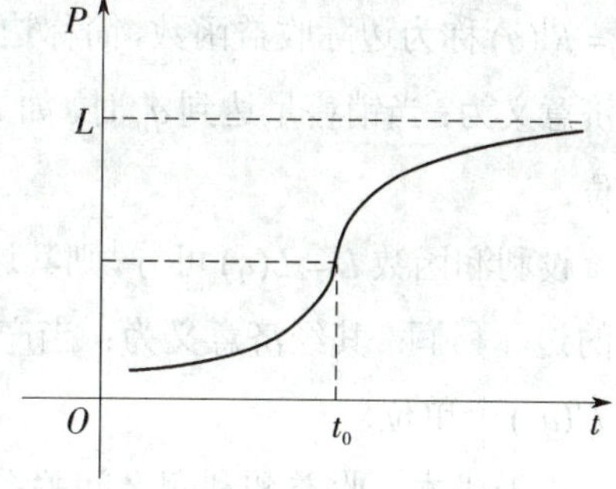

第 6 题图

7. 求下列曲线的渐近线：

（1）$y = \dfrac{x^2}{1-x^2}$；（2）$y = \dfrac{x^2-2}{x^2+x-6}$.

8. 描绘下列函数 $y = 2 - x - x^3$ 的图形.

9. 求下列曲线在给定点的曲率：

（1）$xy = 2$ 在点 $(\sqrt{2}, \sqrt{2})$；

（2）$y = \ln x$ 在点 $(1, 0)$；

（3）$y = x^2$ 在点 $(1, 1)$.

*2.7 导数在经济学中的作用

边际分析和弹性分析是经济学中研究市场供给、需求、消费行为和收益等问题的重要方法，利用边际和弹性的概念，可以描述和解释一些经济规律和经济现象. 下面我们用导数的概念来定义边际.

1. 边际函数

定义 设函数 $f(x)$ 在点 x 可导，则导函数 $f'(x)$ 称为函数 $f(x)$ 的**边际函数**. 边际函数反映

了函数 $f(x)$ 在点 x 处的变化率.

函数 $y=f(x)$ 在点 $x=x_0$ 处的导数 $f'(x_0)$ 也称为函数 $f(x)$ 在点 x_0 处的**边际函数值**.

因为 $\Delta y\approx \mathrm{d}y=f'(x_0)\Delta x$，所以当 $\Delta x=1$ 时，有 $\Delta y\approx f'(x_0)$. 因此，函数 $y=f(x)$ 在点 $x=x_0$ 处的边际函数值的具体意义：当 x 在点 x_0 处改变一个单位时，函数 $f(x)$ 近似地改变 $f'(x_0)$ 个单位.

例 1　求函数 $y=x^3+2x-1$ 在点 $x=2$ 处的边际函数值.

解　因为 $y'=3x^2+2$，所以 $y'\big|_{x=2}=14$. 即边际函数值为 14. 它表示函数 y 在 $x=2$ 处，当 x 改变一个单位时，函数 y 近似地改变 14 个单位.

2. 边际成本、边际收益及边际利润

设成本函数 $C=C(q)$ 可导（其中 C 表示总成本，q 表示产量），则其边际函数 $C'=C'(q)$ 称为边际成本函数，简称**边际成本**. $C'(q_0)$ 称为当产量为 q_0 时的边际成本. 其经济意义为：当产量达到 q_0 时，如果增减一个单位产品，则成本将相应增减 $C'(q_0)$ 个单位.

设收益函数 $R=R(q)$ 可导（其中 R 表示收益，q 表示商品销售量），则其边际函数 $R'=R'(q)$ 称为边际收益函数，简称**边际收益**. $R'(q_0)$ 称为当商品销售量为 q_0 时的边际收益. 其经济意义为：当销售量达到 q_0 时，如果销售量增减一个单位商品，则收益将相应增减 $R'(q_0)$ 个单位.

设利润函数 $L=L(q)$ 可导，则其边际函数 $L'=L'(q)$ 称为边际利润. $L'(q_0)$ 称为当产量为 q_0 时的**边际利润**. 其经济意义为：当产量达到 q_0 时，如果增减一个单位产品，则利润将相应增减 $L'(q_0)$ 个单位.

由于成本、收益和利润之间关系为：$L(q)=R(q)-C(q)$，所以有 $L'(q)=R'(q)-C'(q)$，即边际利润等于边际收益与边际成本之差.

例 2　设总成本函数 $C(q)=0.001q^3-0.3q^2+40q+1000$（元），求：

（1）边际成本函数；

（2）生产 50 个单位产品时的平均单位成本和边际成本值，并解释其后者的经济意义.

解　（1）边际成本函数为 $C'(q)=0.003q^2-0.6q+40$；

（2）$q=50$ 时的平均单位成本为 $\dfrac{C(50)}{50}=47.5$；$q=50$ 时的边际成本为

$$C'(50)=(0.003q^2-0.6q+40)\Big|_{q=50}=17.5\text{（元）}.$$

边际成本的经济意义是当生产达到 50 个单位产品时，如果再多生产 1 个产品所追加的成本为 17.5 元.

例 3　设某产品的价格函数为 $p=20-\dfrac{q}{5}$，其中 p 为价格，q 为销售量，求销售量为 15 个单位时的总收益、平均收益与边际收益，并解释边际收益的经济意义.

解 设总收益为 $R(q)$，根据题意得 $R(q)=pq=20q-\frac{q^2}{5}$，所以边际收益函数为

$$R'(q)=20-\frac{2q}{5}.$$

于是销售为 15 个单位时的总收益为 $R(15)=(20q-\frac{q^2}{5})\Big|_{q=15}=255$.

平均收益为 $\frac{R(15)}{15}=\frac{255}{15}=17$.

边际收益为 $R'(15)=(20-\frac{2q}{5})\Big|_{q=15}=14$.

边际收益的经济意义表示销售 15 个单位产品时，再多销售一个（或少销售一个）单位产品，其增加（或减少）的效益为 14.

习题 2.7

1. 设某产品的成本函数为 $C(q)=\frac{1}{4}q^2+3q+400$（万元），求当产量为多少时，该产品的平均成本最小.

2. 设某产品产量为 q（百台）时的成本函数为 $C(q)=q^3-3q^2+15q$，求当产量为多少时，该产品的平均成本最小，并求最小平均成本.

3. 某工厂日产能力最高为 1000 吨，每日产品的总成本 C（元）是日产量 x（吨）的函数：

$$C(x)=1000+7x+50\sqrt{x}, x\in[0, 1000].$$

求当日产量为 100 吨时的边际成本，并解释其经济意义.

*2.8 利用导数求极限

在极限运算中，对于商的极限，当分子、分母的极限都为 0 时，不能用商的极限运算法则进行运算. 同样，若分子与分母的极限都是∞时，也无法运用商的运算法则进行运算. 我们把这两类极限分别称为 $\frac{0}{0}$ 型或 $\frac{\infty}{\infty}$ 型**未定式**. 1696 年，法国数学家洛比达（L'Hospital）在无穷小分析中给出了确定这种未定式值的方法，他将函数比的极限化为导数比的极限，后人称这种方法为洛比达法则. 如果我们用“1”表示以 1 为极限的函数，用“0”表示极限为 0 的函数，那么未定式极限还有其他五种：$0\cdot\infty$，1^∞，0^0，∞^0，$\infty-\infty$. 下面我们就来讨论

未定式极限的计算.

一、洛比达法则

定理　若函数 $f(x)$ 与 $g(x)$ 满足下列条件:

（1）在点 x_0 的某领域内可导（不含 x_0 点），且 $g'(x)\neq 0$；

（2）$\lim\limits_{x\to x_0}\dfrac{f(x)}{g(x)}$ 是 $\dfrac{0}{0}$ 型或 $\dfrac{\infty}{\infty}$ 型;

（3）$\lim\limits_{x\to x_0}\dfrac{f'(x)}{g'(x)}=A$（或 ∞）.

则

$$\lim_{x\to x_0}\frac{f(x)}{g(x)}=\lim_{x\to x_0}\frac{f'(x)}{g'(x)}=A.$$

上述求极限的方法叫作洛比达法则.

说明:

（1）把定理中的 $x\to x_0$ 换成 $x\to x_0^+$，$x\to x_0^-$，$x\to+\infty$，$x\to-\infty$，$x\to\infty$ 时，定理的结论仍成立.

（2）若使用一次洛比达法则后，仍未求出极限，而函数 $f'(x)$，$g'(x)$ 仍满足定理条件，则可继续使用洛比达法则，即 $\lim\limits_{x\to x_0}\dfrac{f(x)}{g(x)}=\lim\limits_{x\to x_0}\dfrac{f'(x)}{g'(x)}=\lim\limits_{x\to x_0}\dfrac{f''(x)}{g''(x)}$. 也就是说，若条件成立，洛比达法则可以使用多次.

二、未定式的定值

1. $\dfrac{0}{0}$ 型或 $\dfrac{\infty}{\infty}$ 型

例 1　求 $\lim\limits_{x\to\pi}\dfrac{1+\cos x}{\tan^2 x}$.　($\dfrac{0}{0}$ 型)

解　原式 $=\lim\limits_{x\to\pi}\dfrac{(1+\cos x)'}{(\tan^2 x)'}=\lim\limits_{x\to\pi}\dfrac{-\sin x}{2\tan x\sec^2 x}=-\lim\limits_{x\to\pi}\dfrac{\cos^3 x}{2}=\dfrac{1}{2}$.

例 2　求 $\lim\limits_{x\to+\infty}\dfrac{\dfrac{\pi}{2}-\arctan x}{\dfrac{1}{x}}$.（$\dfrac{0}{0}$ 型）

解　原式 $=\lim\limits_{x\to+\infty}\dfrac{-\dfrac{1}{1+x^2}}{-\dfrac{1}{x^2}}=\lim\limits_{x\to+\infty}\dfrac{x^2}{1+x^2}=1$.

例 3　求 $\lim\limits_{x\to 0}\dfrac{\sin x - x\cos x}{\sin^3 x}$.

解　原式 $=\lim\limits_{x\to 0}\dfrac{(\sin x - x\cos x)'}{(\sin^3 x)'}=\lim\limits_{x\to 0}\dfrac{x\sin x}{3\sin^2 x\cos x}$

$$=\lim_{x\to 0}\frac{x}{3\sin x\cos x}=\lim_{x\to 0}\frac{(x)'}{(3\sin x\cos x)'}$$

$$=\lim_{x\to 0}\frac{1}{3(\cos^2 x-\sin^2 x)}=\frac{1}{3}.$$

例 4　求 $\lim\limits_{x\to\infty}\dfrac{x^3-3x+2}{x^3-x^2-x+1}$.（$\dfrac{\infty}{\infty}$型）

解　原式 $=\lim\limits_{x\to\infty}\dfrac{3x^2-3}{3x^2-2x-1}=\lim\limits_{x\to\infty}\dfrac{6x}{6x-2}=\lim\limits_{x\to\infty}\dfrac{6}{6}=1$.

洛比达法则是求未定式极限的一种有效方法.由于对函数乘积的求导运算有时很繁琐，因此，在用洛必达法则进行极限运算时，通常与等价无穷小替换结合使用，进而达到简化运算的效果.

2. 其他类型的未定式极限

对于其他类型的未定式极限，经过适当的变换，一般都可以转化为$\dfrac{0}{0}$型或$\dfrac{\infty}{\infty}$型的极限.

（1）$0\cdot\infty$ 型.

例 5　求 $\lim\limits_{x\to 0^+}x\ln x$.

解　原式 $=\lim\limits_{x\to 0^+}\dfrac{\ln x}{\frac{1}{x}}=\lim\limits_{x\to 0^+}\dfrac{\frac{1}{x}}{-\frac{1}{x^2}}=\lim\limits_{x\to 0^+}(-x)=0$.

（2）$\infty-\infty$型.

例 6　求 $\lim\limits_{x\to 0}(\dfrac{1}{\sin x}-\dfrac{1}{x})$.

解　原式 $=\lim\limits_{x\to 0}\dfrac{x-\sin x}{x\cdot\sin x}=\lim\limits_{x\to 0}\dfrac{1-\cos x}{\sin x+x\cos x}=\lim\limits_{x\to 0}\dfrac{\sin x}{2\cos x-x\sin x}=0$.

（3）1^∞，0^0，∞^0 型.

例 7　求 $\lim\limits_{x\to 0^+}x^x$.

解　这是“0^0”型未定式. $\lim\limits_{x\to 0^+}x^x=\lim\limits_{x\to 0^+}e^{x\cdot\ln x}$，又

$$\lim_{x\to 0^+} x\cdot\ln x=\lim_{x\to 0^+}\frac{\ln x}{\frac{1}{x}}=\lim_{x\to 0^+}(-x)=0,$$

所以
$$\lim_{x\to 0^+} x^x=e^0=1.$$

习题 2.8

1．计算下列极限：

（1）$\lim\limits_{x\to 0}\dfrac{e^x-1}{\sin x}$；（2）$\lim\limits_{x\to 0}\dfrac{\tan x-x}{x-\sin x}$；

（3）$\lim\limits_{x\to 0}\dfrac{x-\sin x}{x^3}$；（4）$\lim\limits_{x\to 0}\dfrac{e^x-1}{xe^x+e^x-1}$；

（5）$\lim\limits_{x\to 0}\dfrac{e^x\cos x-1}{\sin 2x}$；（6）$\lim\limits_{x\to 0}\dfrac{\sin 3x}{\ln(1+x)}$；

（7）$\lim\limits_{x\to 0}\dfrac{\tan x}{\tan 3x}$；（8）$\lim\limits_{x\to +\infty}\dfrac{\ln(e^x+1)}{e^x}$.

2. 计算下列极限：

（1）$\lim\limits_{x\to 1}(1-x)\tan(\dfrac{\pi}{2}x)$；（2）$\lim\limits_{x\to 0}(\dfrac{1}{x}-\dfrac{1}{e^x-1})$；

（3）$\lim\limits_{x\to 1}(\dfrac{x}{x-1}-\dfrac{1}{\ln x})$；（4）$\lim\limits_{x\to \infty}x^{\frac{1}{x}}$；

（5）$\lim\limits_{x\to 0^+}x^{\sin x}$；（6）$\lim\limits_{x\to \infty}(\dfrac{x-1}{x})^x$.

综合练习二

一、填空题

1. 函数 $f(x)=x^3-3x^2+2$ 在点 $x=-1$ 处的切线方程为____________.

2. 设 $y=\sqrt{\ln x}$，则 $y'=$________________.

3. 已知 $f(x)=\ln 3x+3e^{\frac{x}{3}}$，$f'(3)=$____________.

4. 设 $y=f(x)$ 是由方程 $xy+\ln y=2$ 所确定的隐函数，则 $\dfrac{dy}{dx}=$____________.

5. 若 $y=\sqrt{x}-\sin x+3$，则 $dy=$__________________.

6. 函数 $y=\ln(x+1)$ 在 $\left[0,\ 2\right]$ 上满足拉格朗日中值定理的 $\xi=$________.

7. $y=x+\dfrac{1}{x}$ 的单调递增区间为________，单调递减区间为________.

8. 曲线 $y=x^3-3x^2$ 的拐点坐标是________.

9. 曲线 $y=\dfrac{e^x}{x-1}$ 的垂直渐近线为________.

10. 做变速直线运动物体的运动方程为 $s=t^3-3t$，则其运动速度为 $v(t)=$________，加速度为 $a(t)=$________.

二、选择题

1. 曲线 $y=xe^x$ 在点 $x=1$ 处的切线方程是（　　）.

A. $y=2ex-e$　　B. $y=2ex+e$

C. $y=ex$　　D. $y=-ex+2e$

2. 如果曲线 $f(x)$ 在点 x_0 有切线，则 $f'(x_0)$（　　）.

A. 0　　B. 一定存在

C. 一定不存在　　D. 不一定存在

3. 设 $y=e^{-2x}$，则 $y'''(\ln 2)=$（　　）.

A. $\dfrac{1}{4}$　　B. -2　　C. 2　　D. $-\dfrac{1}{4}$

4. 若函数 $y=f(x)$ 在点 x_0 处导数 $f'(x_0)=0$，则曲线 $y=f(x)$ 在点 $(x_0,\ f(x_0))$ 处的法线（　　）.

A. 与 x 轴平行　　B. 与 x 轴垂直

C. 与 y 轴垂直　　D. 与 x 轴既不平行也不垂直

5. 下列函数在 $\left[1,\ e\right]$ 上满足拉格朗日中值定理条件的是（　　）.

A. $\ln(\ln x)$　　B. $\ln x$　　C. $\ln\cos x$　　D. $\ln(2-x)$

6. 函数 $y=2x+\cos x$ 的单调递增区间是（　　）.

A. $\left(0,\ \dfrac{\pi}{2}\right)$　　B. $(-\infty,\ 0)$　　C. $(-\infty,\ +\infty)$　　D. $(-1,\ 1)$

7. 设函数 $f(x)=|x-1|$，则点 $x=1$ 是 $f(x)$ 的（　　）.

A. 间断点　　B. 可导点　　C. 驻点　　D. 极值点

8. 函数 $y=x^2-\ln(1+x^2)$ 在定义域内（　　）.

A. 无极值　　B. 极大值为 $1-\ln 2$

C. 极小值为 0　　D. $f(x)$ 为单调减函数

9. 下列曲线在其定义域内为凹的是（　　）.

A. $y=e^{-x}$　　B. $y=\ln(1+x^2)$　　C. $y=\arctan x$　　D. $y=\sin(x^2+2)$

10. 曲线 $y=(x-1)^{\frac{5}{3}}$ 的拐点是（　　）.

A. (0, 2)　　B. (2, 0)　　C. (1, 0)　　D. (2, 1)

三、解答题

1. 计算：

（1）设 $y=2^{\sin^2 x}$，求 $\mathrm{d}y$.

（2）已知 $\mathrm{e}^{xy}=3x+y$，求 $\dfrac{\mathrm{d}y}{\mathrm{d}x}$.

（3）已知 $y=\mathrm{e}^{2x}(\sin x+\cos x)+\mathrm{e}^{-2}$，求 $y'\big|_{x=0}$.

（4）求极限 $\lim\limits_{x\to 0}\dfrac{\mathrm{e}^{x}-\mathrm{e}^{-x}-2x}{x^{2}}$.

2. 求函数 $y=\sqrt{5-4x}$ 在区间 $[-1, 1]$ 上的最大值和最小值.

3. 求函数 $y=\ln(x^2+1)$ 的凹凸区间和拐点.

4. 某车间靠墙壁要盖一间长方形小屋，现有存砖只够砌 20 m 长的墙壁，问应围成怎样的长方形，才能使这间小屋的面积最大？

5. 海报的面积为 180 cm^2，海报上印刷内容与上面和左、右的边距为 1cm，与下面边距为 2cm，要使印刷面积最大，问海报边长应为多少？

6. 某租赁公司有汽车 100 辆，当每辆车的月租金为 3000 元时，可全部租出，每辆车的月租金每增加 50 元，未租出的车辆将会增加 1 辆，租出的车辆每月需要维护费 150 元，未租出的车辆每月需要维护费 50 元.

（1）当每辆车的月租金为 3600 元时，能租出多少辆车？

（2）当每辆车的月租金为多少时，租赁公司的月收益最大？最大月收益是多少？

第三章 一元函数积分学

在微分学中，我们解决的基本问题是：已知一个函数求它的导数．但是，在科学技术和经济领域中往往还会遇到与此相反的问题，即已知一个函数的导数，求原来的函数，由此产生了积分学．积分学由两部分组成：不定积分和定积分．本章重点研究不定积分与定积分的概念和性质，如何应用定积分的微元法建立各种实际问题的定积分模型，介绍求解积分的几个重要方法（直接积分法、换元积分法和分部积分法），以及反常积分及其应用．

3.1 不定积分的概念和性质

对于一元函数而言，求一个已知函数的导数或微分大家已经非常熟悉． 反之，若已知某个函数的导函数或微分，如何求原来的函数呢？这就是我们将要学习的内容．

一、原函数

1．原函数的定义

定义 1 设函数 $f(x)$ 在某区间上有定义，如果存在函数 $F(x)$，对于该区间上任意一点 x，都有

$$F'(x)=f(x) \quad 或 \quad \mathrm{d}F(x)=f(x)\mathrm{d}x,$$

则称函数 $F(x)$ 是 $f(x)$ 在该区间上的一个原函数．

例如，因为在区间 $(-\infty,+\infty)$ 内有 $(x^3)'=3x^2$，所以 x^3 是 $3x^2$ 在区间 $(-\infty,+\infty)$ 内的一个原函数，又因为 $(x^3+1)'=3x^2$，$(x^3+\sqrt{2})'=3x^2$，$(x^3+C)'=3x^2$（C 为任意常数），所以 x^3+1，$x^3+\sqrt{2}$，x^3+C 都是 $3x^2$ 在区间 $(-\infty,+\infty)$ 内的原函数．

又例如，因为在区间 $(-\infty,+\infty)$ 内 $(\sin x)'=\cos x$，所以 $\sin x$ 是 $\cos x$ 在区间 $(-\infty,+\infty)$ 内的一个原函数，$\sin x+1$，$\sin x+\sqrt{2}$，$\sin x+C$（C 为任意常数）也都是 $\cos x$ 在区间 $(-\infty,+\infty)$ 内的原函数．

例 1 指出下列函数的一个原函数：

（1）$f(x)=\sin x$；　　（2）$f(x)=3$；　　（3）$f(x)=\mathrm{e}^x$．

解 （1）因为 $(-\cos x)'=\sin x$，所以 $-\cos x$ 是 $\sin x$ 的一个原函数；

（2）因为$(3x)'=3$，所以$3x$是3的一个原函数；

（3）因为$(\mathrm{e}^x)'=\mathrm{e}^x$，所以$\mathrm{e}^x$是$\mathrm{e}^x$的一个原函数.

2. 原函数的个数

从上面例子可以看到，一个已知函数，如果有一个原函数，那么它就有无限多个原函数，并且其中任意两个原函数之间只相差一个常数．一般来说，若有$F'(x)=f(x)$，就有$\left(F(x)+C\right)'=f(x)$．即若$F(x)$是$f(x)$的一个原函数，则$F(x)+C$（$C$为任意常数）仍是$f(x)$的原函数，且$F(x)+C$（$C$为任意常数）包括了$f(x)$的所有原函数，如$\sin x+C$ 就表示$\cos x$的所有原函数.

二、不定积分

1. 不定积分的定义

定义 2 如果函数$F(x)$是$f(x)$的一个原函数，则称$f(x)$的所有原函数$F(x)+C$（C为任意常数）为$f(x)$的**不定积分**，记作

$$\int f(x)\mathrm{d}x=F(x)+C.$$

其中$\int$称为**积分号**，$f(x)$称为**被积函数**，$f(x)\mathrm{d}x$称为**积分表达式**，x称为**积分变量**，C称为**积分常数**.

根据不定积分定义，若求不定积分，只要求出被积函数的一个原函数，再加上任意常数C即可.

例 2 求函数$2x$的不定积分.

解 因为
$$(x^2)'=2x,$$
所以
$$\int 2x\mathrm{d}x=x^2+C.$$

例 3 求函数$\dfrac{1}{x}$的不定积分.

解 因为 当$x>0$时，$(\ln x)'=\dfrac{1}{x}$，

所以
$$\int\frac{1}{x}\mathrm{d}x=\ln x+C\quad(x>0).$$

又因当$x<0$时，$[\ln(-x)]'=\dfrac{1}{-x}\times(-1)=\dfrac{1}{x}$，

所以
$$\int\frac{1}{x}\mathrm{d}x=\ln(-x)+C\quad(x<0).$$

合并以上两种情况，得

$$\int\frac{1}{x}\mathrm{d}x=\ln|x|+C\quad(x\neq 0).$$

例 4 设一条曲线通过点（1，2）且曲线上任一点处的切线斜率为$2x$，求此曲线的方程.

解 设所求曲线方程为$y=f(x)$，依题意，得

$$\frac{dy}{dx}=2x.$$

故
$$y=f(x)=\int 2x\mathrm{d}x=x^2+C.$$

将 $x=1, y=2$ 代入上式，得 $C=1$，于是所求曲线方程为

$$y=x^2+1.$$

2. 不定积分运算与导数、微分运算之间的关系

由不定积分的概念可以知道，“求不定积分”和“求导数”或“求微分”互为逆运算. 即有

（1）$(\int f(x)\mathrm{d}x)'=f(x)$；

（2）$\mathrm{d}(\int f(x)\mathrm{d}x)=f(x)\mathrm{d}x$；

（3）$\int f'(x)\mathrm{d}x=f(x)+C$；

（4）$\int \mathrm{d}f(x)=f(x)+C$.

此关系可概括为“先积后微，形不变；先微后积，多一常数”.

如　$(\int \sin x\mathrm{d}x)'=\sin x$；　$\mathrm{d}(\int \sin x\mathrm{d}x)=\sin x\mathrm{d}x$；

　　$\int(\sin x)'\mathrm{d}x=\sin x+C$；　$\int \mathrm{d}\sin x=\sin x+C$.

例 5　判断下列等式是否成立：

（1）$\int x^2\mathrm{d}x=\frac{x^3}{3}+C$；　　　　（2）$\int \mathrm{e}^{-x}\mathrm{d}x=\mathrm{e}^{-x}+C$.

解　（1）由于 $(\frac{x^3}{3}+C)'=x^2$，而且含有任意常数 C，所以

$$\int x^2\mathrm{d}x=\frac{x^3}{3}+C.$$

（2）由于 $(\mathrm{e}^{-x})'=-\mathrm{e}^{-x}$，所以此等式不成立，即 $\int \mathrm{e}^{-x}\mathrm{d}x\neq \mathrm{e}^{-x}+C$.

3. 不定积分的几何意义

定义 3　通常把 $f(x)$ 的一个原函数 $y=F(x)$ 的图形叫作函数 $f(x)$ 的**一条积分曲线**，而不定积分 $\int f(x)\mathrm{d}x$ 表示一族积分曲线，称为**积分曲线族**.

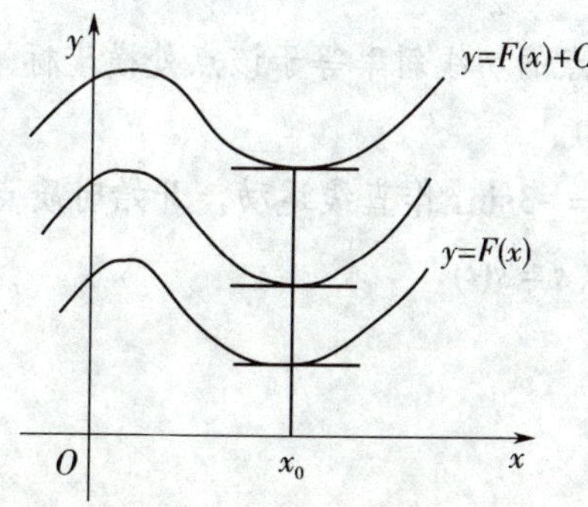

图 3–1

如图 3-1 所示，积分曲线族 $y = F(x) + C$ 的特点是：

（1）积分曲线族中任意一条曲线，都可由其中某一条沿 y 轴平移若干个单位得到；

（2）由于 $\left[F(x)+C\right]' = F'(x) = f(x)$，所以积分曲线族中横坐标相同的点处切线的斜率相等，都等于 $f(x)$，从而横坐标相等的对应点处的切线互相平行．

这就是不定积分的几何意义．

习题 3.1

1．$\sin x$ 和 $\cos x$ 分别是谁的原函数？

2．3^x 和 $\dfrac{1}{x^2}$ 的一个原函数分别是什么？

3．若 $f(x)$ 的一个原函数为 $\sin 2x$，求 $\int f(x)\mathrm{d}x$．

4．若 $f(x)$ 的一个原函数为 x^5，求 $f(x)$．

5．若 $\int f(x)\mathrm{d}x = 2^x + \cos x + C$，求 $f(x)$．

6．若 $f(x)$ 的一个原函数为 $\sin x$，求 $\int f'(x)\mathrm{d}x$．

7．若 $f(x)$ 的一个原函数为 $\sin x$，求 $[\int f(x)\mathrm{d}x]'$．

8．用微分法验证下列等式：

（1）$\int\left(3x^2 + 2x + 1\right)\mathrm{d}x = x^3 + x^2 + x + C$；　　（2）$\int\cos^2 x\,\mathrm{d}x = \dfrac{x}{2} + \dfrac{1}{4}\sin 2x + C$．

9．写出下列各式的结果：

（1）$\int\left(x^2 + 2x\right)'\mathrm{d}x$；　　（2）$\int\mathrm{d}\left(\cos^2 x\right)$；

（3）$\left(\int\dfrac{1}{1-x^2}\mathrm{d}x\right)'$；　　（4）$\mathrm{d}\left(\int\sqrt{a^2 - x^2}\,\mathrm{d}x\right)$．

10．证明函数 $2 - \cos^2 x$ 和 $\dfrac{3 - \cos 2x}{2}$ 是同一个函数的原函数．

11．已知一条曲线上任一点的切线斜率等于该点处横坐标平方的 3 倍，且过点 $(0,1)$，求此曲线方程．

12．设一质点以加速度 $a = -3\sin t$ 作直线运动，开始时质点的速度 $v_0 = 5$，位移 $s_0 = 1$，求速度函数 $v = v(t)$ 和位移函数 $s = s(t)$．

3.2　不定积分的运算法则和基本公式

一、不定积分的运算法则

法则 1　两个函数和（或差）的不定积分等于两个函数不定积分之和（或差），即

$$\int[f(x)\pm g(x)]\mathrm{d}x=\int f(x)\mathrm{d}x\pm\int g(x)\mathrm{d}x .$$

此法则对于有限个函数的代数和也是成立的.

法则 2　被积函数中不为零的常数因子可以提到积分号外，即

$$\int Af(x)\mathrm{d}x=A\int f(x)\mathrm{d}x \text{（}A\text{为不等于零的常数）}.$$

注意：（1）$\int f(x)g(x)\mathrm{d}x\neq\int f(x)\mathrm{d}x\int g(x)\mathrm{d}x$；

（2）$\int\frac{f(x)}{g(x)}\mathrm{d}x\neq\frac{\int f(x)\mathrm{d}x}{\int g(x)\mathrm{d}x}$.

二、不定积分的基本公式

由于不定积分运算是导数(或微分)运算的逆运算，因此，我们可以从导数的基本公式，得到不定积分的基本公式，现把它们列表（见表 3–1）对照如下.

表 3–1

导数	不定积分
$(C)'=0$	$\int 0\mathrm{d}x=C$
$(x)'=1$	$\int \mathrm{d}x=x+C$
$(\frac{x^{\alpha+1}}{\alpha+1})'=x^{\alpha}$	$\int x^{\alpha}\mathrm{d}x=\frac{x^{\alpha+1}}{\alpha+1}+C\ (\alpha\neq-1)$
$(-\frac{1}{x})'=\frac{1}{x^2}$	$\int\frac{1}{x^2}\mathrm{d}x=-\frac{1}{x}+C$
$(2\sqrt{x})'=\frac{1}{\sqrt{x}}$	$\int\frac{1}{\sqrt{x}}\mathrm{d}x=2\sqrt{x}+C$
$(\ln\|x\|)'=\frac{1}{x}$	$\int\frac{1}{x}\mathrm{d}x=\ln\|x\|+C$
$(\mathrm{e}^x)'=\mathrm{e}^x$	$\int \mathrm{e}^x\mathrm{d}x=\mathrm{e}^x+C$
$(\frac{a^x}{\ln a})'=a^x(a>0\text{且}a\neq1)$	$\int a^x\mathrm{d}x=\frac{a^x}{\ln a}+C\ (a>0\text{且}a\neq1)$
$(-\cos x)'=\sin x$	$\int\sin x\mathrm{d}x=-\cos x+C$

续表

导数	不定积分
$(\sin x)' = \cos x$	$\int \cos x \mathrm{d}x = \sin x + C$
$(\tan x)' = \sec^2 x$	$\int \sec^2 x \mathrm{d}x = \int \frac{1}{\cos^2 x} \mathrm{d}x = \tan x + C$
$(-\cot x)' = \csc^2 x$	$\int \csc^2 x \mathrm{d}x = \int \frac{1}{\sin^2 x} \mathrm{d}x = -\cot x + C$
$(\sec x)' = \sec x \tan x$	$\int \sec x \cdot \tan x \mathrm{d}x = \sec x + C$
$(-\csc x)' = \csc x \cot x$	$\int \csc x \cdot \cot x \mathrm{d}x = -\csc x + C$
$(\arcsin x)' = \frac{1}{\sqrt{1-x^2}}$	$\int \frac{1}{\sqrt{1-x^2}} \mathrm{d}x = \arcsin x + C$
$(\arctan x)' = \frac{1}{1+x^2}$	$\int \frac{1}{1+x^2} \mathrm{d}x = \arctan x + C$

以上十六个公式，是求不定积分的基础，必须记熟记准.

例 1 求（1）$\int (5x^3 - 3^x - \frac{2}{x} + 3) \mathrm{d}x$；（2）$\int (\mathrm{e}^x - 3\sin x) \mathrm{d}x$.

解 （1）
$$\int (5x^3 - 3^x - \frac{2}{x} + 3) \mathrm{d}x$$
$$= 5\int x^3 \mathrm{d}x - \int 3^x \mathrm{d}x - 2\int \frac{1}{x} \mathrm{d}x + 3\int \mathrm{d}x$$
$$= \frac{5}{4}x^4 - \frac{3^x}{\ln 3} - 2\ln|x| + 3x + C.$$

（2）$\int (\mathrm{e}^x - 3\sin x) \mathrm{d}x = \int \mathrm{e}^x \mathrm{d}x - 3\int \sin x \mathrm{d}x = \mathrm{e}^x + 3\cos x + C$.

三、直接积分法

在求不定积分时，可以直接按积分基本公式和两条基本运算法则求出结果（如例 1）. 但有时，被积函数常需要经过适当的恒等变形（包括代数和三角的恒等变形），再利用积分的两条基本运算法则，然后按基本公式求出结果，这样的积分方法叫作**直接积分法**，这是最基本的积分方法.

例 2 （1）$\int \sqrt{x} \mathrm{d}x$；（2）$\int \frac{2}{x^3} \mathrm{d}x$；（3）$\int x\sqrt{x} \mathrm{d}x$；（4）$\int \frac{3}{x^2\sqrt{x}} \mathrm{d}x$.

解 （1）$\int \sqrt{x} \mathrm{d}x = \int x^{\frac{1}{2}} \mathrm{d}x = \frac{2}{3}x^{\frac{3}{2}} + C$；

（2）$\int \frac{2}{x^3} \mathrm{d}x = 2\int x^{-3} \mathrm{d}x = -x^{-2} + C$；

（3）$\int x\sqrt{x} \mathrm{d}x = \int x^{\frac{3}{2}} \mathrm{d}x = \frac{2}{5}x^{\frac{5}{2}} + C$；

（4）$\int \frac{3}{x^2\sqrt{x}} \mathrm{d}x = 3\int x^{-\frac{5}{2}} \mathrm{d}x = -2x^{-\frac{3}{2}} + C$.

例 2 表明，对某些根式或分式函数求积分，可先把它们化为 x^α 的形式，然后运用幂函数的积分公式求积分.

例 3　求（1）$\int x(x^2-2)\mathrm{d}x$；　　（2）$\int \frac{x^3-3x^2+2x+4}{x^2}\mathrm{d}x$.

解　（1）$\int x(x^2-2)\mathrm{d}x=\int(x^3-2x)\mathrm{d}x=\frac{x^4}{4}-x^2+C$；

（2）$\int \frac{x^3-3x^2+2x+4}{x^2}\mathrm{d}x=\int(x-3+\frac{2}{x}+\frac{4}{x^2})\mathrm{d}x=\frac{x^2}{2}-3x+2\ln|x|-\frac{4}{x}+C$.

此例表明，遇到函数乘积或商的积分，尽量变为代数和的积分，这样便于运用不定积分运算法则.

例 4　求（1）$\int \frac{2x^2+1}{x^2(x^2+1)}\mathrm{d}x$；　（2）$\int \frac{x^4}{x^2+1}\mathrm{d}x$；　（3）$\int \frac{1}{\sin^2 x\cos^2 x}\mathrm{d}x$.

解　（1）

$$\int \frac{2x^2+1}{x^2(x^2+1)}\mathrm{d}x=\int \frac{x^2+(x^2+1)}{x^2(x^2+1)}\mathrm{d}x$$

$$=\int(\frac{1}{1+x^2}+\frac{1}{x^2})\mathrm{d}x=\arctan x-\frac{1}{x}+C.$$

（2）

$$\int \frac{x^4}{x^2+1}\mathrm{d}x=\int \frac{(x^4-1)+1}{x^2+1}\mathrm{d}x=\int(x^2-1+\frac{1}{1+x^2})\mathrm{d}x$$

$$=\frac{x^3}{3}-x+\arctan x+C.$$

（3）

$$\int \frac{1}{\sin^2 x\cos^2 x}\mathrm{d}x=\int \frac{\sin^2 x+\cos^2 x}{\sin^2 x\cos^2 x}\mathrm{d}x$$

$$=\int(\frac{1}{\sin^2 x}+\frac{1}{\cos^2 x})\mathrm{d}x$$

$$=\tan x-\cot x+C.$$

此例几个积分被积函数均为分式形式，这时要把分式拆成几个分式之和，关键是要依据分母的特点变形分子，使分子出现分母中所含有的因式，如第一个积分是将分子 $2x^2+1$ 拆成 $(x^2+1)+x^2$，而 (x^2+1) 和 x^2 恰好是分母中含有的因式；第二个积分分子采用的变形方法是“加一项，减一项”；第三个积分是将分子“1”恒等变形为 $\sin^2 x+\cos^2 x$.

例 5　求（1）$\int \tan^2 x\mathrm{d}x$；　　（2）$\int \cos^2\frac{x}{2}\mathrm{d}x$.

解　（1）$\int \tan^2 x\mathrm{d}x=\int(\sec^2 x-1)\mathrm{d}x=\tan x-x+C$.

（2）$\int \cos^2\frac{x}{2}\mathrm{d}x=\int \frac{1+\cos x}{2}\mathrm{d}x=\frac{1}{2}\int(1+\cos x)\mathrm{d}x=\frac{1}{2}(x+\sin x)+C$.

在此例中，先将被积函数恒等变形，然后运用积分基本公式和法则求出积分.

常用的三角函数公式如下：

①$\sin^2 x+\cos^2 x=1$；②$1+\tan^2 x=\sec^2 x$；

③$1+\cot^2 x=\csc^2 x$；④$\sin 2x=2\sin x\cos x$；

⑤$\cos 2x=\cos^2 x-\sin^2 x$

$=1-2\sin^2 x=2\cos^2 x-1$;

⑥$\sin^2 x=\dfrac{1-\cos 2x}{2}$；

⑦$\cos^2 x=\dfrac{1+\cos 2x}{2}$.

公式⑥和⑦是余弦二倍角公式的变形公式，运用这两个公式，可起到降幂扩角的作用.

习题 3.2

1. 求下列不定积分：

（1）$\int x^5 \mathrm{d}x$；（2）$\int 5^x \mathrm{d}x$；

（3）$\int (x^2-3x+5)\mathrm{d}x$；（4）$\int (2\mathrm{e}^x-\sin x)\mathrm{d}x$；

（5）$\int \dfrac{3}{x^4}\mathrm{d}x$；（6）$\int x^2\sqrt{x}\mathrm{d}x$；

（7）$\int \dfrac{1}{x\sqrt[3]{x}}\mathrm{d}x$；（8）$\int \sqrt{x}(x-3)\mathrm{d}x$；

（9）$\int \dfrac{x^2+x\sqrt{x}+3}{\sqrt{x}}\mathrm{d}x$；（10）$\int \dfrac{(x+1)^2}{x(x^2+1)}\mathrm{d}x$；

（11）$\int \dfrac{x^2}{x^2+1}\mathrm{d}x$；（12）$\int \dfrac{\sin 2x}{\sin x}\mathrm{d}x$；

（13）$\int \cot^2 x\mathrm{d}x$；（14）$\int \sin^2 \dfrac{x}{2}\mathrm{d}x$.

2. 已知某曲线经过点$(0,-5)$，并且曲线上任意一点(x,y)处切线的斜率为$1-x$，求此曲线的方程.

3. 一物体以速度$v=3t^2+4t$ (m/s) 作直线运动，当$t=2\text{s}$时，物体的位移$s=16\text{m}$，求物体的运动规律.

3.3 不定积分方法

利用直接积分法，我们所能计算出的不定积分是非常有限的，为了更好地解决求原函数的问题，下面再介绍几种常用的不定积分方法．

一、凑微分法

1．积分基本公式的扩展

我们先来看如何求积分 $\int\cos 3x\mathrm{d}x$，如果直接套用积分基本公式

$$\int\cos x\mathrm{d}x=\sin x+C,$$

就会得出 $\int\cos 3x\mathrm{d}x=\sin 3x+C$ 这样错误的结果，因为 $(\sin 3x)'=3\cos 3x$，所以正确的结果应该是 $\int\cos 3x\mathrm{d}x=\frac{\sin 3x}{3}+C$．遇到此类积分，一般方法是什么？我们先来看下面的定理．

定理　若 $\int f(x)\mathrm{d}x=F(x)+C$（即 $F'(x)=f(x)$），则 $\int f[\varphi(x)]\mathrm{d}\varphi(x)=F[\varphi(x)]+C$（$\varphi(x)$ 为可导函数）．

证　因为 $F'(x)=f(x)$，所以 $(F[\varphi(x)])'=F'[\varphi(x)]\varphi'(x)=f[\varphi(x)]\varphi'(x)$，

即 $\mathrm{d}F[\varphi(x)]=f[\varphi(x)]\varphi'(x)\,\mathrm{d}x=f[\varphi(x)]\mathrm{d}\varphi(x)$，所以

$$\int f[\varphi(x)]\mathrm{d}\varphi(x)=F[\varphi(x)]+C.$$

此定理告诉我们：当我们把积分基本公式里的 x 换为关于 x 的一个可导函数 $\varphi(x)$ 时，公式仍然成立，这样，由基本公式可以扩展出无穷多个公式．如将公式 $\int\cos x\mathrm{d}x=\sin x+C$ 里的 x 换为 $2x+3$ 时，可以得到公式 $\int\cos(2x+3)\mathrm{d}(2x+3)=\sin(2x+3)+C$．

例 1　写出下列积分的结果：

（1）$\int\mathrm{e}^{x^2}\mathrm{d}x^2$；　（2）$\int(3-2x)^3\mathrm{d}(3-2x)$；　（3）$\int\frac{1}{\cos x}\mathrm{d}\cos x$．

解　（1）$\int\mathrm{e}^{x^2}\mathrm{d}x^2=\mathrm{e}^{x^2}+C$，相当于将公式 $\int\mathrm{e}^x\mathrm{d}x=\mathrm{e}^x+C$ 里的 x 都换成了 x^2．

（2）$\int(3-2x)^3\mathrm{d}(3-2x)=\frac{(3-2x)^4}{4}+C$，相当于将公式 $\int x^3\mathrm{d}x=\frac{x^4}{4}+C$ 里的 x 都换成了 $3-2x$．

（3）$\int\frac{1}{\cos x}\mathrm{d}\cos x=\ln|\cos x|+C$，相当于将公式 $\int\frac{1}{x}\mathrm{d}x=\ln|x|+C$ 里的 x 都换成了 $\cos x$．

2．凑微分法的适用范围

当遇到形如 $\int f[\varphi(x)]\varphi'(x)\mathrm{d}x$ 的积分，即被积函数是两个函数的乘积，一个函数复杂，一个函数简单，简单函数 $\varphi'(x)$ 是复杂函数中间变量 $\varphi(x)$ 的导数（或与 $\varphi(x)$ 的导数只相差一个

常数因子），这时可将 $\varphi'(x)\,\mathrm{d}x$ 凑成 $\mathrm{d}\varphi(x)$，这样，原来的积分就变成了 $\int f[\varphi(x)]\mathrm{d}\varphi(x)$，然后，再对照扩大的积分公式，写出结果．这种方法，称为凑微分法，掌握这种方法的前提是熟悉微分和不定积分基本公式．

例 2　求（1）$\int e^{-\frac{x}{3}}\mathrm{d}x$；（2）$\int (2x+1)^5\mathrm{d}x$；（3）$\int \frac{1}{\sqrt{2-3x}}\mathrm{d}x$；（4）$\int \frac{1}{1-2x}\mathrm{d}x$．

解　（1）基本积分公式中有：$\int e^x\mathrm{d}x = e^x + C$，此题中的被积函数为 $e^{-\frac{x}{3}}$，相当于将基本公式里的 x 换为 $-\frac{x}{3}$，因此必须凑出微分 $\mathrm{d}(-\frac{x}{3})$．

因为 $\mathrm{d}x = (-3)\,\mathrm{d}(-\frac{x}{3})$，所以

$$\int e^{-\frac{x}{3}}\mathrm{d}x = -3\int e^{-\frac{x}{3}}\mathrm{d}(-\frac{x}{3}) == -3e^{-\frac{x}{3}} + C.$$

（2）基本积分公式中有：$\int x^5\mathrm{d}x = \frac{x^6}{6} + C$，此题中的被积函数为 $(2x+1)^5$，相当于将基本公式里的 x 换为 $2x+1$，因此必须凑出微分 $\mathrm{d}(2x+1)$．

因为 $\mathrm{d}x = \frac{1}{2}\,\mathrm{d}(2x+1)$，所以

$$\int (2x+1)^5\mathrm{d}x = \frac{1}{2}\int (2x+1)^5\mathrm{d}(2x+1) = \frac{1}{12}(2x+1)^6 + C.$$

（3）基本积分公式中有：$\int \frac{1}{\sqrt{x}}\mathrm{d}x = 2\sqrt{x} + C$，此题中的被积函数为 $\frac{1}{\sqrt{2-3x}}$，相当于将基本公式里的 x 换为 $2-3x$，因此必须凑出微分 $\mathrm{d}(2-3x)$．

因为 $\mathrm{d}x = -\frac{1}{3}\,\mathrm{d}(2-3x)$，所以

$$\int \frac{1}{\sqrt{2-3x}}\mathrm{d}x = -\frac{1}{3}\int \frac{1}{\sqrt{2-3x}}\mathrm{d}(2-3x) = -\frac{2}{3}\sqrt{2-3x} + C.$$

（4）基本积分公式中有：$\int \frac{1}{x}\mathrm{d}x = \ln|x| + C$，此题中的被积函数为 $\frac{1}{1-2x}$，相当于将基本公式里的 x 换为 $1-2x$，因此必须凑出微分 $\mathrm{d}(1-2x)$．

因为 $\mathrm{d}x = -\frac{1}{2}\,\mathrm{d}(1-2x)$，所以

$$\int \frac{1}{1-2x}\mathrm{d}x = -\frac{1}{2}\int \frac{1}{1-2x}\mathrm{d}(1-2x) = -\frac{1}{2}\ln|1-2x| + C.$$

例 2 中被积函数全部是单一函数，这时直接和基本积分公式对照，看函数属于哪一种类型，直接凑出所需要的微分．

例 3　求（1）$\int x\cos x^2\mathrm{d}x$；　　（2）$\int \sin^2 x\cos x\mathrm{d}x$；

（3）$\int \frac{x}{\sqrt{1+x^2}}\mathrm{d}x$；　　（4）$\int \frac{e^x}{1+e^x}\mathrm{d}x$．

解　（1）$\int x\cos x^2\mathrm{d}x = \int \cos x^2 \cdot x\mathrm{d}x = \frac{1}{2}\int \cos x^2\mathrm{d}x^2 = \frac{1}{2}\sin x^2 + C$，

复杂函数 $\cos x^2$ 不动，将简单函数 x 与 dx 的乘积凑成微分 $\frac{1}{2}dx^2$.

（2）$\int \sin^2 x\cos x dx = \int \sin^2 x d\sin x = \frac{1}{3}\sin^3 x + C$ ，

复杂函数 $\sin^2 x$ 不动，将简单函数 $\cos x$ 与 dx 的乘积凑成微分 $d\sin x$.

（3）$\int \frac{x}{\sqrt{1+x^2}}dx = \int \frac{1}{\sqrt{1+x^2}}\cdot xdx = \frac{1}{2}\int \frac{1}{\sqrt{1+x^2}}d(1+x^2) = \sqrt{1+x^2} + C$ ，复杂函数 $\frac{1}{\sqrt{1+x^2}}$ 不动，将简单函数 x 与 dx 的乘积凑成微分 $\frac{1}{2}d(1+x^2)$.

（4）$\int \frac{e^x}{1+e^x}dx = \int \frac{1}{1+e^x}\cdot e^x dx = \int \frac{1}{1+e^x}d(1+e^x) = \ln(1+e^x) + C$ ，复杂函数 $\frac{1}{1+e^x}$ 不动，将简单函数 e^x 与 dx 的乘积凑成微分 $d(1+e^x)$.

有时需要先将被积函数进行恒等变形（包括代数和三角恒等变形），再利用凑微分法进行积分.

例 4 （1）$\int \frac{1}{4+x^2}dx$ ；（2）$\int \frac{1}{1+e^x}dx$ ；（3）$\int \tan x dx$ ；（4）$\int \cos^2 x dx$.

解 （1）
$$\int \frac{1}{4+x^2}dx = \int \frac{1}{4(1+\frac{x^2}{4})}dx = \frac{1}{4}\int \frac{1}{1+\frac{x^2}{4}}dx$$
$$= \frac{1}{4}\int \frac{1}{1+(\frac{x}{2})^2}dx$$
$$= \frac{1}{2}\int \frac{1}{1+(\frac{x}{2})^2}d\frac{x}{2} = \frac{1}{2}\arctan\frac{x}{2} + C .$$

（2）$\int \frac{1}{1+e^x}dx = \int \frac{1+e^x-e^x}{1+e^x}dx = \int (1-\frac{e^x}{1+e^x})dx = x - \ln(1+e^x) + C$.

（3）$\int \tan x dx = \int \frac{\sin x}{\cos x}dx = \int \frac{1}{\cos x}\cdot \sin x dx = -\int \frac{1}{\cos x}d\cos x = -\ln|\cos x| + C$.

（4）
$$\int \cos^2 x dx = \int \frac{1+\cos 2x}{2}dx = \int (\frac{1}{2}+\frac{1}{2}\cos 2x)dx$$
$$= \frac{1}{2}\int dx + \frac{1}{4}\int \cos 2x d2x = \frac{x}{2} + \frac{\sin 2x}{4} + C .$$

二、分部积分法

1. 分部积分公式

前面我们用凑微分法计算出了积分 $\int x\cos x^2 dx$ ，能否用凑微分法计算 $\int x\cos x dx$ ？不妨试一试 $\int x\cos x dx = \int x d\cos x$ ，这时，无法套用积分基本公式，凑微分失效，因此，有必要学习新的积分方法，这一节我们来学习分部积分法.

设函数 $u=u(x)$，$v=v(x)$ 均具有连续导数，则根据乘积微分法可得

$$\mathrm{d}(uv)=u\mathrm{d}v+v\mathrm{d}u,$$

即

$$u\mathrm{d}v=\mathrm{d}(uv)-v\mathrm{d}u,$$

两边积分，得

$$\int u\,\mathrm{d}v=uv-\int v\,\mathrm{d}u.$$

上式称为分部积分公式，利用分部积分公式求不定积分的方法称为分部积分法．其特点是把 $\int u\,\mathrm{d}v$ 转换成 $\int v\,\mathrm{d}u$，因此，若 $\int v\,\mathrm{d}u$ 比 $\int u\,\mathrm{d}v$ 容易计算(或相当)，则可考虑试用此法.

运用分部积分法的关键在于恰当选择 u 和 $\mathrm{d}v$．一般来说，选择 u 和 $\mathrm{d}v$ 可依据以下两个原则:

（1）v 容易求出;

（2）$\int v\,\mathrm{d}u$ 比 $\int u\,\mathrm{d}v$ 容易计算.

2．分部积分法的规律

例 5 （1）$\int x\cos x\mathrm{d}x$；（2）$\int x\mathrm{e}^x\mathrm{d}x$；（3）$\int x\arctan x\mathrm{d}x$；

（4）$\int x\ln x\mathrm{d}x$；（5）$\int \arctan x\mathrm{d}x$；（6）$\int \mathrm{e}^x\cos x\mathrm{d}x$.

解 （1）$\int \underbrace{x}_{u}\,\underbrace{\cos x\mathrm{d}x}_{\mathrm{d}v}=\int x\mathrm{d}\sin x=x\sin x-\int \sin x\mathrm{d}x=x\sin x+\cos x+C$.

（2）$\int \underbrace{x}_{u}\,\underbrace{\mathrm{e}^x\mathrm{d}x}_{\mathrm{d}v}=\int x\mathrm{d}\mathrm{e}^x=x\mathrm{e}^x-\int \mathrm{e}^x\mathrm{d}x=x\mathrm{e}^x-\mathrm{e}^x+C$.

思考：上述两个积分，如果选 $\cos x$(或 e^x) 为 u，情况如何？

规律：被积函数为 $x^a\times\sin bx$（或 $\cos bx$），$x^a\times\mathrm{e}^{bx}$（a，b 为常数）时，应把 x^a 选为 u，而把三角函数与指数函数经过凑微分移到 $\mathrm{d}v$ 中，简述为“三指动”.

（3）$\int x\arctan x\mathrm{d}x=\int \arctan x\cdot x\mathrm{d}x=\int \arctan x\mathrm{d}\frac{x^2}{2}$

$$=\frac{x^2}{2}\arctan x-\frac{1}{2}\int x^2\mathrm{d}\arctan x$$

$$=\frac{x^2}{2}\arctan x-\frac{1}{2}\int\frac{x^2}{1+x^2}\mathrm{d}x$$

$$=\frac{x^2}{2}\arctan x-\frac{1}{2}\int\frac{x^2+1-1}{1+x^2}\mathrm{d}x$$

$$=\frac{x^2}{2}\arctan x-\frac{1}{2}\int(1-\frac{1}{1+x^2})\mathrm{d}x$$

$$=\frac{x^2}{2}\arctan x-\frac{x}{2}+\frac{1}{2}\arctan x+C.$$

（4）$\int x\ln x\mathrm{d}x=\int\ln x\cdot x\mathrm{d}x=\int\ln x\mathrm{d}\frac{x^2}{2}=\frac{x^2}{2}\ln x-\frac{1}{2}\int x\mathrm{d}x=\frac{x^2}{2}\ln x-\frac{x^2}{4}+C$.

思考：如果选 $\arctan x$(或 $\ln x$)为 u，情况如何？

规律： 被积函数为 $x^a\times$反三角函数（或对数函数）时，应选反三角函数或对数函数为 u，而把剩余部分凑成 $\mathrm{d}v$，简述为“反对不动”.

（5）
$$\begin{aligned}\int\arctan x\mathrm{d}x&=x\arctan x-\int x\mathrm{d}\arctan x\\&=x\arctan x-\int\frac{x}{1+x^2}\mathrm{d}x\\&=x\arctan x-\frac{1}{2}\ln(1+x^2)+C.\end{aligned}$$

规律： 被积函数只有一项，可以看成 $u\mathrm{d}v$ 自然分成（被积函数为 u），直接应用分部积分公式即可.

（6）
$$\begin{aligned}\int\mathrm{e}^x\cos x\mathrm{d}x&=\int\mathrm{e}^x\mathrm{d}\sin x=\mathrm{e}^x\sin x-\int\sin x\mathrm{d}\mathrm{e}^x\\&=\mathrm{e}^x\sin x-\int\mathrm{e}^x\sin x\mathrm{d}x\\&=\mathrm{e}^x\sin x+\int\mathrm{e}^x\mathrm{d}\cos x\\&=\mathrm{e}^x\sin x+\mathrm{e}^x\cos x-\int\mathrm{e}^x\cos x\mathrm{d}x,\end{aligned}$$

或
$$\begin{aligned}\int\mathrm{e}^x\cos x\mathrm{d}x&=\int\cos x\mathrm{d}\mathrm{e}^x=\mathrm{e}^x\cos x-\int\mathrm{e}^x\mathrm{d}\cos x\\&=\mathrm{e}^x\cos x+\int\mathrm{e}^x\sin x\mathrm{d}x\\&=\mathrm{e}^x\cos x+\int\sin x\mathrm{d}\mathrm{e}^x\\&=\mathrm{e}^x\cos x+\mathrm{e}^x\sin x-\int\mathrm{e}^x\cos x\mathrm{d}x,\end{aligned}$$

等式右端出现了原积分，把等式看作以原积分为未知量的方程，解此方程，得

$$2\int\mathrm{e}^x\cos x\mathrm{d}x=\mathrm{e}^x\left(\sin x+\cos x\right)+C_1,$$

即

$$\int\mathrm{e}^x\cos x\mathrm{d}x=\frac{1}{2}\mathrm{e}^x\left(\sin x+\cos x\right)+C\ (C=\frac{1}{2}C_1).$$

规律： 被积函数为 $\mathrm{e}^{ax}\times\sin bx$（或 $\cos bx$）时，既可以选指数函数为 u，也可以选正弦、余弦函数为 u，但两次使用分部积分公式时，选取的 u 必须是同类函数，最后通过解方程得出答案.

分部积分法的规律：“**三指动，反对不动**”. 其中，“三”表示三角函数 $\sin ax$，$\cos bx$；“指”表示指数函数 e^{ax}；“反”表示反三角函数 $\arcsin x$，$\arctan x$；“对”表示对数函数 $\ln x$.

三、换元积分法

能否用凑微分法和分部积分法计算积分 $\int\frac{1}{1+\sqrt{x}}\mathrm{d}x$？这里，凑微分法和分部积分法均失效，这一节我们来学习换元积分法．当遇到被积函数含有根式的积分，且用直接积分法、凑微分法及分部积分法均算不出来时，一般可考虑用换元积分法．换元的目的是为了去掉根号，换元可分为代数换元和三角换元两种类型．

1．代数换元

如果被积函数含有根式 $\sqrt{ax+b}$（根式里含 x 的一次式），可令 $\sqrt{ax+b}=t$．

例 6　求 $\int\frac{1}{1+\sqrt{x}}\mathrm{d}x$．

解　令 $\sqrt{x}=t$，即 $x=t^2$，则 $\mathrm{d}x=\mathrm{d}t^2=2t\mathrm{d}t$，因而有

$$\begin{aligned}\int\frac{1}{1+\sqrt{x}}\mathrm{d}x&=\int\frac{2t}{1+t}\mathrm{d}t=2\int\frac{t}{1+t}\mathrm{d}t\\&=2\int\frac{(t+1)-1}{t+1}\mathrm{d}t=2\int(1-\frac{1}{t+1})\mathrm{d}t\\&=2t-2\ln|t+1|+C\\&=2\sqrt{x}-2\ln(1+\sqrt{x})+C.\end{aligned}$$

*2．三角换元

例 7　求（1）$\int\sqrt{a^2-x^2}\mathrm{d}x\ (a>0)$；　（2）$\int\frac{1}{\sqrt{x^2-a^2}}\mathrm{d}x\ (a>0)$．

解　（1）被积函数含有二次根式，利用三角关系式中的平方关系 $\sin^2x+\cos^2x=1$，使其有理化.令 $x=a\sin t$（$|t|<\frac{\pi}{2}$），则 $\sqrt{a^2-x^2}=\sqrt{a^2-a^2\sin^2t}=\sqrt{a^2\cos^2t}=a\cos t$，$\mathrm{d}x=a\cos t\mathrm{d}t$，代入被积表达式，得

$$\begin{aligned}\int\sqrt{a^2-x^2}\mathrm{d}x&=\int a\cos t\cdot a\cos t\mathrm{d}t=a^2\int\cos^2t\mathrm{d}t\\&=\frac{a^2}{2}\int(1+\cos 2t)\mathrm{d}t=\frac{a^2}{2}(t+\frac{1}{2}\sin 2t)+C\\&=\frac{a^2}{2}(t+\sin t\cos t)+C.\end{aligned}$$

由 $\sin t=\frac{x}{a}$，画一个辅助直角三角形如图 3-2 所示，可得 $\cos t=\frac{\sqrt{a^2-x^2}}{a}$，则

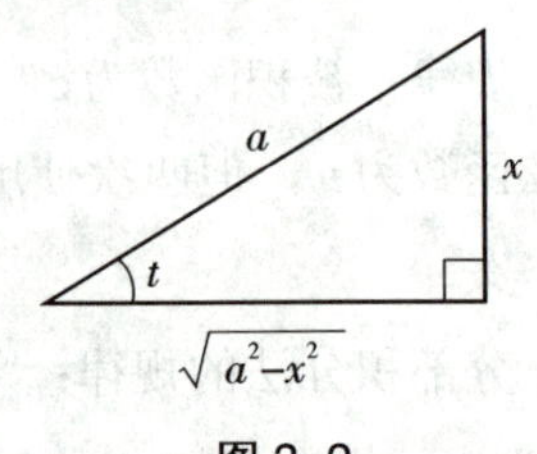

图 3-2

$$\int\sqrt{a^2-x^2}\mathrm{d}x=\frac{a^2}{2}(\arcsin\frac{x}{a}+\frac{x}{a^2}\sqrt{a^2-x^2})+C$$

$$=\frac{a^2}{2}\arcsin\frac{x}{a}+\frac{x}{2}\sqrt{a^2-x^2}+C.$$

（2）被积函数中含有二次根式，利用三角关系式中的平方关系 $\sec^2 x-1=\tan^2 x$，使其有理化．令 $x=a\sec t$（$0<t<\frac{\pi}{2}$），则

$\sqrt{x^2-a^2}=\sqrt{a^2\sec^2 t-a^2}=\sqrt{a^2\tan^2 t}=a\tan t$，$\mathrm{d}x=a\sec t\tan t\mathrm{d}t$，代入被积表达式，得

$$\int\frac{1}{\sqrt{x^2-a^2}}\mathrm{d}x=\int\frac{a\sec t\tan t}{a\tan t}\mathrm{d}t=\int\sec t\mathrm{d}t=\ln|\sec t+\tan t|+C_1.$$

依据 $\sec t=\frac{x}{a}$ 作辅助直角三角形（见图 3-3），可得 $\tan t=\frac{\sqrt{x^2-a^2}}{a}$，则

$$\int\frac{1}{\sqrt{x^2-a^2}}\mathrm{d}x=\ln\left|\frac{x}{a}+\frac{\sqrt{x^2-a^2}}{a}\right|+C_1$$

$$=\ln\left|x+\sqrt{x^2-a^2}\right|+C.$$

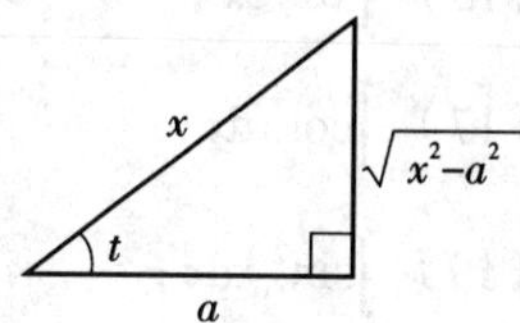

图 3-3

一般地，三角换元的类型有：

当被积函数含有根式 $\sqrt{a^2-x^2}$ 时，可令 $x=a\sin t$（$|t|<\frac{\pi}{2}$）；

当被积函数含有根式 $\sqrt{a^2+x^2}$ 时，可令 $x=a\tan t$（$|t|<\frac{\pi}{2}$）；

当被积函数含有根式 $\sqrt{x^2-a^2}$ 时，可令 $x=a\sec t$（$0<t<\frac{\pi}{2}$）.

习题 3.3

1．在下列各等式右端的括号内填入适当的常数，使等式成立：

（1）$\mathrm{d}x=(\quad)\mathrm{d}(5x-7)$；（2）$x\mathrm{d}x=(\quad)\mathrm{d}x^2$；

（3）$x\mathrm{d}x=(\quad)\mathrm{d}(1-2x^2)$；（4）$x^2\mathrm{d}x=(\quad)\mathrm{d}(2x^3-3)$；

（5）$\frac{1}{x^2}\mathrm{d}x=(\quad)\mathrm{d}\frac{1}{x}$；（6）$\frac{1}{\sqrt{x}}\mathrm{d}x=(\quad)\mathrm{d}\sqrt{x}$；

（7）$\frac{1}{x}\mathrm{d}x=(\quad)\mathrm{d}(3-5\ln x)$；（8）$\frac{1}{x}\mathrm{d}x=(\quad)\mathrm{d}\ln 2x$；

（9）$\sin x\mathrm{d}x=(\quad)\mathrm{d}\cos x$；（10）$\cos 2x\mathrm{d}x=(\quad)\mathrm{d}\sin 2x$.

2. 求下列各不定积分:

（1）$\int\cos 2x\mathrm{d}x$；（2）$\int\sin 5x\mathrm{d}x$；

（3）$\int\mathrm{e}^{-2x}\mathrm{d}x$；（4）$\int(3-2x)^3\mathrm{d}x$；

（5）$\int\frac{1}{1-x}dx$；　　（6）$\int\frac{1}{(2x+1)^2}dx$；

（7）$\int\frac{1}{\sqrt{3x-2}}dx$；　　（8）$\int(x^2-3x+2)^3(2x-3)dx$；

（9）$\int\sqrt{e^x+2}\,e^x dx$；　　（10）$\int\frac{x}{\sqrt{1-x^2}}dx$；

（11）$\int\frac{(\ln x)^2}{x}dx$；　　（12）$\int x\sin x^2 dx$；

（13）$\int\frac{1}{x^2}\sin\frac{1}{x}dx$；　　（14）$\int\frac{\cos\sqrt{x}}{\sqrt{x}}dx$；

（15）$\int xe^{x^2}dx$；　　（16）$\int e^{\sin x}\cos x dx$；

（17）$\int\cot x dx$；　　（18）$\int\frac{1}{\sqrt{9-x^2}}dx$；

（19）$\int\sin^2 x dx$；　　（20）$\int(\sin 2x-e^{-x})dx$.

3. 求下列各不定积分:

（1）$\int x\sin x dx$；　　（2）$\int xe^{-x}dx$；

（3）$\int x\ln 2x dx$；　　（4）$\int\arcsin x dx$；

（5）$\int\ln(1+x^2)dx$；　　（6）$\int e^x\sin x dx$.

4. 求下列各不定积分:

（1）$\int\frac{1}{x+\sqrt{x}}dx$；　　（2）$\int\frac{1}{1+\sqrt[3]{x}}dx$；

（3）$\int\frac{1}{\sqrt{x}+\sqrt[3]{x}}dx$；　　（4）$\int\frac{x^2}{\sqrt{9-x^2}}dx$；

（5）$\int\frac{1}{\sqrt{x^2+1}}dx$；　　（6）$\int\frac{\sqrt{x^2-4}}{x}dx$.

3.4 定积分的概念和性质

一、定积分的概念和几何意义

1. 引例

引例 1　曲边梯形的面积

我们已经学过正方形、长方形、三角形、梯形、圆等图形的面积计算公式，会求一些规则几何图形的面积．对于这样一个图形：由 $y=x^2$ 与 $x=y^2$ 围成的图形，如图 3-4 所示，我是否会求其面积呢？为了解决这个问题，首先引入曲边梯形的概念.

定义 1　在直角坐标系中，由连续曲线 $y=f(x)$ 与三条直线 $x=a$，$x=b$，$y=0$ 围成的图形 $AabB$ 叫作曲边梯形，如图 3-5 所示.

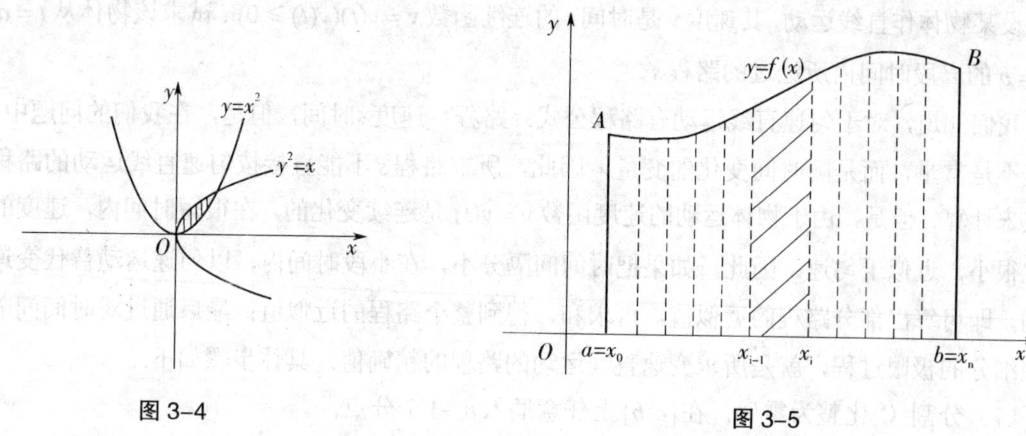

图 3-4　　　　图 3-5

曲边梯形有三条直边，其中两条直边互相平行且与第三条直边垂直，第四条边是曲边. 特殊情况下，两条互相平行的直边中的一条或全部可缩为一个点. x 轴上的线段 ab 叫作曲边梯形的底边.

对于曲边梯形，显然不能用矩形、三角形或梯形等图形的面积公式直接进行计算，但若将其分割成若干小曲边梯形，如图 3-5 所示，可将每个小曲边梯形近似地看作矩形，用矩形的面积计算公式得到每个小曲边梯形面积的近似值，再将所有小曲边梯形面积的近似值加起来，就可得到大曲边梯形面积的近似值，分割得越细，精确程度就越高，令分割无限细密，近似值就无限接近于精确值，即曲边梯形面积的精确值就是近似值的极限. 具体步骤如下.

（1）分割（“化整为零”）. 在区间 $[a,\ b]$ 内任意插入 $n-1$ 个分点：$a=x_0<x_1<x_2<\cdots<x_{n-1}<x_n=b$，把区间 $[a,\ b]$ 分成 n 个子区间 $[x_0,\ x_1]$，$[x_1,\ x_2]$，…，$[x_{n-1},\ x_n]$，每个子区间的长度为

$$\Delta x_i=x_i-x_{i-1}(i=1,2,\cdots,n).$$

过每个分点 x_i 作垂直于 x 轴的直线，将大的曲边梯形 $aABb$ 分成 n 个小曲边梯形.

（2）近似代替（“以直代曲”）. 在每个子区间 $[x_{i-1},x_i]$ 上任取一点 ξ_i，则第 i 个小曲边梯形面积 ΔA_i 可用以 $[x_{i-1},\ x_i]$ 为底，$f(\xi_i)$ 为高的小矩形面积 $f(\xi_i)\Delta x_i$ 近似代替，即 $\Delta A_i\approx f(\xi_i)\Delta x_i\ (i=1,\ 2,\ \cdots,\ n)$.

（3）求和（“积零为整”）. 把 n 个小曲边梯形面积的近似值加起来，就是大曲边梯形 $aABb$ 的面积 A 的近似值，

即
$$A=\sum_{i=1}^{n}\Delta A_i\approx\sum_{i=1}^{n}f(\xi_i)\Delta x_i.$$

（4）取极限. 当分割无限加细，即子区间的最大长度 $\lambda=\max\{\Delta x_1,\ \Delta x_2,\cdots,\ \Delta x_n\}$ 趋近于

零 $(\lambda \to 0)$ 时，上述和式的极限就是曲边梯形面积的精确值，即 $A = \lim\limits_{\lambda \to 0}\sum\limits_{i=1}^{n} f(\xi_i)\Delta x_i$.

引例 2 变速直线运动的路程

设某物体作直线运动，其速度 v 是时间 t 的连续函数 $v = v(t)(v(t) \geqslant 0)$. 试求该物体从 $t = a$ 到 $t = b$ 的一段时间内所经过的路程 s .

我们知道，对于匀速直线运动有路程公式：路程＝速度×时间，但是，在我们的问题中，速度不是常量，而是随时间变化的变量，因此，所求路程 s 不能直接按匀速直线运动的路程公式来计算．但是，由于物体运动的速度函数 $v = v(t)$ 是连续变化的，在很短时间内，速度的变化很小，近似于匀速．因此，如果把时间间隔分小，在小段时间内，以匀速运动替代变速运动，即可算出部分路程的近似值，再求和，得到整个路程的近似值；最后通过对时间间隔无限细分的极限过程，就是所求变速直线运动的路程的精确值．具体步骤如下．

（1）分割（“化整为零”）．在 $[a,b]$ 上任意插入 $n-1$ 个分点：

$$a = t_0 < t_1 < t_2 < \cdots < t_{n-1} < t_n = b ,$$

把时间区间 $[a,\ b]$ 任意分成 n 个子区间：$[t_0,\ t_1]$，$[t_1,\ t_2]$，…，$[t_{n-1},\ t_n]$．

每个子区间的长度为：$\Delta t_i = t_i - t_{i-1}$. 设质点在 $[t_{i-1},\ t_i]$ 内走过的路程为 $\Delta s_i\ (i = 1,\ 2,\ \cdots,\ n)$，则 $s = \sum\limits_{i=1}^{n} \Delta s_i$.

（2）近似代替（以“匀”代“变”）．在每个子区间 $[t_{i-1},\ t_i]\ (i = 1,\ 2,\ \cdots,\ n)$ 上任取一点 τ_i，则第 i 段时间内运动的路程 Δs_i 可用以 $v(\tau_i)$ 为速度的匀速直线运动的路程近似代替，即 $\Delta s_i \approx v(\tau_i)\Delta t_i (i = 1,2,\cdots,n)$.

（3）求和．把 n 段时间内运动的路程的近似值加起来，就得到时间区间 $[a,b]$ 内运动的路程的近似值．

即
$$s \approx \sum_{i=1}^{n} v(\tau_i)\Delta t_i \ .$$

（4）取极限．当分割无限加细，即子区间的最大长度 $\lambda = \max\{\Delta t_1,\ \Delta t_2,\cdots,\ \Delta t_n\}$ 趋近于零 $(\lambda \to 0)$ 时，上述和式的极限就是变速直线运动路程的精确值，即 $s = \lim\limits_{\lambda \to 0}\sum\limits_{i=1}^{n} v(\tau_i)\Delta t_i$.

以上两个问题分别来自几何和物理，两者的实际意义截然不同，但是计算这些量所使用的数学方法和步骤都是相同的，并最终归结为求一个和式的极限．

如果不考虑这些问题的具体实际意义，只对它们在数量关系上共同的本质加以概括，我们可给出定积分的定义．

2．定积分的定义

定义 2 设函数 $f(x)$ 在区间 $[a,b]$ 上有定义，在 $[a,b]$ 中任意插入 $n-1$ 个分点：

$$a = x_0 < x_1 < x_2 < \cdots < x_{n-1} < x_n = b,$$

把区间$[a,b]$分成n个子区间，各子区间的长度依次为$\Delta x_i = x_i - x_{i-1}$ $(i=1, 2, \cdots, n)$.

在各子区间上任取一点$\xi_i(\xi_i \in [x_{i-1}, x_i])$，作乘积$f(\xi_i)\Delta x_i$ $(i=1, 2, \cdots, n)$，并作和$S=\sum_{i=1}^{n} f(\xi_i)\Delta x_i$. 记$\lambda = \|\Delta x\| = \max\{\Delta x_1, \Delta x_2, \cdots, \Delta x_n\}$，如果不论对$[a, b]$采取怎样的分法，也不论在子区间$[x_{i-1}, x_i]$上点$\xi_i$怎样选取，当$\lambda \to 0$时，和$S$的极限总存在，我们就称这个极限为函数$f(x)$在区间$[a, b]$上的**定积分**，记为

$$\int_a^b f(x)\mathrm{d}x = \lim_{\lambda \to 0}\sum_{i=1}^{n} f(\xi_i)\Delta x_i.$$

其中$f(x)$称为**被积函数**，$f(x)\mathrm{d}x$称为**被积表达式**，x称为**积分变量**，$[a, b]$称为**积分区间**，a与b分别称为**积分下限与上限**，符号$\int_a^b f(x)\mathrm{d}x$读作函数$f(x)$从a到b的定积分.

根据定积分的定义，前面两个引例可分别写成如下形式的定积分.

曲边梯形的面积A就是曲边函数$f(x)$在其底所在的区间$[a, b]$上的定积分：

$$A = \int_a^b f(x)\mathrm{d}x.$$

变速直线运动的路程s就是速度函数$v=v(t)$在时间区间$[a, b]$上的定积分：

$$s = \int_a^b v(t)\mathrm{d}t.$$

3. 定积分的几何意义

在$[a, b]$上，当$f(x) \geqslant 0$时，我们知道，定积分$\int_a^b f(x)\mathrm{d}x$在几何上表示由曲线$y=f(x)$，两条直线$x=a$，$x=b$及x轴所围成的曲边梯形的面积.

在$[a, b]$上，当$f(x) \leqslant 0$时，由曲线$y=f(x)$，两条直线$x=a$，$x=b$及x轴所围成的图形位于x轴的下方，如图 3-6 所示. 定积分$\int_a^b f(x)\mathrm{d}x$在几何上表示上述曲边梯形面积的负值，即

$$\int_a^b f(x)\mathrm{d}x = -A.$$

在$[a, b]$上，当$f(x)$既取得正值又取得负值时，函数图形的某些部分位于x轴的上方，而其他部分在x轴下方，如图 3-7 所示. 曲线$y=f(x)$，两条直线$x=a$，$x=b$及x轴围成的图形由三个曲边梯形构成，这时定积分表示曲边梯形面积的代数和，即

$$\int_a^b f(x)\mathrm{d}x = A_1 - A_2 + A_3.$$

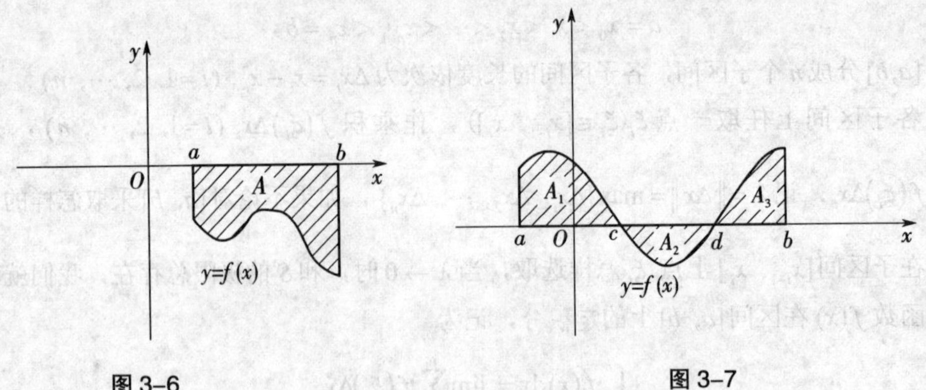

图 3–6　　　　图 3–7

例 1　用定积分表示下图中各图形阴影部分的面积，并根据定积分的几何意义求出定积分的值.

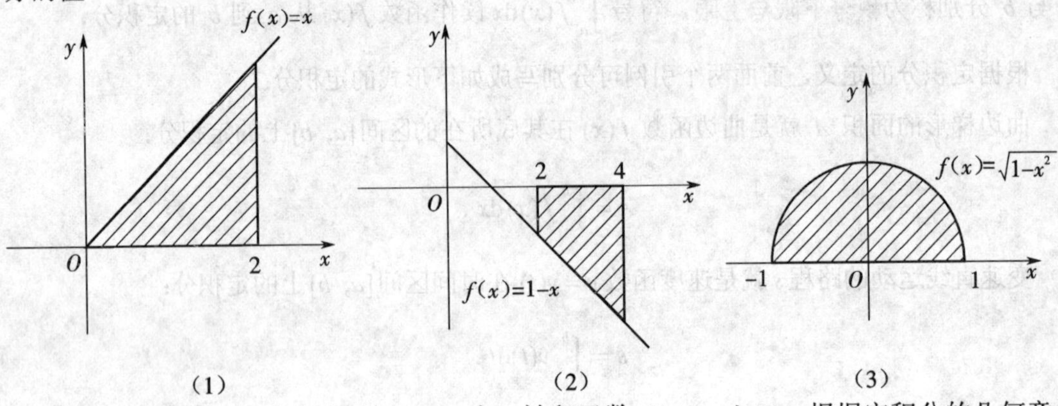

（1）　　　　（2）　　　　（3）

解　（1）图（1）中，在区间$[0,2]$上，被积函数$f(x)=x\geqslant 0$，根据定积分的几何意义，阴影部分的面积为

$$A=\int_0^2 x\mathrm{d}x=\frac{1}{2}\times 2\times 2=2.$$

（2）图（2）中，在区间$[2,4]$上，被积函数$f(x)=1-x<0$，根据定积分的几何意义，阴影部分的面积为

$$A=-\int_2^4(1-x)\mathrm{d}x=\frac{1}{2}(1+3)\times 2=4,$$

所以
$$\int_2^4(1-x)\mathrm{d}x=-\frac{1}{2}(1+3)\times 2=-4.$$

（3）图（3）中，在区间$[-1,1]$上，被积函数$f(x)=\sqrt{1-x^2}\geqslant 0$，根据定积分的几何意义，阴影部分的面积为

$$A=\int_{-1}^1\sqrt{1-x^2}\mathrm{d}x=\frac{\pi}{2}.$$

二、定积分的性质

性质 1 $\int_a^a f(x)\mathrm{d}x = 0$，$\int_a^b f(x)\mathrm{d}x = -\int_b^a f(x)\mathrm{d}x$，$\int_a^b \mathrm{d}x = b-a$.

性质 2 两个函数代数和的定积分等于定积分的代数和，即

$$\int_a^b [f(x) \pm g(x)]\mathrm{d}x = \int_a^b f(x)\mathrm{d}x \pm \int_a^b g(x)\mathrm{d}x.$$

如 $\int_0^{\pi} (x+\sin x)\mathrm{d}x = \int_0^{\pi} x\mathrm{d}x + \int_0^{\pi} \sin x\mathrm{d}x$，

$\int_{-1}^3 (\sqrt{x}-\mathrm{e}^x)\mathrm{d}x = \int_{-1}^3 \sqrt{x}\mathrm{d}x - \int_{-1}^3 \mathrm{e}^x\mathrm{d}x$.

此性质可推广到有限个函数代数和的情形.

性质 3 被积函数中的非零常数因子可以提到积分号的外面，即

$$\int_a^b Cf(x)\mathrm{d}x = C\int_a^b f(x)\mathrm{d}x \text{（}C\text{ 为常数且 }C \neq 0\text{）}.$$

如 $\int_0^1 3\mathrm{e}^x\mathrm{d}x = 3\int_0^1 \mathrm{e}^x\mathrm{d}x$.

性质 4 $\int_a^b f(x)\mathrm{d}x = \int_a^c f(x)\mathrm{d}x + \int_c^b f(x)\mathrm{d}x$（见图 3-8）.

如计算 $\int_{-1}^1 |x|\mathrm{d}x$，由于 $y=|x|=\begin{cases} x, & x \geqslant 0 \\ -x, & x<0 \end{cases}$ 是分段函数，所以计算时要利用性质 4，将积分分成两部分，即 $\int_{-1}^1 |x|\mathrm{d}x = \int_{-1}^0 (-x)\mathrm{d}x + \int_0^1 x\mathrm{d}x$.

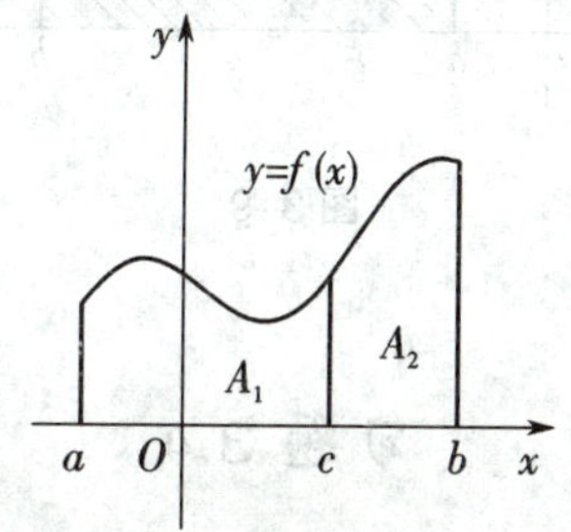

图 3-8

性质 5 如果在 $[a,\ b]$ 上，恒有 $f(x) \geqslant g(x)$，则 $\int_a^b f(x)\mathrm{d}x \geqslant \int_a^b g(x)\mathrm{d}x$.

例 2 不计算定积分的值，比较下列定积分值的大小.

（1）$\int_0^1 x^2\mathrm{d}x$ 与 $\int_0^1 x^3\mathrm{d}x$；　　（2）$\int_0^{\frac{\pi}{4}} \cos x\mathrm{d}x$ 与 $\int_0^{\frac{\pi}{4}} \sin x\mathrm{d}x$.

解 （1）因为当 $0 \leqslant x \leqslant 1$ 时，$x^2 \geqslant x^3$，所以 $\int_0^1 x^2\mathrm{d}x \geqslant \int_0^1 x^3\mathrm{d}x$.

（2）因为当 $0 \leqslant x \leqslant \dfrac{\pi}{4}$ 时，$\cos x \geqslant \sin x$，所以 $\int_0^{\frac{\pi}{4}} \cos x\mathrm{d}x \geqslant \int_0^{\frac{\pi}{4}} \sin x\mathrm{d}x$.

性质 6 （积分中值定理）如果函数 $y=f(x)$ 在闭区间 $[a,\ b]$ 上连续，则在闭区间 $[a,\ b]$ 上

至少存在一点ξ，使

$$\int_a^b f(x)\mathrm{d}x = f(\xi)\big(b-a\big).$$

积分中值定理的几何解释是：由曲线$y=f(x)$，直线$x=a$，$x=b$和$y=0$所围成的曲边梯形的面积，等于以区间$[a, b]$为底、以该区间上某一点处的函数值$f(\xi)$为高的矩形的面积（见图 3-9）. 因此，$\dfrac{\int_a^b f(x)\mathrm{d}x}{b-a}$称为连续曲线$y=f(x)$在$[a, b]$上的平均高度，或称为连续函数$y=f(x)$在$[a, b]$上所有函数值的平均值，记作$\overline{y}$. 这是有限个数的算术平均值的推广. 所以积分中值定理解决了求一个连续变量的平均值问题，比如平均速度、平均电压、平均电流强度、平均温度、平均寿命等问题都可用定积分来求解. 如一物体以速度$v=2t-1$作直线运动，则该物体在$t=0$到$t=3$的一段时间内的平均速度为

$$\overline{v} = \frac{1}{3-0}\int_0^3 (2t-1)\mathrm{d}t.$$

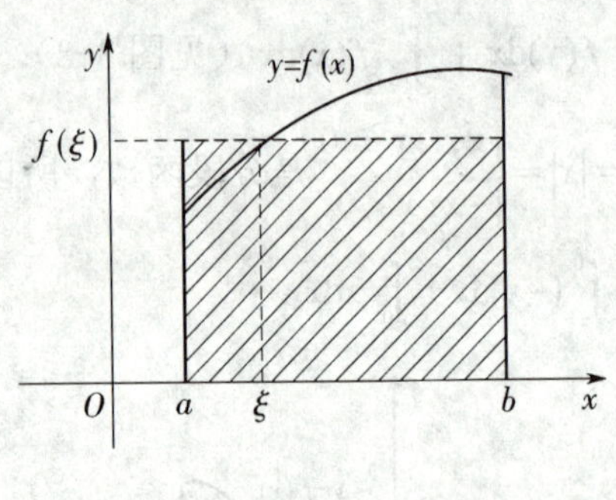

图 3-9

习题 3.4

1. 填空题:

（1）定积分$\int_{-1}^3 \cos 2x\mathrm{d}x$中，积分上限是____，积分下限是____，积分区间是____.

（2）$(\int_a^b f(x)\mathrm{d}x)' =$________.　　（3）$\int_{-1}^3 \mathrm{d}x =$________.

（4）$\int_3^3 x^2\mathrm{d}x =$________.

2. 已知$\int_0^2 x^2\mathrm{d}x = \frac{8}{3}$，$\int_{-1}^0 x^2\mathrm{d}x = \frac{1}{3}$，计算下列定积分:

（1）$\int_{-1}^2 x^2\mathrm{d}x$；　　（2）$\int_{-1}^2 (x^2+4)\mathrm{d}x$.

3. 不计算定积分的值，比较下列定积分的大小:

（1）$\int_1^2 x^2\mathrm{d}x$ 与 $\int_1^2 x^3\mathrm{d}x$；　　（2）$\int_1^2 \ln x\mathrm{d}x$ 与 $\int_1^2 (\ln x)^2\mathrm{d}x$.

4. 用定积分表示由曲线 $y=x^2$，直线 $x=1$，$x=3$ 及 x 轴所围成的图形的面积 A.

5. 设一汽车做直线运动，其速度为 $v=2t+17$（t 的单位：s；v 的单位：m/s），试用定积分表示汽车在[0，60]内所行驶的路程及平均速度.

6. 利用定积分表示下列各图中阴影部分的面积：

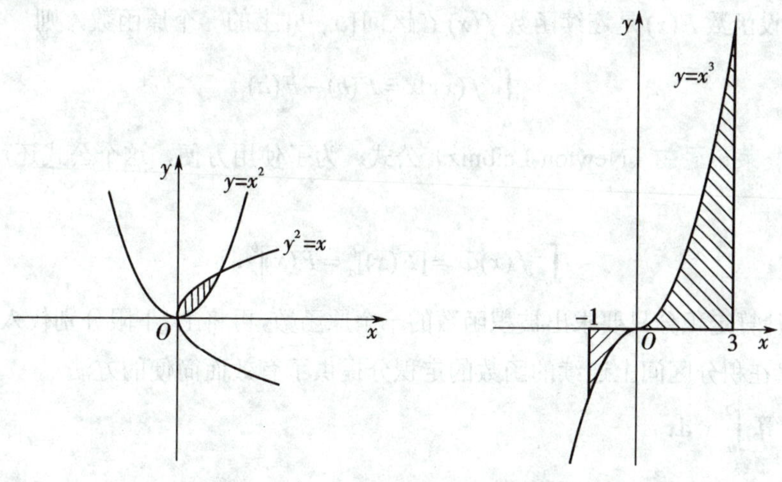

（第 6 题图）

7. 利用定积分的几何意义求出下列定积分的值：

（1）$\int_0^2 \sqrt{4-x^2}\mathrm{d}x$；　　（2）$\int_{-\pi}^{\pi} \sin x\mathrm{d}x$.

3.5　定积分的计算

一、牛顿-莱布尼兹公式

按照定积分定义计算定积分的值是十分麻烦的，有时甚至无法计算. 本节介绍定积分计算的有力工具——牛顿-莱布尼兹公式.

我们先回顾变速直线运动的路程问题. 如果物体以速度 $v(t)$ $(v(t)\geqslant 0)$ 作直线运动，那么在时间区间 $[a,b]$ 上所经过的路程为

$$s=\int_a^b v(t)\mathrm{d}t.$$

另一方面，如果物体经过的路程 s 是时间 t 的函数 $s(t)$，那么物体从 $t=a$ 到 $t=b$ 所经过的路程应该是

$$s(b)-s(a).$$

即 $$s=\int_a^b v(t)\mathrm{d}t=s(b)-s(a).$$

由导数的物理意义可知，$s'(t)=v(t)$，换句话说，$s(t)$ 是 $v(t)$ 的一个原函数．上式表明定积分 $\int_a^b v(t)\mathrm{d}t$ 的值等于它的一个原函数 $s(t)$ 在积分上限 b 处的函数值 $s(b)$ 减去在积分下限 a 处的函数值 $s(a)$．

一般地，有下面的定理．

定理 1 设函数 $F(x)$ 是连续函数 $f(x)$ 在区间 $[a, b]$ 上的一个原函数，则

$$\int_a^b f(x)\mathrm{d}x=F(b)-F(a).$$

上式称为牛顿-莱布尼兹（Newton-Leibniz）公式．为了使用方便，这个公式还可以写成下面的形式

$$\int_a^b f(x)\mathrm{d}x=[F(x)]_a^b=F(x)\Big|_a^b.$$

它表明，计算定积分只要求出被积函数的一个原函数，再将上、下限分别代入求差即可．这个公式为计算在积分区间上连续的函数的定积分提供了有效而简便的方法．

例 1 计算 $\int_0^2 x^2\mathrm{d}x$．

解 因为 $\int x^2\mathrm{d}x=\frac{x^3}{3}+C$，$\frac{x^3}{3}$ 是 x^2 的一个原函数，所以

$$\int_0^2 x^2\mathrm{d}x=[\frac{x^3}{3}]_0^2=\frac{1}{3}\times 2^3-\frac{1}{3}\times 0^3=\frac{8}{3}.$$

例 2 计算 $\int_{-1}^3 (x-1)\mathrm{d}x$．

解 因为 $\int (x-1)\mathrm{d}x=\frac{x^2}{2}-x+C$，$\frac{x^2}{2}-x$ 是 $x-1$ 的一个原函数，所以

$$\int_{-1}^3 (x-1)\mathrm{d}x=[\frac{x^2}{2}-x]_{-1}^3=(\frac{9}{2}-3)-(\frac{1}{2}+1)=0.$$

例 3 计算 $\int_0^{\pi}\sin^2\frac{x}{2}\mathrm{d}x$．

解 因为 $\int\sin^2\frac{x}{2}\mathrm{d}x=\int\frac{1-\cos x}{2}\mathrm{d}x=\frac{x}{2}-\frac{\sin x}{2}+C$，$\frac{x}{2}-\frac{\sin x}{2}$ 是 $\sin^2\frac{x}{2}$ 的一个原函数，所以

$$\int_0^{\pi}\sin^2\frac{x}{2}\mathrm{d}x=[\frac{x}{2}-\frac{\sin x}{2}]_0^{\pi}=\frac{\pi}{2}.$$

例 4 计算 $\int_{-1}^3 |x-2|\mathrm{d}x$．

解 因为 $|x-2|=\begin{cases}2-x, & -1\leqslant x\leqslant 2\\ x-2, & 2<x\leqslant 3\end{cases}$，所以

$$\int_{-1}^3 |x-2|\mathrm{d}x=\int_{-1}^2 (2-x)\mathrm{d}x+\int_2^3 (x-2)\mathrm{d}x$$

$$=[2x-\frac{x^2}{2}]_{-1}^2+[\frac{x^2}{2}-2x]_2^3=5.$$

二、定积分的凑微分法和分部积分法

例 5　计算 $\int_0^{\frac{\pi}{2}} \cos^2 x \sin x \mathrm{d}x$.

解　因为 $\int \cos^2 x \sin x \mathrm{d}x = -\int \cos^2 x \mathrm{d}\cos x = -\frac{\cos^3 x}{3} + C$，所以

$$\int_0^{\frac{\pi}{2}} \cos^2 x \sin x \mathrm{d}x = [-\frac{\cos^3 x}{3}]_0^{\frac{\pi}{2}} = \frac{1}{3}.$$

例 6　计算 $\int_0^1 x\mathrm{e}^x \mathrm{d}x$.

解　因为 $\int x\mathrm{e}^x \mathrm{d}x = \int x\mathrm{d}\mathrm{e}^x = x\mathrm{e}^x - \int \mathrm{e}^x \mathrm{d}x = x\mathrm{e}^x - \mathrm{e}^x + C$，所以

$$\int_0^1 x\mathrm{e}^x \mathrm{d}x = [x\mathrm{e}^x - \mathrm{e}^x]_0^1 = 1.$$

三、定积分的换元法

例 7　计算 $\int_0^1 \frac{\mathrm{d}x}{1+\sqrt{x}}$.

解　令 $\sqrt{x} = t$，则 $x = t^2$，$\mathrm{d}x = 2t\mathrm{d}t$，所以

$$\int \frac{\mathrm{d}x}{1+\sqrt{x}} = \int \frac{2t\mathrm{d}t}{1+t} = 2t - 2\ln|1+t| + C,$$

$$= 2\sqrt{x} - 2\ln\left(1+\sqrt{x}\right) + C,$$

$$\int_0^1 \frac{\mathrm{d}x}{1+\sqrt{x}} = \left[2\sqrt{x} - 2\ln\left(1+\sqrt{x}\right)\right]_0^1 = 2 - 2\ln 2.$$

在求原函数的过程中，需将变量替换 $\sqrt{x} = t$ 再回代，那么能否省略回代的步骤，直接由以 t 为自变量的原函数的表达式 $2t - 2\ln|1+t|$，去求它在某两个点的函数值之差呢？下面就来介绍这种方法，即定积分的换元积分法.

定理 2　设函数 $f(x)$ 在区间 $[a, b]$ 上连续，作变换 $x = \varphi(t)$，若满足：

（1）$x = \varphi(t)$ 在 $[\alpha, \beta]$ 上有连续导数 $\varphi'(t)$；

（2）当 t 在 $[\alpha, \beta]$ 上变化时，$x = \varphi(t)$ 的值在 $[a, b]$ 上变化；

（3）$\varphi(\alpha) = a$，$\varphi(\beta) = b$．则有 $\int_a^b f(x)\mathrm{d}x = \int_\alpha^\beta f[\varphi(t)]\varphi'(t)\mathrm{d}t$.

在应用定积分的换元法时应注意以下两点.

（1）用 $x = \varphi(t)$ 把变量 x 换成新变量 t 时，积分限也要换成相应于新变量 t 的积分限，且上限对应于原上限，下限对应于原下限.

（2）求出 $f[\varphi(t)]\varphi'(t)$ 的一个原函数 $F(t)$ 后，不必像计算不定积分那样再把 $F(t)$ 变换成原变量 x 的函数，而只要把新变量 t 的上、下限分别代入 $F(t)$，然后相减.

下面根据定理 2 再计算一遍 $\int_0^1 \frac{\mathrm{d}x}{1+\sqrt{x}}$.

解　令 $\sqrt{x}=t$，即 $x=t^2$（$t\geqslant 0$），则 $\mathrm{d}x=2t\mathrm{d}t$，当 $x=0$ 时，$t=0$；当 $x=1$ 时，$t=1$，于是

$$\int_0^1\frac{\mathrm{d}x}{1+\sqrt{x}}=\int_0^1\frac{2t}{1+t}\mathrm{d}t=2\int_0^1\left(1-\frac{1}{1+t}\right)\mathrm{d}t$$

$$=2\left[t-\ln(1+t)\right]_0^1=2-2\ln 2.$$

***例 8**　计算 $\int_0^1\sqrt{1-x^2}\mathrm{d}x$.

解　令 $x=\sin t$，则 $\mathrm{d}x=\cos t\mathrm{d}t$，且当 $x=0$ 时，$t=0$；$x=1$ 时，$t=\frac{\pi}{2}$. 于是

$$\int_0^1\sqrt{1-x^2}\mathrm{d}x=\int_0^{\frac{\pi}{2}}\sqrt{1-\sin^2 t}\cos t\mathrm{d}t=\int_0^{\frac{\pi}{2}}\cos^2 t\mathrm{d}t$$

$$=\int_0^{\frac{\pi}{2}}\frac{1+\cos 2t}{2}\mathrm{d}t=[\frac{t}{2}+\frac{\sin 2t}{4}]_0^{\frac{\pi}{2}}=\frac{\pi}{4}.$$

习题 3.5

1. 用直接积分法计算下列定积分：

（1）$\int_1^3 x^3\mathrm{d}x$；　（2）$\int_{-2}^{-1}\frac{1}{x}\mathrm{d}x$；

（3）$\int_0^2(3x^2-x+1)\mathrm{d}x$；　（4）$\int_0^{\frac{\pi}{2}}(2\sin x-3\cos x)\mathrm{d}x$；

（5）$\int_0^{\frac{\pi}{2}}\cos^2\frac{x}{2}\mathrm{d}x$；　（6）$\int_0^1\frac{x^2}{x+1}\mathrm{d}x$；

（7）$\int_{-1}^2|x|\mathrm{d}x$；　（8）$\int_0^{\pi}\sqrt{1-\sin^2 x}\mathrm{d}x$.

2. 用凑微分法或分部积分法计算下列定积分：

（1）$\int_0^{\frac{\pi}{3}}\tan x\mathrm{d}x$；　（2）$\int_0^1 xe^{x^2}\mathrm{d}x$；

（3）$\int_0^1(3x-1)^3\mathrm{d}x$；　（4）$\int_1^e\frac{1}{x}\ln x\mathrm{d}x$；

（5）$\int_0^{\pi}x\cos x\mathrm{d}x$；　（6）$\int_1^e x\ln x\mathrm{d}x$；

（7）$\int_0^1 xe^{2x}\mathrm{d}x$；　（8）$\int_0^1\arctan x\mathrm{d}x$.

3. 用换元积分法计算下列定积分：

（1）$\int_4^9\frac{\sqrt{x}}{\sqrt{x}-1}\mathrm{d}x$；　（2）$\int_0^3\frac{x}{\sqrt{x+1}}\mathrm{d}x$；

（3）$\int_{\frac{\sqrt{2}}{2}}^1\frac{\sqrt{1-x^2}}{x^2}\mathrm{d}x$；　（4）$\int_1^{\sqrt{3}}\frac{1}{x^2\sqrt{x^2+1}}\mathrm{d}x$.

4. 求下列所给曲线（或直线）所围成的图形的面积：

（1）$y=\sqrt{x}$，$x=4$，$x=9$，$y=0$；

（2）$y=\cos x$，$x=0$，$x=\pi$，$y=0$；

（3）$xy=1$，$y=x$，$y=3$.

3.6 定积分的应用

一、定积分的元素法

通过本章第一节的学习，我们知道，求曲边梯形的面积 S 有四个步骤：分割、近似代替、求和、取极限．在实际应用中可以把这些步骤简化为以下过程：在 $[a,b]$ 上任取小区间 $[x,x+\mathrm{d}x]$（见图 3-10），区间 $[x,x+\mathrm{d}x]$ 上的小曲边梯形的面积 ΔS 用以 $f(x)$ 为高、$\mathrm{d}x$ 为底的小矩形面积 $f(x)\mathrm{d}x$ 近似代替，即

$$\Delta S\approx f(x)\mathrm{d}x\,.$$

式中 ΔS 的近似值 $f(x)\mathrm{d}x$ 为面积 S 的微元（或微分），记作

$$\mathrm{d}S=f(x)\mathrm{d}x\,.$$

把这些微元在 $[a,b]$ 上“无限累加”，即 a 到 b 的定积分 $\int_a^b f(x)\mathrm{d}x$ 就是曲边梯形的面积．即

$$S=\int_a^b f(x)\mathrm{d}x\,.$$

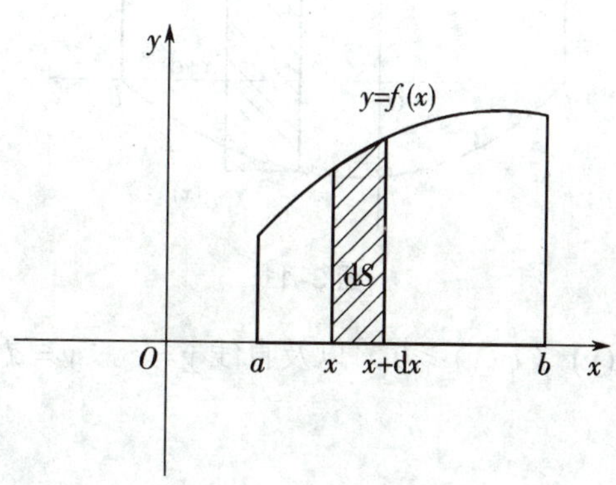

图 3-10

一般地，若所求量 Q 与 x 的变化区间 $[a,b]$ 有关，且关于区间 $[a,b]$ 具有可加性，则在 $[a,b]$ 的任意一个小区间 $[x,x+\mathrm{d}x]$ 上找出所求量 Q 的一微小量 ΔQ 的近似值 $\mathrm{d}Q=f(x)\mathrm{d}x$，然后把它作为被积表达式，从而得到所求量 Q 的积分表达式：

$$Q=\int_a^b f(x)\mathrm{d}x\,.$$

这种方法称为微元法（或元素法），$\mathrm{d}Q = f(x)\mathrm{d}x$ 称为量 Q 的微元.

定积分的微元法是一种实用性很强的数学方法，在工程实践和科学技术中有着广泛的应用. 下面举例说明如何应用这种方法.

二、定积分在几何上的应用

1. 平面图形的面积

（1）由连续曲线 $y = f(x)$ （$f(x) \geqslant 0$）以及直线 $x = a$， $x = b$ 和 x 轴所围成的曲边梯形面积为

$$S = \int_a^b f(x)\mathrm{d}x .$$

（2）由上、下两条连续曲线 $y = f(x)$，$y = g(x)$（$g(x) \leqslant f(x)$）以及直线 $x = a$，$x = b$ 所围成的图形（见图 3-11）的面积微元为

$$\mathrm{d}S = [f(x) - g(x)]\mathrm{d}x ,$$

面积为

$$S = \int_a^b [f(x) - g(x)]\mathrm{d}x .$$

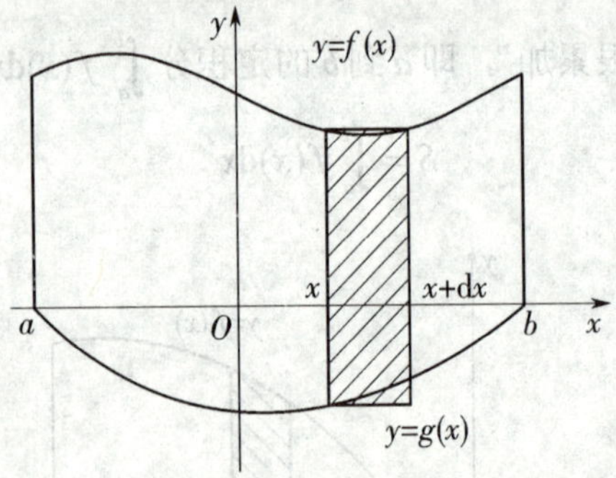

图 3-11

（3）由连续曲线 $x = \varphi(y)$ （$\varphi(y) \geqslant 0$）以及直线 $y = c$， $y = d$ 和 y 轴所围成的曲边梯形（见图 3-12）的面积为

$$S = \int_C^d \varphi(y)\mathrm{d}y .$$

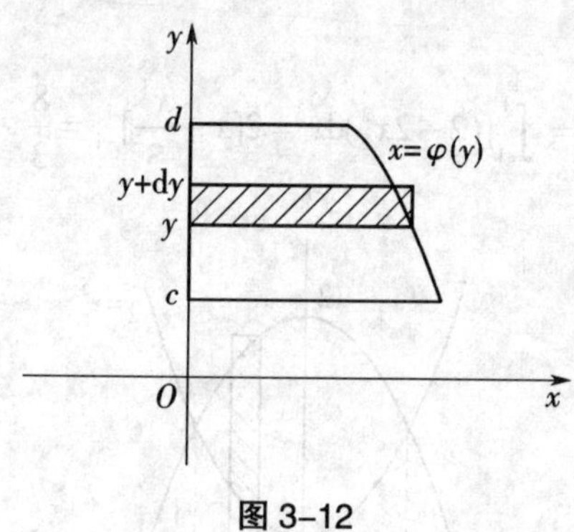

图 3–12

（4）由左、右两条连续曲线 $x=\varphi(y)$，$x=\psi(y)$（$\psi(y)\leqslant\varphi(y)$）以及直线 $y=c$，$y=d$ 所围成的图形（见图 3–13）的面积微元为

$$\mathrm{d}S=[\varphi(y)-\psi(y)]\mathrm{d}y,$$

面积为

$$S=\int_c^d[\varphi(y)-\psi(y)]\mathrm{d}y.$$

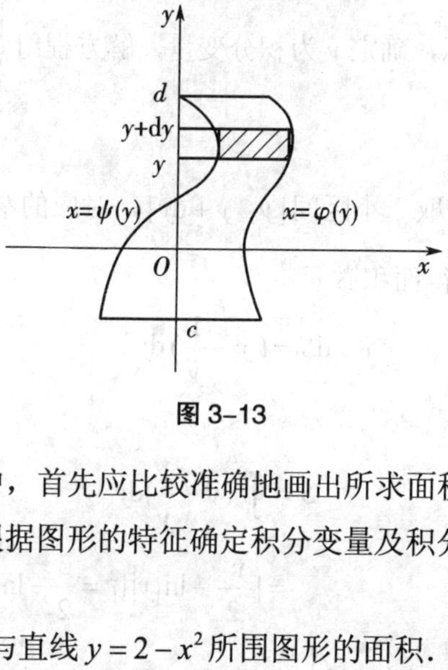

图 3–13

在求解实际问题的过程中，首先应比较准确地画出所求面积的平面图形，找出曲线与坐标轴或曲线之间的交点，再根据图形的特征确定积分变量及积分区间，找出面积微元，然后将微元在相应区间上积分.

例 1　计算由曲线 $y=x^2$ 与直线 $y=2-x^2$ 所围图形的面积.

解　（1）如图 3–14 所示，确定 x 为积分变量，解方程组 $\begin{cases}y=x^2\\y=2-x^2\end{cases}$，得交点（$-1$，$1$）及（$1,1$），积分区间为 $[-1,1]$.

（2）在区间 $[-1,1]$ 上，任取一小区间 $[x,x+\mathrm{d}x]$，对应的窄条面积近似于高为 $[(2-x^2)-x^2]$，底为 $\mathrm{d}x$ 的小矩形的面积，从而得面积微元

$$\begin{aligned}\mathrm{d}S&=[(2-x^2)-x^2]\ \mathrm{d}x\\&=(2-2x^2)\mathrm{d}x.\end{aligned}$$

（3）所求图形的面积为

$$S=\int_{-1}^{1}[(2-2x^2)\mathrm{d}x=2[x-\frac{x^3}{3}]_{-1}^{1}=\frac{8}{3}.$$

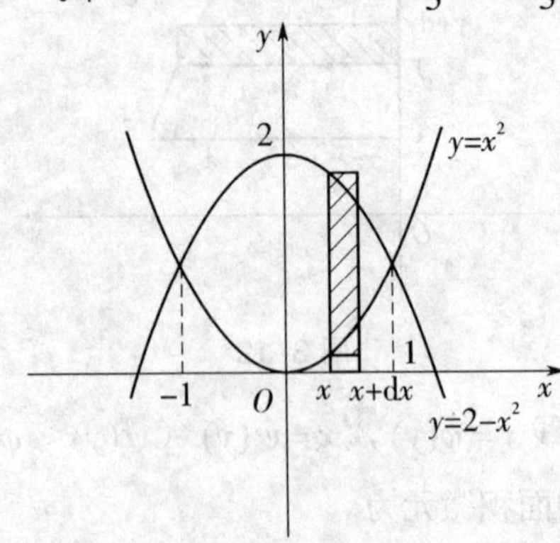

图 3–14

例 2 求由曲线 $y=\frac{1}{x}$ （$x>0$），$y=x$ 及直线 $y=2$ 所围成的图形的面积.

解 （1）如图 3–15 所示，确定 y 为积分变量，解方程组 $\begin{cases} y=\frac{1}{x} \\ y=x \end{cases}$，得交点（1，1），积分区间为[1，2].

（2）在区间[1，2]上，任取一小区间$[y,\ y+\mathrm{d}y]$，对应的窄条面积近似于高为 $y-\frac{1}{y}$，底为 $\mathrm{d}y$ 的小矩形的面积，从而得面积微元

$$\mathrm{d}S=(y-\frac{1}{y})\,\mathrm{d}y.$$

（3）所求图形的面积为

$$\begin{aligned} S&=\int_{1}^{2}(y-\frac{1}{y})\mathrm{d}y \\ &=[\frac{y^2}{2}-\ln|y|]_{1}^{2}=\frac{3}{2}-\ln 2. \end{aligned}$$

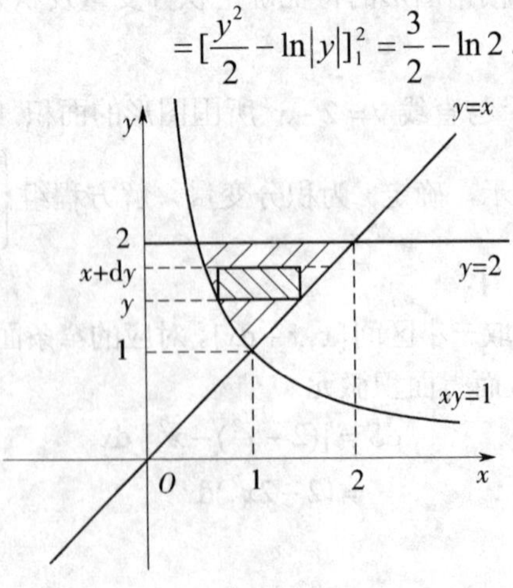

图 3–15

2. 旋转体的体积

定义　一个平面图形绕这个平面内的一条直线旋转一周而成的立体叫作**旋转体**，这条直线叫作旋转轴，它的主要特点是垂直于旋转轴的平面截旋转体所得的截面都是圆.

大家比较熟悉的圆柱、圆锥、圆台，可以分别看成是由矩形绕它的一条边、直角三角形绕它的直角边、直角梯形绕它的直角腰旋转一周而成的立体（见图 3-16），所以它们都是旋转体. 我们在中学已经学习过它们的体积公式，现在我们来学习如何计算更一般的旋转体的体积.

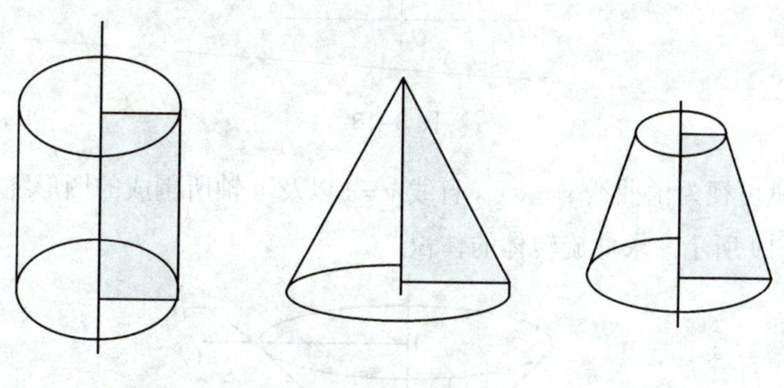

图 3-16

（1）平面图形绕 x 轴旋转而成的旋转体的体积.

如图 3-17 所示的旋转体是由连续曲线 $y=f(x)$ 以及直线 $x=a$，$x=b$ 和 x 轴所围成的曲边梯形绕 x 轴旋转一周而形成的. 我们用定积分的微元法来计算这种旋转体的体积.

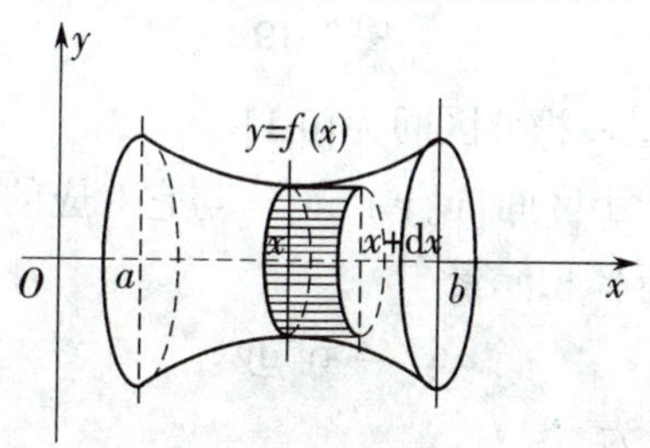

图 3-17

取 x 为积分变量，积分区间为 $[a,b]$，在 $[a,b]$ 上任取一小区间 $[x,x+\mathrm{d}x]$，与它对应的小旋转体的体积近似于以 $f(x)$ 为底面半径、$\mathrm{d}x$ 为高的扁圆柱体的体积，即体积元素 $\mathrm{d}V=\pi[f(x)]^2\,\mathrm{d}x$. 以 $\pi[f(x)]^2\,\mathrm{d}x$ 为被积表达式，在 $[a,\ b]$ 上作定积分，便得所求旋转体体积为

$$V=\int_a^b \pi[f(x)]^2\,\mathrm{d}x\ .$$

（2）平面图形绕 y 轴旋转而成的旋转体的体积.

与（1）类似，由连续曲线 $x=\varphi(y)$ （$\varphi(y)\geqslant 0$）以及直线 $y=c$，$y=d$ 和 y 轴所围成的曲边梯形绕 y 轴旋转，所得旋转体体积为

$$V=\pi\int_c^d[\varphi^2(y)]^2\,dy\ .$$

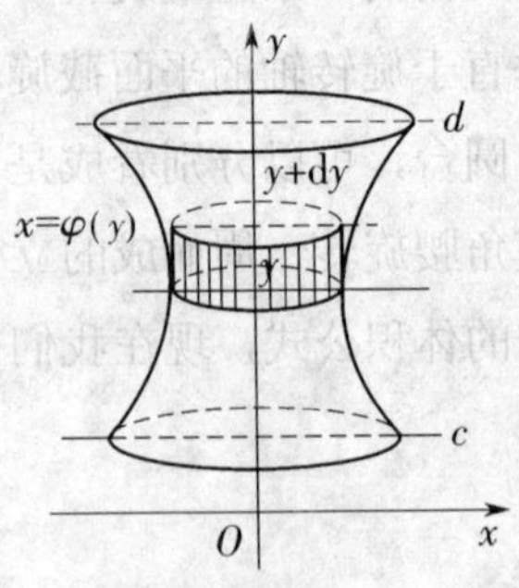

图 3–18

例 3 一喇叭可视为由曲线 $y=\sqrt{x}$，直线 $y=1$ 以及 y 轴所围成的图形绕 y 轴旋转所成的旋转体，如图 3-19 所示．求此旋转体的体积．

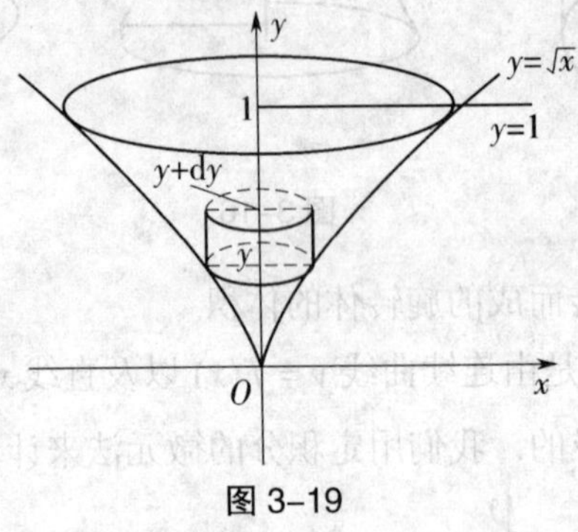

图 3–19

解 （1）取 y 为积分变量，积分区间为$[0,1]$．

（2）在区间$[0,1]$上任取一小区间$[y,y+dy]$，与它对应的薄片体积近似于以 y^2 为半径，dy 为高的小圆柱体积，从而得体积元素

$$dV=\pi y^4dy\ .$$

（3）所求旋转体的体积V 为

$$V=\int_0^1\pi y^4dy=\frac{\pi}{5}\ .$$

例 4 求由双曲线 $\frac{x^2}{4}-y^2=1$ 的右支和直线 $y=0$，$y=1$，$x=0$ 所围成的平面图形绕 y 轴旋转而成的旋转体的体积．

解 所围成的平面图形如图 3-20 所示．

（1）取 y 为积分变量，积分区间为$[0,\ 1]$．

（2）在区间$[0,\ 1]$上任取一小区间$[y,\ y+dy]$，与它对应的薄片体积近似于以 $\sqrt{4+4y^2}$ 为半径，dy 为高的小圆柱体体积，从而得体积元素

$$dV = \pi(4+4y^2)dy .$$

（3）所求旋转体的体积V为

$$V = \int_0^1 4\pi(1+y^2)dy = 4\pi[y+\frac{y^3}{3}]_0^1 = \frac{16\pi}{3} .$$

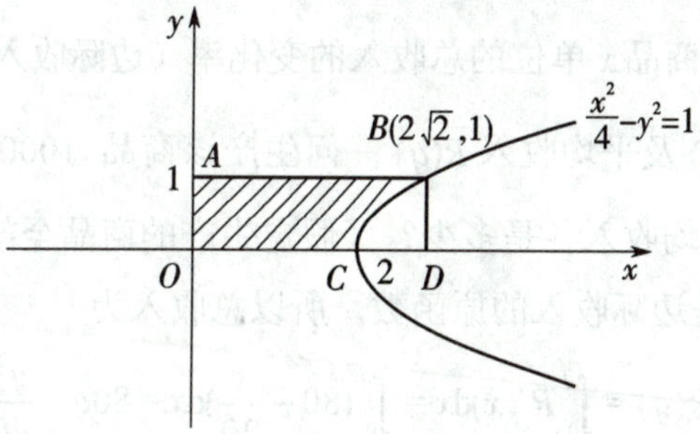

图 3–20

三、定积分在经济学上的应用

根据定积分与不定积分的关系，我们不难由边际收入、边际成本等边际函数，用定积分来确定其总收入和总成本.

1．总产量

设生产某产品的产量Q是时间t的函数

$$Q = Q(t).$$

如果已知产量对时间的变化率（即生产率）为$q(t)$，求从时刻$t_1 = a$到$t_2 = b$内的总产量Q. 由3.4节知，$Q = \int_a^b q(t)dt$.

例 5　设某产品的生产是连续进行的，总产量Q是时间t的函数，如果总产量的变化率为

$$Q'(t) = \frac{324}{t^2}e^{-\frac{9}{t}}\text{（单位：t/d）}.$$

求投产后从$t=3$到$t=30$这 27 天的总产量.

解　总产量$Q(t)$是变化率$Q'(t)$的原函数，故从$t=3$到$t=30$这 27 天的总产量为

$$Q = \int_3^{30} Q'(t)dt = \int_3^{30}\frac{324}{t^2}e^{-\frac{9}{t}}dt = -36\int_3^{30}e^{-\frac{9}{t}}d(-\frac{9}{t}) = -36\cdot e^{-\frac{9}{t}}\Big|_3^{30} \approx 24.9(\text{t}) .$$

2．总收入、总成本和总利润

设$R'(x)$，$C'(x)$和$L'(x)$分别是产量x的边际收入、边际成本和边际利润，C_0为固定成本，则根据边际经济函数和定积分的定义，易得以下结论：

$$R(q) = \int_0^q R'(x)dx ;$$

$$C(q)=\int_0^q C'(x)\mathrm{d}x+C_0;$$

$$L(q)=\int_0^q L'(x)\mathrm{d}x-C_0.$$

其中q为产量，$R(q)$，$C(q)$，$L(q)$分别是产量为q单位时的总收入、总成本和总利润.

例 6 已知生产某种商品x单位的总收入的变化率（边际收入）为$R'(x)=80-\dfrac{x}{20}$，试求生产q单位时总收入$R(q)$及平均收入$\overline{R}(q)$；问生产该商品 1000 单位时的平均收入与生产 1000 到 2000 单位时的平均收入各是多少？（假定生产的商品全部销售出去）

解 因总收入函数是边际收入的原函数，所以总收入为

$$R(q)=\int_0^q R'(x)\mathrm{d}x=\int_0^q (80-\frac{x}{20})\mathrm{d}x=80q-\frac{q^2}{40}.$$

此时，平均收入为

$$\overline{R}(q)=\frac{R(q)}{q}=80-\frac{q}{40}.$$

生产该商品 1000 单位时的平均收入为

$$\overline{R}(1000)=(80-\frac{q}{40})\Big|_{q=1000}=55.$$

下面计算生产 1000 到 2000 单位该商品的平均收入，先计算产量从 1000 到 2000 单位的总收入，即

$$\begin{aligned}R(2000)-R(1000)&=\int_{1000}^{2000} R'(x)\mathrm{d}x=\int_{1000}^{2000}(80-\frac{x}{20})\mathrm{d}x\\&=(80x-\frac{x^2}{40})\Big|_{1000}^{2000}=5000.\end{aligned}$$

故此时平均收入为

$$\overline{R}=\frac{R(2000)-R(1000)}{2000-1000}=\frac{5000}{1000}=5.$$

易看出生产 1000 单位时的平均收入远比生产 1000 到 2000 单位时的平均收入高.

例 7 已知生产某产品的边际成本是产量x的函数

$$C'(x)=0.6x+3.2.$$

试问当产量由 2 百件增加到 7 百件时，总成本增加了多少万元？

解 由上面讨论易知，当产量由 2 增加到 7 时，总成本增加的数额应是边际成本的定积分，即

$$\begin{aligned}C&=\int_2^7 C'(x)\mathrm{d}x=\int_2^7(0.6x+3.2)\mathrm{d}x\\&=(0.3x^2+3.2x)\Big|_2^7=22.4+14.7-1.2-6.4=29.5\text{（万元）}.\end{aligned}$$

例 8 已知生产某产品的边际成本为

$$C'(q)=21.2+0.8q,$$

固定成本为 100，又知需求函数为

$$q(p)=100-\frac{1}{3}p\ .$$

问产量为多少时（假定产品可全部售出），获利最大？最大利润是多少？

解　由需求函数易得出

$$p=300-3q\ .$$

从而总收入函数为

$$R(q)=p\cdot q=q(300-3q)=300q-3q^2\ .$$

于是利润函数的导数（即边际利润）为

$$L'(q)=R'(q)-C'(q)=(300q-3q^2)'-(21.2+0.8q)$$
$$=300-6q-21.2-0.8q=278.8-6.8q\ .$$

令 $L'(q)=0$，得 $q=41$.

又 $L''(41)=-6.8<0$.　故产量为 41 单位时，利润最大，这时，最大利润为

$$L=\int_0^{41}L'(q)\mathrm{d}q-C_0=\int_0^{41}(278.8-6.8q)\mathrm{d}q-C_0$$
$$=(278.8q-3.4q^2)\Big|_0^{41}-100$$
$$=5715.4-100=5615.4.$$

即此时最大利润为 5615.4.

习题 3.6

1. 求由下列各曲线所围成图形的面积:

（1）$y=\sin x\ \ (0\leqslant x\leqslant \pi)$， $y=0$；

（2）$y=x^2-1$， $y=x+1$；

（3）$x=y^2(y\geqslant 0)$， $y=1$， $x=4$；

（4）$y^2=2x$， $y=x-4$；

（5）$y=x^2, y=2x$.

2. 求椭圆 $\frac{x^2}{4}+y^2=1$ 的面积.

3. 一窗户为由抛物线 $y=3-3x^2$ 与 x 轴所围成的图形，求它的面积.

4. 求正弦曲线 $y=\sin x\ \ (0\leqslant x\leqslant \pi)$ 与直线 $y=0$ 所围成的图形绕 x 轴旋转所成的旋转体的体积.

5. 求曲线 $y=x^2$ 与直线 $y=1$ 所围成的图形绕 y 轴旋转所成的旋转体的体积.

6. 某一机器零件是由曲线 $y = e^{-x}$，x 轴，$x = 0$ 与 $x = 1$ 所围成的区域绕 x 轴旋转而成，求此零件的体积.

7. 一个新销售代理商发现，他在第 t 个月销售的商品数量为 $2t + 5$，求该销售商第一年的销售总量.

8. 设导线在时刻 t（单位：秒）的电流强度为 $i(t) = 2\sin t$，试求在时间间隔 2~4 秒内流过导线横截面的电量 $Q(t)$（单位：A）.

9. 在传染病流行期间人们被传染患病的速度可以近似地表示为 $v = 1000te^{-0.5t}$（r 的单位：人/天），t 为传染病开始流行的天数. 问

（1）什么时候人们患病速度最快？

（2）前 10 天共有多少人患病？

10. 已知某产品在时刻 t 总产量的变化率为

$$Q'(t) = 100 + 12t - 0.6t^2 \text{（单位/小时）}$$

求从 $t = 2$ 到 $t = 4$ 这两个小时的总产量.

11. 已知生产某商品 x 单位时，边际收益函数为

$$R'(x) = 200 - \frac{x}{50} \text{（元/单位）}$$

试求生产 x 单位时总收益 $R(x)$ 以及平均单位收益 $\overline{R}(x)$，并求生产这种产品 2000 单位时的总收益和平均单位收益.

12. 已知某种商品每天生产 x 单位时固定成本为 20 元，边际成本函数为 $C'(x) = 0.4x + 2$（元/单位），求总成本函数 $C(x)$.若此种商品的销售单价为 18 元，并且该商品可全部售出，求总利润函数 $L(x)$，并求每天生产多少单位时才能获得最大利润.

13. 假设某产品的边际收入函数为

$$R'(q) = 9 - q \text{（万元/万台）},$$

边际成本函数为

$$C'(q) = 4 + \frac{q}{4} \text{（万元/万台）},$$

其中产量 q 以万台为单位.

（1）试求当产量由 4 万台增加到 5 万台时利润的变化量；

（2）当产量为多大时，利润最大？

（3）已知固定成本为 1 万元，求总成本函数和利润函数.

14. 某工厂生产一种产品，每天生产 x(t) 时的总成本为 $C(x)$（单位：百元），已知它的边际成本为

$$C'(x) = 100 + 6x - 0.6x^2$$

试求：产量由 2 t 增加到 4 t 时的总成本及平均成本.

*3.7　反常积分

前面讨论的定积分的积分区间都是有限的，但在实际问题中，常会遇到积分区间为无限的情形．本节将介绍这类积分的概念和计算方法．

求由曲线 $y=\mathrm{e}^{-x}$，x 轴及 y 轴所围成的“开口曲边梯形”的面积（见图 3-21）．

因为这个图形不是封闭的曲边梯形，而在 x 轴的正方向是开口的；也就是说，这时的积分区间是无限区间，所求面积可以表示为 $\int_0^{+\infty}\mathrm{e}^{-x}\mathrm{d}x$，不能用前面所学的定积分来计算它的值．

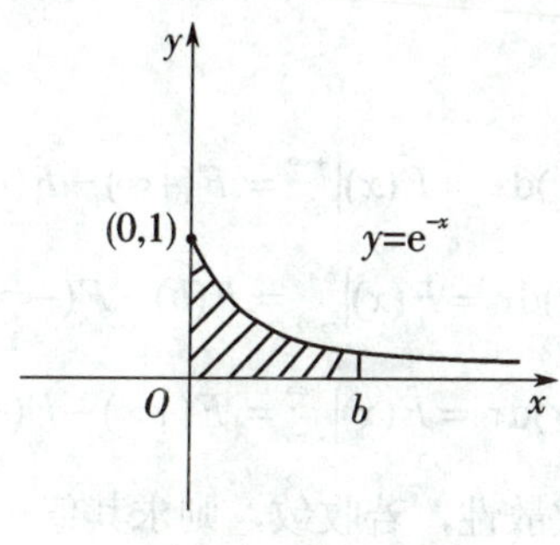

图 3-21

我们任取一个大于 0 的数 b，那么在区间 $[0,\ b]$ 上由曲线 $y=\mathrm{e}^{-x}$ 所围成的曲边梯形的面积为

$$\int_0^b \mathrm{e}^{-x}\mathrm{d}x=[-\mathrm{e}^{-x}]_0^b=1-\mathrm{e}^{-b}.$$

很明显，当 b 改变时，曲边梯形的面积也随之改变，且随着 b 的趋于无穷而趋于一个确定的数1，即

$$\lim_{b\to+\infty}\int_0^b \mathrm{e}^{-x}\mathrm{d}x=\lim_{b\to+\infty}(1-\mathrm{e}^{-b})=1.$$

显然，这个极限值 1 就是“开口曲边梯形的面积”，即

$$\int_0^{+\infty}\mathrm{e}^{-x}\mathrm{d}x=\lim_{b\to+\infty}\int_0^b \mathrm{e}^{-x}\mathrm{d}x=\lim_{b\to+\infty}(1-\mathrm{e}^{-b})=1.$$

一般地，对于积分区间是无限的情形，给出下面的定义．

定义　设函数 $f(x)$ 在区间 $[a,\ +\infty)$ 内连续，任取 $b>a$，如果极限 $\lim\limits_{b\to+\infty}\int_a^b f(x)\mathrm{d}x$ 存在，就称此极限值为函数 $f(x)$ 在区间 $[a,\ +\infty)$ 上的**反常积分**，记作 $\int_a^{+\infty}f(x)\mathrm{d}x$，即

$$\int_a^{+\infty}f(x)\mathrm{d}x=\lim_{b\to+\infty}\int_a^b f(x)\mathrm{d}x.$$

这时也称反常积分 $\int_a^{+\infty}f(x)\mathrm{d}x$ 收敛；否则就说反常积分 $\int_a^{+\infty}f(x)\mathrm{d}x$ 发散．

同样可以定义下限为负无穷大或上下限都是无穷大的反常积分．

$$\int_{-\infty}^{b} f(x)\mathrm{d}x = \lim_{a\to-\infty}\int_{a}^{b} f(x)\mathrm{d}x ;$$

$$\int_{-\infty}^{+\infty} f(x)\mathrm{d}x = \int_{-\infty}^{c} f(x)\mathrm{d}x + \int_{c}^{+\infty} f(x)\mathrm{d}x$$

$$= \lim_{a\to-\infty}\int_{a}^{c} f(x)\mathrm{d}x + \lim_{b\to+\infty}\int_{c}^{b} f(x)\mathrm{d}x .$$

其中c为任意常数．当$\int_{-\infty}^{c} f(x)\mathrm{d}x$与$\int_{c}^{+\infty} f(x)\mathrm{d}x$均收敛时，反常积分$\int_{-\infty}^{+\infty} f(x)\mathrm{d}x$才是收敛的，否则反常积分$\int_{-\infty}^{+\infty} f(x)\mathrm{d}x$是发散的．

计算反常积分时，为了书写方便，实际计算中常常略去极限符号，直接利用牛顿-莱布尼兹公式的格式进行计算，设$F(x)$是连续函数$f(x)$的一个原函数，记$F(+\infty)=\lim\limits_{x\to+\infty}F(x)$，$F(-\infty)=\lim\limits_{x\to-\infty}F(x)$，则

$$\int_{a}^{+\infty} f(x)\mathrm{d}x = F(x)\Big|_{a}^{+\infty} = F(+\infty)-F(a) ;$$

$$\int_{-\infty}^{b} f(x)\mathrm{d}x = F(x)\Big|_{-\infty}^{b} = F(b)-F(-\infty) ;$$

$$\int_{-\infty}^{+\infty} f(x)\mathrm{d}x = F(x)\Big|_{-\infty}^{+\infty} = F(+\infty)-F(-\infty) .$$

例 1 讨论下列反常积分的敛散性，若收敛，则求其值．

（1）$\int_{1}^{+\infty}\frac{1}{x^3}\mathrm{d}x$；（2）$\int_{-\infty}^{0}\mathrm{e}^{-x}\mathrm{d}x$；（3）$\int_{-\infty}^{+\infty}\frac{1}{1+x^2}\mathrm{d}x$．

解 （1）因为
$$[-\frac{1}{2x^2}]_{1}^{+\infty} = \lim_{x\to+\infty}(-\frac{1}{2x^2})+\frac{1}{2}=\frac{1}{2},$$
所以反常积分$\int_{1}^{+\infty}\frac{1}{x^3}\mathrm{d}x$收敛，其值为$\frac{1}{2}$．

（2）因为
$$[-\mathrm{e}^{-x}]_{-\infty}^{0} = -1+\lim_{x\to-\infty}\mathrm{e}^{-x}=+\infty ,$$
所以反常积分$\int_{-\infty}^{0}\mathrm{e}^{-x}\mathrm{d}x$发散．

（3）因为
$$[\arctan x]\Big|_{-\infty}^{+\infty} = \lim_{x\to+\infty}\arctan x-\lim_{x\to-\infty}\arctan x=\pi ,$$
所以反常积分$\int_{-\infty}^{+\infty}\frac{1}{1+x^2}\mathrm{d}x$收敛，其值为$\pi$．

例 2 在电力需求的电涌时期，消耗电能的速度v可以近似地表示为$v=t\mathrm{e}^{-t}$（t的单位：h)．求当$t\to+\infty$时的总电能E．

解 当$t\to+\infty$时，总电能为

$$\begin{aligned}E &= \int_{0}^{+\infty} v\mathrm{d}t = \int_{0}^{+\infty} t\mathrm{e}^{-t}\mathrm{d}t = -\int_{0}^{+\infty} t\mathrm{d}\mathrm{e}^{-t}\\ &= [-t\mathrm{e}^{-t}]_{0}^{+\infty} + \int_{0}^{+\infty}\mathrm{e}^{-t}\mathrm{d}t\\ &= [-\mathrm{e}^{-t}]_{0}^{+\infty}\\ &= 1.\end{aligned}$$

习题 3.7

1．下列反常积分是否收敛？若收敛，求出它们的值．

（1）$\int_{1}^{+\infty}\frac{1}{x^2}\mathrm{d}x$；　　（2）$\int_{\mathrm{e}}^{+\infty}\frac{\ln x}{x}\mathrm{d}x$；

（3）$\int_{-\infty}^{0}\cos x\mathrm{d}x$；　　（4）$\int_{-\infty}^{+\infty}x\mathrm{e}^{-\frac{x^2}{2}}\mathrm{d}x$．

2．在传染病流行期间人们被传染患病的速度可以近似地表示为 $v=1000t\mathrm{e}^{-0.5t}$（$r$ 的单位：人/天），t 为传染病开始流行的天数，求共有多少人患病？

综合练习三

一、填空题

1．x 的一个原函数为________．

2．$\int(\sin x)'\mathrm{d}x=$________．

3．$(\int\frac{x}{1+\cos x}\mathrm{d}x)'=$________．

4．已知 $\int f(x)\mathrm{d}x=x^2+\cos x+C$，则 $f(x)=$________．

5．$\int\sqrt{2x-3}\mathrm{d}x=$________．

6．$\frac{\mathrm{d}}{\mathrm{d}x}\int_{1}^{2}f(x)\mathrm{d}x=$________．

7．$\int_{0}^{3}\sqrt{9-x^2}dx$________．

8．若 $\int_{0}^{1}\mathrm{e}^x f\left(\mathrm{e}^x\right)\mathrm{d}x=\int_{a}^{b}f\left(u\right)\mathrm{d}u$ 则 $a=$____，$b=$____．

9．已知物体做变速直线运动，其运动速度 $v(t)=t^2+1$，此物体在时间间隔 $[0,4]$ 上的平均速度 $\overline{v}=$________．

10．$\int_{-\infty}^{0}\mathrm{e}^{2x}\mathrm{d}x=$________．

二、选择题

1. 函数 $e^x\cos x$ 是函数（　　）的原函数.

A. $-e^x\sin x$　　B. $e^x(\cos x-\sin x)$

C. $e^x\sin x$　　D. $e^x(\cos x+\sin x)$

2. 若 $f(x)$ 的一个原函数为 $\ln x$，则 $f'(x)=$（　　）.

A. $\ln x\mathrm{d}x$　　B. $\dfrac{1}{x}$　　C. $-\dfrac{1}{x^2}$　　D. $\dfrac{1}{x^2}$

3. 下列各式中，计算正确的是（　　）.

A. $\int\dfrac{1}{1-x}\mathrm{d}x=\int\dfrac{1}{1-x}\mathrm{d}(1-x)=\ln|1-x|+C$

B. $\int\cos 2x\mathrm{d}x=\sin 2x+C$

C. $\int\dfrac{1}{1+e^x}\mathrm{d}x=\ln(1+e^x)+C$

D. $\int e^{-x}\mathrm{d}x=-e^{-x}+C$

4. $\int(\sin x+2\cos x)\mathrm{d}x=$（　　）.

A. $-\cos x+2\sin x+C$　　B. $-\cos x-2\sin x+C$

C. $\cos x-2\sin x+C$　　D. $\cos x+2\sin x+C$

5. 在积分曲线族 $\int x\sqrt{x}\mathrm{d}x$ 中，过点(0,1)的积分曲线方程为（　　）.

A. $2\sqrt{x}+1$　　B. $\dfrac{2}{5}(\sqrt{x})^5+1$　　C. $2\sqrt{x}$　　D. $\dfrac{5}{2}(\sqrt{x})^5+C$

6. $\int_{-\frac{\pi}{2}}^{\frac{\pi}{2}}|\sin x|\mathrm{d}x=$（　　）.

A. 0　　B. π　　C. $\dfrac{\pi}{2}$　　D. 2

7. 设 $f(x)=\begin{cases}1, & -1\leqslant x<0\\ 2, & 0\leqslant x<1\end{cases}$，则 $\dfrac{1}{2}\int_{-1}^{1}f(x)\mathrm{d}x=$（　　）.

A. 3　　B. $\dfrac{3}{2}$　　C. 1　　D. 2

8. 下列反常积分发散的是（　　）.

A. $\int_0^{+\infty}\dfrac{1}{1+x^2}\mathrm{d}x$　　B. $\int_1^{+\infty}\dfrac{1}{x^2}\mathrm{d}x$　　C. $\int_e^{+\infty}\dfrac{\ln x}{x}\mathrm{d}x$　　D. $\int_e^{+\infty}e^{-x}\mathrm{d}x$

9. 下列定积分中，用分部积分法计算的是（　　）.

A. $\int_0^{\pi}\cos(2x+1)\mathrm{d}x$　　B. $\int_0^1 x\sqrt{1-x^2}\mathrm{d}x$

C. $\int_0^{\frac{\pi}{2}}x\sin 2x\mathrm{d}x$　　D. $\int_0^1\dfrac{x}{1+x}\mathrm{d}x$

10. 设函数 $f(x)$ 在区间 $[a, b]$ 上可积，则下列各式中，不正确的是（ ）.

A. $\int_a^b f(x)\mathrm{d}x = \int_a^b f(t)\mathrm{d}t$　　B. $\int_a^a f(x)\mathrm{d}x = 0$

C. $[\int_a^b f(x)\mathrm{d}x]' = f(x)$　　D. $\int_a^b f(x)\mathrm{d}x = \int_a^c f(x)\mathrm{d}x + \int_c^b f(x)\mathrm{d}x$

三、计算题

1. 求下列不定积分:

（1）$\int \mathrm{e}^{x-3}\mathrm{d}x$；　　（2）$\int \frac{(x+1)^2}{\sqrt{x}}\mathrm{d}x$；

（3）$\int \frac{\mathrm{e}^{2x}-1}{\mathrm{e}^x+1}\mathrm{d}x$；　　（4）$\int x^2 \sin x^3 \mathrm{d}x$；

（5）$\int \frac{2x+3}{x^2+3x-5}\mathrm{d}x$；　　（6）$\int x\mathrm{e}^{2x}\mathrm{d}x$；

（7）$\int x^2 \ln x \mathrm{d}x$；　　（8）$\int (2x-1)\sin x \mathrm{d}x$；

（9）$\int x\sqrt{x+1}\mathrm{d}x$；　　（10）$\int \frac{1}{\sqrt{4-x^2}}\mathrm{d}x$.

2. 求下列定积分的值:

（1）$\int_3^4 \frac{x^2+x-6}{x-2}\mathrm{d}x$；　　（2）$\int_0^1 \frac{1}{(3-2x)^3}\mathrm{d}x$；

（3）$\int_0^1 x\mathrm{e}^{x^2}\mathrm{d}x$；　　（4）$\int_1^{\mathrm{e}} \frac{1+\ln x}{x}\mathrm{d}x$；

（5）$\int_{\frac{3}{4}}^1 \frac{1}{\sqrt{1-x}-1}\mathrm{d}x$　　（6）$\int_0^{\frac{\pi}{3}} \sin(x+\frac{\pi}{3})\mathrm{d}x$.

四、应用题

1. 一曲线过原点且在曲线上每一点 (x, y) 处的切线斜率等于 x^3，求这曲线的方程.

2. 已知自由落体的运动速度为 $v(t) = gt$，试求在时间区间 $[0, T]$ 上物体下落的距离 s.

3. 设导线在时刻 t（单位：秒）的电流强度为 $i(t) = 0.006t$，求在时间间隔 1~4 s 内流过导线横截面的电量 $Q(t)$（单位：库仑）.

4. 某药物从病人的左手注射进入体内，t 小时后该病人左手血液中所含该药物量为

$$C(t) = \frac{0.14t}{t^2+1},$$

问药物注射 1 小时内，该病人左手血液中所含药物量的平均值为多少？两小时内的平均值又为多少？

5. 求曲线 $x = y^2$ 与直线 $y = x$ 所围平面图形的面积.

6. 求由曲线 $y = \sin x$，$y = \cos x$ 及直线 $x = 0$，$x = \pi$ 所围成的图形的面积.

7. 将椭圆 $\frac{x^2}{4} + \frac{y^2}{9} = 1$ 分别绕 x 轴及 y 轴旋转，计算所得的两个旋转椭球体的体积.

8. 求由曲线 $y=x^2-4$ 与直线 $y=0$ 所围成的平面图形绕 x 轴旋转所得旋转体的体积.

9. 设生产某产品的边际成本为 $C'(x)=2x+10$（元/单位），且固定成本为 20 元，求总成本函数 $C(x)$.

10. 某产品的边际成本和边际收入分别为：$C'(x)=x^2-4x+6$（元/单位），$R'(x)=105-2x$（元/单位），且固定成本为 100 元，求总成本函数 $C(x)$ 和总收入函数 $R(x)$.

第四章　微分方程

微积分的研究对象是函数关系，但在实际问题中，往往很难直接得到所研究的变量之间的函数关系，有时却只能根据一些基本科学原理，比较容易建立所求函数与它们的导数或微分之间的关系式，然后再从中解出所求函数，这种关系就是我们本章将要学习的微分方程．1676 年，伯努利（Bernoulli）致牛顿（Newton）的信中第一次提出微分方程，直到 18 世纪中期，微分方程才成为一门独立的学科．微分方程建立后，人们立即将其作为探索现实世界的重要工具．本章主要讨论如何建立微分方程，并介绍一些常用的微分方程的解法．

4.1　微分方程的概念

一、引例

例 1　已知曲线过点 $(1,\ 0)$，且曲线上任一点 $M(x,\ y)$ 处切线的斜率等于该点的横坐标加上 1，求此曲线方程．

解　设曲线方程为 $y=f(x)$，则曲线在点 $M(x,\ y)$ 处的切线斜率为 $\dfrac{dy}{dx}$．根据导数的几何意义有

$$\frac{dy}{dx}=x+1, \tag{4-1}$$

又曲线过点 $(1,0)$，故有

$$y|_{x=1}=0\cdot \tag{4-2}$$

对（4-1）式两边积分，得

$$y=\int(x+1)dx=\frac{x^2}{2}+x+C,$$

将（4-2）式代入上式，得

$$\frac{1}{2}+1+C=0，即 C=-\frac{3}{2}.$$

所求曲线方程为

$$y=\frac{x^2}{2}+x-\frac{3}{2}.$$

例 2 列车在直线轨道上以 30m / s 的速度行驶，制动列车获得加速度 $-0.6\text{m}/\text{s}^2$，问开始制动后要经过多长时间才能把列车刹住？在这段时间内列车行驶了多少路程？

解 记列车制动的时刻 $t=0$，设列车运动方程为 $s=s(t)$，由题意知，制动后列车行驶的加速度等于 $-0.6\text{m}/\text{s}^2$，即

$$\frac{\mathrm{d}^2 s}{\mathrm{d}t^2}=-0.6\,; \tag{4-3}$$

同时函数 $s=s(t)$ 还应满足下列条件:

$$s\big|_{t=0}=0\,,\quad v=\frac{\mathrm{d}s}{\mathrm{d}t}\bigg|_{t=0}=30\,.$$

（4-3）式两端同时对 t 积分，得速度方程

$$v(t)=\frac{\mathrm{d}s}{\mathrm{d}t}=\int(-0.6)\mathrm{d}t=-0.6t+C_1. \tag{4-4}$$

（4-4）式两端对 t 再积分一次，得

$$\begin{aligned} s&=\int(-0.6t+C_1)\mathrm{d}t \\ &=-0.3t^2+C_1t+C_2\,, \end{aligned} \tag{4-5}$$

其中，C_1，C_2 都是任意常数，把条件 $v=\frac{\mathrm{d}s}{\mathrm{d}t}\Big|_{t=0}=30$ 代入（4-4）式，得 $C_1=30$．把 $s\big|_{t=0}=0$ 代入（4-5）式，得 $C_2=0$．于是列车制动后的运动方程为

$$s=-0.3t^2+30t\,. \tag{4-6}$$

速度方程为

$$v(t)=\frac{\mathrm{d}s}{\mathrm{d}t}=-0.6t+30\,. \tag{4-7}$$

因为列车刹住时速度为零，在（4-7）式中，令 $v(t)=-0.6t+30=0$，得列车从开始制动到完全刹车所需要的时间为 $t=50(\text{s})$．

把 $t=50$ 代入（4-6）式，得列车从制动到完全停止所行驶的路程 $s=750(\text{m})$．

二、微分方程的概念

上述两例所建立的方程中均含有未知函数的导数．它们都是微分方程．一般地，有如下的定义.

1．微分方程

表示未知函数、未知函数的导数与自变量之间关系的方程叫作微分方程.

2．微分方程的阶

微分方程中未知函数的最高阶导数的阶数，叫作微分方程的阶.

例如，例 1 中的微分方程是一阶微分方程，例 2 中的微分方程是二阶微分方程，$y'''+xy=\mathrm{e}^x$

是三阶微分方程.

3. 微分方程的解、通解与特解

任何满足微分方程的函数都叫作微分方程的**解**. 求微分方程解的过程叫作**解微分方程**.

例如，函数 $y=\dfrac{x^2}{2}+x+C$ 和 $y=\dfrac{x^2}{2}+x-\dfrac{3}{2}$ 都是微分方程（4-1）的解. 函数 $s=-0.3t^2+C_1t+C$ 和 $s=-0.3t^2+30t$ 都是微分方程（4-3）的解.

微分方程的解主要有两种形式：①不含任意常数的解称为微分方程的**特解**. ②如果微分方程的解中含有任意常数且独立的任意常数的个数与微分方程的阶数相等，则称这样的解为微分方程的**通解**. 所谓通解的意思是指，当其中的任意常数取遍所有实数时，就可以得到微分方程的所有解（有个别例外）.

例如，函数 $y=\dfrac{x^2}{2}+x+C$ 和 $S=-0.3t^2+C_1t+C$ 分别是微分方程（4-1）和微分方程（4-3）的通解，函数 $s=-0.3t^2+30t$ 和 $y=\dfrac{x^2}{2}+x-\dfrac{3}{2}$ 分别是微分方程（4-1）和微分方程（4-3）的特解.

4. 初值条件

通解中任意常数的取值常常是通过附加条件来确定的，这种附加条件在微分方程中称为**初值条件**或**定解条件**.

例如，在例 2 中，初值条件为

$$s\big|_{t=0}=0,\quad v=\frac{\mathrm{d}s}{\mathrm{d}t}\bigg|_{t=0}=30.$$

一般来说，当自变量取定某个特定值时，给出未知函数及其导数的已知值，这种特定条件称为微分方程的初值条件.

设微分方程的未知函数为 $y=y(x)$，如果微分方程是一阶的，通常用来确定任意常数的初值条件是，当 $x=x_0$ 时，$y=y_0$，记作

$$y\big|_{x=x_0}=y_0.$$

其中 x_0，y_0 都是已知值.

如果微分方程是二阶的，通常用来确定任意常数的初值条件是，当 $x=x_0$ 时，$y=y_0$，$y'=y'_0$，记作

$$y\big|_{x=x_0}=y_0,\quad y'\big|_{x=x_0}=y'_0.$$

其中 x_0，y_0 和 y'_0 都是已知值.

例 3　验证函数 $y=C_1\sin 2x+C_2\cos 2x$ 是微分方程

$$y''+4y=0 \tag{4-8}$$

的通解，并求出满足初值条件 $y\big|_{x=0}=1$ 和 $y'\big|_{x=0}=-1$ 的特解.

解 因为

$$y = C_1 \sin 2x + C_2 \cos 2x, \tag{4-9}$$

所以

$$y' = 2C_1 \cos 2x - 2C_2 \sin 2x, \tag{4-10}$$

$$y'' = -4C_1 \sin 2x - 4C_2 \cos 2x, \tag{4-11}$$

把（4-9）和（4-11）代入方程（4-8），有

$$-4C_1 \sin 2x - 4C_2 \cos 2x + 4\ (C_1 \sin 2x + C_2 \cos 2x) = 0 .$$

即函数（4-9）满足方程（4-8）. 又因为这个函数含有两个任意常数，因此它是方程（4-8）的通解.

把初值条件 $y|_{x=0} = 1$ 和 $y'|_{x=0} = -1$ 代入式（4-10）和（4-11），得

$$\begin{cases} C_1 \sin 0 + C_2 \cos 0 = 1 \\ 2C_1 \cos 0 - 2C_2 \sin 0 = -1 \end{cases},$$

解此方程组，得 $C_1 = -\dfrac{1}{2}$，$C_2 = 1$. 因此，方程（4-8）满足初值条件的特解为

$$y = -\frac{1}{2}\sin 2x + \cos 2x .$$

习题 4.1

1. 指出下列方程中哪些是微分方程?并说明它们的阶数:

（1）$\dfrac{d^2 y}{dx^2} - y = 2x$；　　（2）$y^2 - 3y + 2x = 0$；

（3）$x(y')^2 + y = 1$；　　（4）$y''' - y\cos x = 0$.

2. 验证下列所给函数是指定微分方程的通解，并按照所给的初值条件确定方程的特解:

（1）函数 $y = C_1 \cos x + C_2 \sin x$，微分方程 $y'' + y = 0$，初值条件 $y|_{x=0} = 1$，$y'|_{x=0} = -1$.

（2）函数 $y = (C_1 + C_2 x)e^{2x}$，微分方程 $y'' - 4y' + 4y = 0$，初值条件 $y|_{x=0} = 1$ 和 $y'|_{x=0} = 1$.

3. 已知曲线过点 $(1, 2)$，且曲线上任一点 $P(x, y)$ 处切线的斜率等于 $2x+1$，求此曲线方程.

4. 一物体的运动速度为 $3t$ (m/s)，当 $t = 2$s 时，物体所经过的路程为 9m，求此物体的运动方程.

4.2　一阶微分方程

一、可分离变量的微分方程

我们先看下面两个例子.

引例 1　英国学者马尔萨斯(Malthus,1766－1834) 认为人口的相对增长率为常数，即如果设时刻 t 人口数为 $N(t)$，则人口增长速度 $\frac{\mathrm{d}N}{\mathrm{d}t}$ 与人口总量 $N(t)$ 成正比，则可建立函数 $N(t)$ 满足的微分方程

$$\begin{cases} \frac{\mathrm{d}N}{\mathrm{d}t} = kN, \\ N(t_0) = N_0 \end{cases} \quad (\text{其中 } k > 0).$$

这个方程可变形为 $\frac{1}{N}\mathrm{d}N = k\mathrm{d}t$，方程的特点是左端只含有未知函数 N 及其微分，右边只含有自变量 t 及其微分，变量 N 和 t 分离在等式的两边.

引例 2　如果曲线上任意点 (x,y) 处的切线斜率为横坐标与纵坐标之比,则该曲线方程是什么呢？

根据导数的几何意义，可以得到方程

$$\frac{\mathrm{d}y}{\mathrm{d}x} = \frac{x}{y},$$

该方程可以变形为 $x\mathrm{d}x = y\mathrm{d}y$，该方程的特点是变量 x 和 y 已经分离在等式的两边.

上面两个例子建立的微分方程叫作可分离变量的微分方程. 一般形式为

$$\frac{\mathrm{d}y}{\mathrm{d}x} = f(x)g(y).$$

其特点是方程的右端是只含 x 的函数 $f(x)$ 与只含 y 的函数 $g(y)$ 的乘积.

接下来研究可分离变量的微分方程的求解方法，具体解法步骤如下：

（1）分离变量.

当 $g(y) \neq 0$ 时，方程变形为

$$\frac{\mathrm{d}y}{g(y)} = f(x)\mathrm{d}x;$$

（2）两边积分，得

$$\int \frac{\mathrm{d}y}{g(y)} = \int f(x)\mathrm{d}x;$$

（3）求出积分，得通解

$$G(y) = F(x) + C,$$

其中 $G(y)$，$F(x)$ 分别是 $\dfrac{1}{g(y)}$，$f(x)$ 的一个原函数.

如果 $g(y)=0$，则易知 $y=y_0$ 也是方程的解.

例 1 求微分方程 $\dfrac{\mathrm{d}y}{\mathrm{d}x}=2xy$ 的通解.

解 题设方程是可分离变量的，分离变量，得

$$\frac{\mathrm{d}y}{y}=2x\mathrm{d}x,$$

两端积分 $\int\dfrac{\mathrm{d}y}{y}=\int 2x\mathrm{d}x$，得 $\ln|y|=x^2+C_1$，从而

$$y=\pm\mathrm{e}^{x^2+C_1}=\pm\mathrm{e}^{C_1}\cdot\mathrm{e}^{x^2}.$$

记 $C=\pm\mathrm{e}^{C_1}$，则得到题设方程的通解

$$y=C\mathrm{e}^{x^2}.$$

例 2 求微分方程 $\mathrm{d}x+xy\mathrm{d}y=y^2\mathrm{d}x+y\mathrm{d}y$ 的通解.

解 先合并 $\mathrm{d}x$ 和 $\mathrm{d}y$ 的各项，得

$$y(x-1)\mathrm{d}y=(y^2-1)\mathrm{d}x,$$

分离变量，得

$$\frac{y}{y^2-1}\mathrm{d}y=\frac{1}{x-1}\mathrm{d}x,$$

两端积分

$$\int\frac{y}{y^2-1}\mathrm{d}y=\int\frac{1}{x-1}\mathrm{d}x,$$

得

$$\frac{1}{2}\ln\left|y^2-1\right|=\ln|x-1|+\ln|C_1|,$$

于是

$$y^2-1=\pm C_1^{\,2}(x-1)^2,\ \text{记}\ C=\pm C_1^{\,2},$$

则得到题设方程的通解

$$y^2-1=C(x-1)^2.$$

例 3 牛顿冷却定律指出：物体在空气中冷却的速度与物体温度和空气温度之差成正比. 现将牛顿冷却定律应用于刑事侦察中死亡时间的鉴定. 当一次谋杀发生后，尸体的温度从原来的37 ℃按照牛顿冷却定律开始下降，如果两个小时后尸体温度变为35℃，并且假定周围空气的温度保持20℃不变，试求出尸体温度 H 随时间 t 的变化规律. 又如果尸体发现时的温度是30℃，时间是下午 4 点整，那么谋杀是何时发生的？

解 （1）建立微分方程，设尸体的温度为 $H(t)$（t 从谋杀后计），根据题意，尸体的冷却速度 $\dfrac{\mathrm{d}H}{\mathrm{d}t}$ 与尸体的温度 H 和空气温度 20 之差成正比，即

$$\frac{\mathrm{d}H}{\mathrm{d}t}=-k(H-20),$$

其中 $k>0$ 是常数，初值条件为 $H(0)=37$.

（2）求通解，分离变量，得

$$\frac{\mathrm{d}H}{H-20}=-k\mathrm{d}t,$$

两边积分，得

$$\int\frac{\mathrm{d}H}{H-20}=-\int k\mathrm{d}t,$$

$$H=20+C\mathrm{e}^{-kt}.$$

（3）求特解.

把初值条件 $H(0)=37$ 代入通解，求得 $C=17$. 于是 $H=20+17\mathrm{e}^{-kt}$.为求出 k 值，根据两小时后尸体温度为 35℃这一条件，有

$$35=20+17\mathrm{e}^{-2k}.$$

求得 $k\approx 0.063$. 于是温度函数为

$$H=20+17\mathrm{e}^{-0.063t}.$$

把 $H=30$ 代入上式，可得 $t\approx 8.4(\mathrm{h})$.于是可以判定谋杀发生在下午 4 点尸体被发现前的 8.4 小时，即 8 小时 24 分，所以谋杀是在上午 7 点 36 分发生的.

二、一阶线性微分方程

我们再看下面的例子.

引例 3　如果某曲线通过原点，并且它在点 $(x,\ y)$ 处的切线斜率等于 $2x+y$ ，那么它的方程又会是什么呢？

由导数的几何意义得到等式

$$\frac{\mathrm{d}y}{\mathrm{d}x}=2x+y,$$

该方程不能够分离变量，它的特点是方程中含有 y' 与 y ，它们的幂次均为一次. 像这样的方程我们给出如下定义.

形如

$$y'+P(x)y=Q(x) \tag{4-12}$$

的方程称为一阶线性微分方程. 方程中含有 y' 与 y . 它们的幂次均为一次，其中函数 $P(x)$ 、$Q(x)$ 是某一区间 I 上的连续函数. 当 $Q(x)$ 恒等于零时，方程（4-12）称为一阶线性齐次微分方程；当 $Q(x)$ 不恒等于零时，方程（4-12）称为一阶线性非齐次微分方程.

1. 一阶线性齐次微分方程的解法

在方程（4-12）中，若 $Q(x)=0$ ，则

$$\frac{dy}{dx}+P(x)y=0 \tag{4-13}$$

是可分离变量的微分方程，分离变量，得

$$\frac{dy}{y}=-P(x)dx,$$

两边积分，得

$$\ln|y|=-\int P(x)dx+C_1,$$

即
$$y=Ce^{-\int P(x)dx}. \tag{4-14}$$

这是齐次方程（4-13）的通解.

注意　这里记号 $\int P(x)dx$ 表示 $P(x)$ 的一个确定的原函数.

2. 一阶线性非齐次微分方程的解法

如果仍按齐次方程的求解方法求解，那么由（4-12）式可得

$$\frac{dy}{y}=[\frac{Q(x)}{y}-P(x)]dx.$$

两边积分，得

$$\ln y=\int\frac{Q(x)}{y}dx-\int P(x)dx,$$

即

$$y=e^{\int\frac{Q(x)}{y}dx-\int P(x)dx}=e^{\int\frac{Q(x)}{y}dx}\cdot e^{-\int P(x)dx}. \tag{4-15}$$

也就是说方程（4-12）的解可以分为两部分的乘积，一部分是 $e^{-\int P(x)dx}$，这是方程（4-12）所对应的齐次方程（4-13）的解. 另一部分是 $e^{\int\frac{Q(x)}{y}dx}$，因为其中 y 是 x 的函数，因而可将 $e^{\int\frac{Q(x)}{y}dx}$ 看作 x 的一个函数，设 $e^{\int\frac{Q(x)}{y}dx}=C(x)$，于是（4-15）可表示为

$$y=C(x)e^{-\int P(x)dx}, \tag{4-16}$$

即方程（4-12）的解是将其相应的齐次方程的通解中任意常数 C 用一个待定的函数 $C(x)$ 来代替. 因此，只要求得函数 $C(x)$，就可求得方程（4-12）的解.

将（4-16）式对 x 求导，得

$$\begin{aligned}y'&=C'(x)e^{-\int P(x)dx}+C(x)(e^{-\int P(x)dx})'\\&=C'(x)e^{-\int P(x)dx}-P(x)C(x)e^{-\int P(x)dx},\end{aligned}$$

将上式代入方程（4-12）有

$$C'(x)e^{-\int P(x)dx}-P(x)C(x)e^{-\int P(x)dx}+P(x)C(x)e^{-\int P(x)dx}=Q(x)$$

即
$$C'(x)e^{-\int P(x)dx}=Q(x),$$

或
$$C'(x)=Q(x)\,\mathrm{e}^{\int P(x)\mathrm{d}x}.$$
两边积分，得
$$C(x)=\int Q(x)\,\mathrm{e}^{\int P(x)\mathrm{d}x}\,\mathrm{d}x+C.$$
将上式代入（4-16）式，得
$$y=\mathrm{e}^{-\int P(x)\mathrm{d}x}\left(\int Q(x)\,\mathrm{e}^{\int P(x)\mathrm{d}x}\,\mathrm{d}x+C\right). \tag{*}$$
这就是一阶非齐次线性微分方程（4-12）的通解．其中各个不定积分都只表示对应的被积函数的一个原函数．

上述求非齐次方程通解的方法，是将对应的齐次方程的通解中的常数C用函数$C(x)$来代替．然后再求出这个待定的函数$C(x)$，这种求解微分方程的方法叫常数变易法．

公式（*）也可写成下面的形式:
$$y=\underbrace{C\mathrm{e}^{-\int P(x)\mathrm{d}x}}_{\text{齐次方程的通解}}+\underbrace{\mathrm{e}^{-\int P(x)\mathrm{d}x}\int Q(x)\,\mathrm{e}^{\int P(x)\mathrm{d}x}\,\mathrm{d}x}_{\text{非齐次方程的特解}}. \tag{4-17}$$

（4-17）式中第一项恰好是方程（4-12）所对应的齐次方程（4-13）的通解，第二项是非齐次方程（4-12）的一个特解．由此可知，一阶非齐次线性方程的通解等于对应的齐次线性方程的通解与它本身的一个特解之和．

下面对本小节开始时的引例 3 建立的微分方程进行求解．

解　我们用常数变易法．先求对应齐次微分方程$\dfrac{\mathrm{d}y}{\mathrm{d}x}=y$的通解，这个齐次方程属于可分离变量方程，容易求得它的通解为
$$y=C\mathrm{e}^{x}.$$
再设$y=C(x)\mathrm{e}^{x}$为原方程的通解，则$y'=C'(x)\mathrm{e}^{x}+C(x)\mathrm{e}^{x}$，将它带入原方程，整理得
$$C'(x)=2x\mathrm{e}^{-x}.$$
两边积分得
$$C(x)=-2\mathrm{e}^{-x}(x+1)+C.$$
则得到原方程的通解为
$$y=C\mathrm{e}^{x}-2(x+1).$$

例 4　求微分方程$\dfrac{\mathrm{d}y}{\mathrm{d}x}+y=\mathrm{e}^{-x}$的通解．

解　注意到$P(x)=1$，$Q(x)=\mathrm{e}^{-x}$．由一阶非齐次线性方程通解公式得
$$y=\mathrm{e}^{-\int P(x)\mathrm{d}x}\left(\int Q(x)\,\mathrm{e}^{\int P(x)\mathrm{d}x}\,\mathrm{d}x+C\right)$$

$$= e^{-\int dx}\left(\int e^{-x}e^{\int dx}dx + C\right)$$

$$= (x+C)e^{-x}.$$

例 5 求微分方程 $y' + \frac{1}{x}y = \frac{\sin x}{x}$ 的通解.

解 题设方程是一阶非齐次线性方程，这里 $P(x) = \frac{1}{x}$，$Q(x) = \frac{\sin x}{x}$.

于是所求通解为

$$y = e^{-\int \frac{1}{x}dx}\left(\int \frac{\sin x}{x} e^{\int \frac{1}{x}dx} dx + C\right)$$

$$= e^{-\ln x}\left(\int \frac{\sin x}{x} e^{\ln x} dx + C\right)$$

$$= \frac{1}{x}\left(\int \sin x dx + C\right) = \frac{1}{x}(-\cos x + C).$$

现将一阶微分方程的几种类型和解法归纳如下：

类　型		方　程	解　法
可分离变量		$\frac{dy}{dx} = f(x)g(y)$	分离变量、两边积分
一阶线性	齐次	$\frac{dy}{dx} + P(x)y = 0$	分离变量、两边积分或用公式 $y = Ce^{-\int P(x)dx}$
	非齐次	$\frac{dy}{dx} + P(x)y = Q(x)$	常数变易法或用公式 $y = e^{-\int P(x)dx}\left(\int Q(x)\, e^{\int P(x)dx}\, dx + C\right)$

习题 4.2

1. 求下列微分方程的通解：

（1）$xy' - y\ln y = 0$；　（2）$x\left(y^2 - 1\right)dx + y\left(x^2 - 1\right)dy = 0$；

（3）$xydx + \sqrt{1-x^2}dy = 0$；　（4）$xdy + dx = e^y dx$；

（5）$\tan x \frac{dy}{dx} = 1 + y$.

2. 求下列各初值问题的解：

（1）$xdy + 2ydx = 0, y|_{x=2} = 1$；　（2）$\frac{x}{1+y}dx - \frac{y}{1+x}dy = 0, y|_{x=0} = 0$.

3. 求下列一阶线性方程的解：

（1）$\frac{dy}{dx}+2xy=4x$；　（2）$\frac{dy}{dx}-\frac{1}{x}y=2x^2$；

（3）$(x-2)\frac{dy}{dx}=y+2(x-2)^3$；　（4）$(x^2+1)y'+2xy=4x^2$.

4. 求下列微分方程满足初值条件的特解：

（1）$y'-\frac{y}{x}=\frac{2}{x},\ y|_{x=1}=3$；　（2）$y'+\frac{1-2x}{x^2}y=1,\ y|_{x=1}=0$.

5. 镭的放射速率与它当时的质量m成正比．由现有材料得知，镭经过1600年后，质量为初始质量m_0的一半，求镭的质量m与时间t的关系．

6. 质量1kg的质点受外力作用作直线运动，已知力与时间成正比，与质点运动的速度成反比，在$t=10$s时，速度等于50m/s，外力为4N．问从运动开始经过1min后，质点的速度是多少？

7. 假设室温为20℃时，一物体由100℃冷却到60℃需20分钟．问共经过多长时间方可使此物体的温度从开始时的100℃降低到30℃？

8. 已知一曲线过原点，它在任意点(x,y)处的切线斜率等于$x+y$，求此曲线方程．

9. 某林区现有木材100 000 m³，如果在每一时刻木材的变化率与当时木材数成正比，假设10年内该林区能有木材200 000 m³，试确定木材数p与时间t的函数关系．

4.3　可降阶的二阶微分方程

对一般的二阶微分方程没有普遍的解法，本节讨论三种特殊形式的二阶微分方程，它们有的可以通过积分求得，有的经过适当的变量替换可降为一阶微分方程，求解一阶微分方程后，再将变量回代，从而求得所给二阶微分方程的解．

一、$y''=f(x)$型

这是最简单的二阶微分方程，求解方法是逐次积分．

对方程$y''=f(x)$两端积分，得

$$y'=\int f(x)dx+C_1,$$

再次积分，得

$$y=\int\left[\int f(x)dx+C_1\right]dx+C_2.$$

注：这种类型的方程的解法，可推广到n阶微分方程

$$y^{(n)}=f(x),$$

只要连续积分n次就可得这个方程的含有n个任意常数的通解．

例1　求方程 $y''=e^{2x}-\cos x$满足$y(0)=0$，$y'(0)=1$的特解．

解　对所给的方程连续积分两次，得

$$y' = \frac{1}{2}e^{2x} - \sin x + C_1, \tag{4-18}$$

$$y = \frac{1}{4}e^{2x} + \cos x + C_1 x + C_2. \tag{4-19}$$

在式（4-18）中代入条件 $y'(0)=1$，得 $C_1 = -\frac{1}{2}$，在式（4-19）中代入条件 $y(0)=0$，得 $C_2 = -\frac{5}{4}$，从而所求题设方程的特解为

$$y = \frac{1}{4}e^{2x} + \cos x - \frac{1}{2}x - \frac{5}{4}.$$

*二、$y'' = f(x, y')$ 型

这种方程的特点是不显含未知函数 y，求解的方法是：令 $y' = p(x)$，则 $y'' = p'(x)$，原方程化为以 $p(x)$ 为未知函数的一阶微分方程

$$p' = f(x,\ p).$$

设其通解为

$$p = \varphi(x,\ C_1),$$

然后再根据关系式，又得到一个一阶微分方程

$$\frac{dy}{dx} = \varphi(x, C_1),$$

对它进行积分，即可得到原方程的通解

$$y = \int \varphi(x, C_1)dx + C_2.$$

例 2　求方程 $(1+x^2)\frac{d^2 y}{dx^2} - 2x\frac{dy}{dx} = 0$ 的通解.

解　这是一个不显含未知函数 y 的方程，令 $\frac{dy}{dx} = p(x)$，则 $\frac{d^2 y}{dx^2} = \frac{dp}{dx}$，于是题设方程降阶为

$$(1+x^2)\frac{dp}{dx} - 2px = 0$$

即

$$\frac{dp}{p} = \frac{2x}{1+x^2}dx,$$

两边积分，得

$$\ln|p| = \ln(1+x^2) + \ln|C_1|,$$

即

$$p = C_1(1+x^2) \text{或} \frac{dy}{dx} = C_1(1+x^2).$$

再次积分得原方程的通解为

$$y = C_1(x + \frac{x^3}{3}) + C_2 .$$

*三、 $y'' = f(y, y')$ 型

这种方程的特点是不显含未知函数 x，求解的方法是：把 y 暂时看作自变量，并作变换 $y' = p(y)$，于是，由复合函数的求导法则有

$$y'' = \frac{dp}{dx} = \frac{dp}{dy} \cdot \frac{dy}{dx} = p\frac{dp}{dy} .$$

这样就将原方程化为
$$p\frac{dp}{dx} = f(y, p) .$$
这是一个关于变量 y, p 的一阶微分方程. 设它的通解为
$$y' = p = \varphi(y, C_1) ,$$
这是可分离变量的方程，对其积分即得到原方程的通解.

例 3　求方程 $yy'' - y'^2 = 0$ 的通解.

解　这是一个不显含自变量 x 的方程，设 $y' = p(y)$，则 $y'' = p\frac{dp}{dy}$，代入题设方程得

$$y \cdot p\frac{dp}{dy} - p^2 = 0 \text{，即 } p(y \cdot \frac{dp}{dy} - p) = 0 .$$

在 $y \neq 0,\ p \neq 0$ 时，约去 p 并分离变量，得

$$\frac{dp}{p} = \frac{dy}{y} ,$$

两边积分，得
$$\ln|p| = \ln|y| + \ln|C_1|$$
即
$$p = C_1 y \text{，或 } y' = C_1 y ,$$
再分离变量并两端积分，就可得所给方程的通解 $y = C_2 e^{C_1 x}$（C_1、C_2 为任意常数).

注：上述通解实际上也包含了 $p = 0$（即 $C_1 = 0$ 的情形）和 $y = 0$（即 $C_2 = 0$ 的情形）这两个平凡解.

习题 4.3

1．求 $y'' = e^{3x} + 3x$ 的通解.

2．试求 $y'' = x$ 的经过点 $M(0, 1)$ 且在此点与直线 $y = \frac{x}{2} + 1$ 相切的积分曲线.

*3．求下列微分方程的通解：

（1）$y''=1+y'^2$；　　　（2）$y''=y'+x$.

*4. 求微分方程 $y''=\frac{3}{2}y^2$ 满足初始条件 $y|_{x=0}=1$，$y'|_{x=0}=1$ 的特解.

4.4 二阶常系数线性微分方程

一、二阶常系数线性微分方程的定义

形如

$$y''+py'+qy=f(x) \tag{4-20}$$

的方程，叫作二阶常系数线性微分方程，其中 p,q 是常数，$f(x)$ 是 x 的已知函数.

当 $f(x)\equiv 0$ 时，称

$$y''+py'+qy=0 \tag{4-21}$$

为与（4-20）对应的齐次方程.

当 $f(x)\neq 0$ 时，方程（4-20）叫作二阶常系数非齐次线性微分方程.

例如，方程 $y''-4y'-5y=0$ 是二阶常系数线性齐次微分方程；而方程 $y''-3y'+2y=\cos x$ 是二阶常系数线性非齐次微分方程.

二、二阶常系数线性齐次方程解的结构

定理 1　如果函数 y_1 与 y_2 是方程（4-21）的两个解，则

$$y=C_1y_1+C_2y_2 \tag{4-22}$$

也是方程（4-21）的解，其中 C_1,C_2 为任意常数.

证　因为 y_1 与 y_2 是方程（4-21）的两个解，所以有

$$y_1''+py_1'+qy_1=0,$$

$$y_2''+py_2'+qy_2=0.$$

将（4-22）式代入方程（4-21）的左端，得

$$\begin{aligned}&(C_1y_1+C_2y_2)''+p(C_1y_1+C_2y_2)'+q(C_1y_1+C_2y_2)\\&=C_1y_1''+C_2y_2''+C_1py_1'+C_2py_2'+C_1qy_1+C_2qy_2\\&=C_1(y_1''+py_1'+qy_1)+C_2(y_2''+py_2'+qy_2)\\&=0.\end{aligned}$$

所以（4-22）式是方程（4-21）的解.

这个定理表明了二阶常系数线性齐次微分方程的解具有叠加性.

叠加起来的解（4-22）从形式上看含有 C_1, C_2 两个任意常数，但它还不一定是方程（4-21）的通解．例如，$y_1=\sin 2x$ 和 $y_2=2\sin 2x$ 都是方程 $y''+4y=0$ 的解，把 y_1 与 y_2 叠加为（4-22）式的形式

$$
\begin{aligned}
y=C_1y_1+C_2y_2&=C_1\sin 2x+2C_2\sin 2x\\
&=(C_1+2C_2)\sin 2x=C\sin 2x,
\end{aligned}
$$

其中 $C=C_1+2C_2$．由于只有一个独立的任意常数，所以它不是微分方程 $y''+4y=0$ 的通解．

那么在什么情况下（4-22）式才是（4-21）式的通解呢?为了解决这个问题，下面给出函数线性相关和线性无关的定义．

对于两个都不恒等于零的函数 y_1 与 y_2，如果 $\dfrac{y_2}{y_1}\equiv$ 常数，则称 y_1 与 y_2 是线性相关的；如果 $\dfrac{y_2}{y_1}\not\equiv$ 常数，则称 y_1 与 y_2 是线性无关的．

例如，函数 $y_1=\sin 2x$ 和 $y_2=2\sin 2x$，因为

$$\frac{y_2}{y_1}=2,$$

所以 $y_1=\sin 2x$ 与 $y_2=2\sin 2x$ 是线性相关的．

又如，函数 $y_1=\sin 2x$ 与 $y_2=\cos 2x$，因为当 $x\neq\dfrac{n\pi}{2}(n\in Z)$ 时，

$$\frac{y_2}{y_1}=\cot 2x\neq \text{常数},$$

所以函数 $y_1=\sin 2x$ 与 $y_2=\cos 2x$ 是线性无关的．

定理 2　如果函数 y_1 与 y_2 是方程（4-21）的两个线性无关的解，则

$$y=C_1y_1+C_2y_2 \tag{4-23}$$

就是方程（4-21）的通解，其中 C_1, C_2 为任意常数．

因为 $y_1=\sin 2x$ 与 $y_2=\cos 2x$ 是方程 $y''+4y=0$ 的线性无关的特解，所以 $y=C_1\sin2x+C_2\cos2x$ 就是方程 $y''+4y=0$ 的通解．

三、二阶常系数线性非齐次方程解的结构

我们在讨论一阶线性微分方程时，已经知道一阶非齐次线性微分方程的通解是由两部分组成的，一部分是非齐次方程本身的一个特解；另一部分是它所对应的齐次方程的通解．实际上，不仅一阶非齐次线性微分方程的通解具有这样的结构，二阶常系数线性非齐次微分方程的通解也有同样的结构．

定理 3　设 $\bar{y}$ 是二阶非齐次微分方程

$$y''+py'+qy=f(x) \tag{4-24}$$

的一个特解，Y 是方程（4-24）所对应的齐次方程的通解，则

$$y=\overline{y}+Y$$

是二阶常系数线性非齐次微分方程（4-24）的通解.

由于 $\overline{y}$ 是方程（4-24）的特解，故有

$$\overline{y}''+p\overline{y}'+q\overline{y}=f(x).$$

又因为 Y 是方程（4-21）的通解，故有

$$Y''+pY'+qY=0,$$

将 $y=\overline{y}+Y$ 代入方程（4-24）左端，得

$$\begin{aligned}&(\overline{y}+Y)''+p(\overline{y}+Y)'+q(\overline{y}+Y)\\&=(\overline{y}''+p\overline{y}'+q\overline{y})+(Y''+pY'+qY)\\&=f(x)+0=f(x).\end{aligned}$$

因此 $y=\overline{y}+Y$ 是方程（4-24）的解. 又由于 Y 是齐次方程（4-21）的通解，含有两个独立的任意常数，从而 $y=\overline{y}+Y$ 也含有两个独立的任意常数，所以 $y=\overline{y}+Y$ 是非齐次微分方程（4-24）的通解.

例如，二阶常系数线性非齐次微分方程 $y''+4y=5\mathrm{e}^x$ 的一个特解是 $\overline{y}=\mathrm{e}^x$，又由前面可知，对应齐次微分方程 $y''+4y=0$ 的通解是 $Y=C_1\cos 2x+C_2\sin 2x$，所以该非齐次微分方程 $y''+4y=5\mathrm{e}^x$ 的通解为 $y=\overline{y}+Y=\mathrm{e}^x+C_1\cos 2x+C_2\sin 2x$.

四、二阶常系数线性齐次微分方程的解法

由定理 2 可知，对二阶常系数线性齐次微分方程 $y''+py'+qy=0$，只需求出它的两个线性无关的特解 y_1，y_2 即可得到它的通解 $y=C_1y_1+C_2y_2$.

方程 $y''+py'+qy=0$ 的特点是：未知函数 y 与其一阶导数 y'、二阶导数 y'' 分别乘以常数后，可以合并为 0，即 y 与 y'，y'' 应为"同类项". 由导数公式可知，这类函数最简单的类型应为 $y=\mathrm{e}^{rx}$，因此我们用这个式子来尝试，看能否选取适当的常数 r，使 $y=\mathrm{e}^{rx}$ 满足方程（4-21).

由 $y=\mathrm{e}^{rx}$ 得

$$y'=r\mathrm{e}^{rx},\quad y''=r^2\mathrm{e}^{rx},$$

把 y，y' 和 y'' 代入方程（4-21），得

$$(r^2+pr+q)\mathrm{e}^{rx}=0.$$

由于 $\mathrm{e}^{rx}\neq 0$，所以

$$r^2+pr+q=0. \tag{4-25}$$

由此可见，只要 r 满足方程（4-25），函数 $y=\mathrm{e}^{rx}$ 就是微分方程（4-21）的解. 我们把方程（4-25）叫作微分方程（4-21）的特征方程. 它的根称为微分方程（4-21）的特征根.

按照特征根的三种不同情况，可以得到微分方程（4-21）的三种通解形式.

（1）当$\Delta = p^2 - 4q > 0$时，特征方程（4-25）有两个不相等的实数根r_1, r_2，此时方程（4-21）有两个特解$y_1 = e^{r_1 x}$，$y_2 = e^{r_2 x}$，由于$\frac{y_1}{y_2} = e^{(r_1 - r_2)x} \neq$常数，即$y_1$与$y_2$线性无关，所以方程（4-21）的通解为

$$y = C_1 e^{r_1 x} + C_2 e^{r_2 x}.$$

例 1　求微分方程$y'' + 5y' - 6y = 0$的通解.

解　微分方程的特征方程为

$$r^2 + 5r - 6 = 0,$$

$$(r+6)(r-1) = 0,$$

特征根为
$$r_1 = -6,\ r_2 = 1, (r_1 \neq r_2)$$

所以方程的通解为
$$y = C_1 e^{-6x} + C_2 e^x.$$

（2）当$\Delta = p^2 - 4q < 0$时，特征方程（4-25）有一对共轭的虚数根$r_1 = \alpha + i\beta$，$r_2 = \alpha - i\beta$.

此时方程（4-21）有两个特解$y_1 = e^{(\alpha + i\beta)x}$，$y_2 = e^{(\alpha - i\beta)x}$，这两个解含有复数，不便于应用. 为了得到方程（4-21）的不含复数的解，可以利用欧拉公式

$$e^{i\theta} = \cos\theta + i\sin\theta,$$

把y_1和y_2改写为

$$y_1 = e^{(\alpha + i\beta)x} = e^{\alpha x}(\cos\beta x + i\sin\beta x),$$

$$y_2 = e^{(\alpha - i\beta)x} = e^{\alpha x}(\cos\beta x - i\sin\beta x).$$

因为y_1和y_2是方程（4-21）的解，所以

$$\overline{y}_1 = \frac{y_1 + y_2}{2} = e^{\alpha x}\cos\beta x$$

和
$$\overline{y}_2 = \frac{1}{2i}(y_1 - y_2) = e^{\alpha x}\sin\beta x$$

也是方程（4-21）的两个解，且$\frac{\overline{y}_1}{\overline{y}_2} = \frac{e^{\alpha x}\cos\beta x}{e^{\alpha x}\sin\beta x} = \cot\beta x$（不是常数），于是得微分方程（4-21）的通解为

$$y = e^{\alpha x}(C_1\cos\beta x + C_2\sin\beta x).$$

例 2　求微分方程$y'' + 2y' + 5y = 0$的通解.

解　微分方程的特征方程为

$$r^2 + 2r + 5 = 0,$$

特征根为
$$r_1 = -1 + 2i,\ r_2 = -1 - 2i,$$

所以方程的通解为
$$y = e^{-x}(C_1\cos 2x + C_2\sin 2x).$$

（3）当$p^2 - 4q = 0$时，特征方程有两个相等的实根$r_1 = r_2 = r$，这时我们只得到微分方程的一个特解

$$y_1 = e^{rx},$$

因此必须再找出一个与y_1线性无关的特解y_2，使$\frac{y_2}{y_1} = u(x) \neq$常数，

即 $$y_2 = uy_1 = ue^{rx}.$$
将 y_2 求导，得
$$y_2' = e^{rx}(u' + ru),$$
$$y_2'' = e^{rx}(u'' + 2ru' + r^2u).$$
将 y_2，y_2' 及 y_2'' 代入方程（4-21），得
$$e^{rx}[(u'' + 2ru' + r^2u) + p(u' + ru) + qu] = 0.$$
整理，得
$$u'' + (2r + p)u' + (r^2 + pr + q)u = 0.$$
由于 r 是特征方程的二重根，所以有
$$r^2 + pr + q = 0 \text{ 及 } 2r + p = 0.$$
于是得 $$u'' = 0.$$
这说明所设特解 y_2 中的函数 $u(x)$ 要满足 $u'' = 0$．显然 $u = x$ 是可选取的最简单的一个函数，由此可得方程（4-21）的另一个特解.
$$y_2 = xe^{rx}.$$
所以微分方程（4-21）的通解为
$$y = C_1e^{rx} + C_2xe^{rx} = (C_1 + C_2x)e^{rx}.$$
例 3 求微分方程 $y'' + 4y' + 4y = 0$ 的通解.

解 微分方程的特征方程为
$$r^2 + 4r + 4 = 0,$$
特征根为 $$r_1 = r_2 = -2,$$
所以微分方程的通解为 $$y = (C_1 + C_2x)e^{-2x}.$$
归纳以上讨论，得到求二阶常系数线性齐次微分方程
$$y'' + py' + qy = 0$$
的通解的步骤如下：

第一步 写出微分方程的特征方程 $r^2 + pr + q = 0$；

第二步 求出特征方程的根 r_1 与 r_2；

第三步 按 r_1、r_2 的三种不同情况，按下表写出微分方程的通解.

特征根 r_1、r_2	微分方程 $y'' + py' + qy = 0$ 的通解
两个不相等的实根 $r_1 \neq r_2$	$y = C_1e^{r_1x} + C_2e^{r_2x}$
一对共轭的复根 $r_1 = \alpha + i\beta, r_2 = \alpha - i\beta$	$y = e^{\alpha x}(C_1\cos\beta x + C_2\sin\beta x)$
两个相等的实根 $r_1 = r_2 = r$	$y = (C_1 + C_2x)e^{rx}$

*五、二阶常系数线性非齐次微分方程的解法

由定理 3 可知，对二阶常系数线性非齐次微分方程，只需求出它的一个特解 $\bar{y}$ 和对应的齐次微分方程的通解 Y，即可得到它的通解 $y = \bar{y} + Y$．而对应的齐次微分方程的通解的求法，

前面已经解决，因此，只需讨论如何求非齐次微分方程的一个特解．下面针对方程 $f(x)$ 右端的两种不同情形，分别介绍求微分方程的特解的方法．

1．$f(x)=P_n(x)\mathrm{e}^{\lambda x}$（其中 $P_n(x)$ 为 x 的 n 次多项式，λ 为常数）

当 $f(x)=P_n(x)\mathrm{e}^{\lambda x}$ 时，微分方程为

$$y''+py'+qy=P_n\left(x\right)\mathrm{e}^{\lambda x} \tag{4-26}$$

由于方程（4-26）右端为一个 x 的多项式与指数函数的乘积，而此类函数的各阶导数仍然是同类函数．因此可以设想该方程的特解 $\overline{y}$ 也是此类函数，不妨设

$$\overline{y}=Q_m(x)\mathrm{e}^{\lambda x} \quad (\text{其中 } Q_m(x) \text{ 是 } x \text{ 的 } m \text{ 次待定多项式}).$$

将 $\overline{y}$ 求导后代入方程，整理得

$$Q_m''(x)+(2\lambda+p)Q_m'(x)+(\lambda^2+p\lambda+q)Q_m(x)=P_n(x).$$

当 $\lambda^2+p\lambda+q\neq 0$ 时(即 λ 不是特征方程的根时)，$Q_m(x)$ 应是一个 n 次多项式，即

$$m=n.$$

当 $\lambda^2+p\lambda+q=0$ 而 $2\lambda+p\neq 0$ 时(即 λ 是特征方程的根但不是重根时)，$Q_m(x)$ 应是一个 $n+1$ 次多项式，即

$$m=n+1.$$

当 $\lambda^2+p\lambda+q=0$ 而且 $2\lambda+p=0$ 时(即 λ 是特征方程的重根时)，$Q_m(x)$ 应是一个 $n+2$ 次多项式，即

$$m=n+2.$$

综合上述，方程（4-26）的解具有形式

$$\overline{y}=x^kQ_n(x)\mathrm{e}^{\lambda x},$$

其中 $Q_n(x)$ 是一个与 $P_n(x)$ 有相同次数的多项式；k 是一个整数，且满足：

（1）当 λ 不是特征根时，$k=0$；

（2）当 λ 是特征根，但不是重根时，$k=1$；

（3）当 λ 是特征根且为重根时，$k=2$．

例 4　求方程 $y''-5y'+6y=\mathrm{e}^x$ 的一个特解．

解　$P_n(x)=1$ 可以看成是一个零次多项式($n=0$)；$\lambda=1$ 不是特征根，因此 $k=0$．所以设该方程的特解为

$$\overline{y}=Q_0(x)\mathrm{e}^x=A\mathrm{e}^x,$$

其中 A 为待定常数．把 $\overline{y}$ 代入原方程，得

$$A\mathrm{e}^x-5A\mathrm{e}^x+6A\mathrm{e}^x=\mathrm{e}^x,$$

化简，得

$$2A\mathrm{e}^x=\mathrm{e}^x,$$

比较等式两边的系数，得

$$A=\frac{1}{2},$$

故

$$\overline{y}=\frac{1}{2}e^{x}$$

是原方程的一个特解.

例 5 求微分方程 $y''-y=4xe^{x}$ 满足初值条件 $y|_{x=0}=0$，$y'|_{x=0}=1$ 的特解.

解 该方程对应的齐次方程是

$$y''-y=0,$$

特征方程为 $$r^{2}-1=0,$$

特征根为 $$r_1=-1,\ r_2=1.$$

齐次方程 $y''-y=0$ 的通解为

$$Y=C_1e^{-x}+C_2e^{x}.$$

原方程中 $f(x)=4xe^{x}$，其中 $P_n(x)$ 是一个一次多项式，$\lambda=1$ 是特征方程的单根. 因此 $k=1$，所以设原方程的特解为

$$\overline{y}=x(Ax+B)e^{x},$$

求 $\overline{y}$ 的导数，得

$$\overline{y}'=(Ax^2+2Ax+Bx+B)e^{x},$$

$$\overline{y}''=(Ax^2+4Ax+Bx+2A+2B)e^{x}.$$

将 $\overline{y},\overline{y}',\overline{y}''$ 代入原方程，整理得

$$2A+2B+4Ax=4x,$$

比较两边同类项系数得 $A=1$，$B=-1$，因此原方程的特解为

$$\overline{y}=x(x-1)e^{x}.$$

于是原方程的通解为

$$y=C_1e^{x}+C_2e^{-x}+x(x-1)e^{x}.$$

将初值条件 $y|_{x=0}=0$，$y'|_{x=0}=1$ 代入上式，得

$$\begin{cases}C_1+C_2=0\\ C_1-C_2=2\end{cases},$$

解之得 $$C_1=1,\ C_2=-1.$$

因此原方程满足初值条件的特解为

$$y=e^{x}-e^{-x}+x(x-1)e^{x}.$$

2. $f(x)=e^{\alpha x}(a\cos\beta x+b\sin\beta x)$（其中 α,β,a,b 均为常数）

当 $f(x)=e^{\alpha x}(a\cos\beta x+b\sin\beta x)$ 时，微分方程为

$$y''+py'+qy=e^{\alpha x}(a\cos\beta x+b\sin\beta x), \tag{4-27}$$

我们知道，这种类型的函数的导数，仍属同一类型，因此方程（4-27）的特解也应属于同一类型. 可以证明方程（4-27）的特解的形式为

$$\overline{y}=x^{k}e^{\alpha x}(A\cos\beta x+B\sin\beta x).$$

其中 A 和 B 是待定常数，k 是一个整数.

（1）当 $\alpha \pm \mathrm{i}\beta$ 不是特征根时，$k=0$；

（2）当 $\alpha \pm \mathrm{i}\beta$ 是特征根时，$k=1$.

例 6 求微分方程 $y''-4y'+8y=\mathrm{e}^x\sin x$ 的一个特解.

解 这里 $f(x)=\mathrm{e}^x\sin x$，其中 $\alpha=1$，$\beta=1$，$\alpha\pm\mathrm{i}\beta=1\pm\mathrm{i}$，不是特征方程的特征根，所以可设原方程的特解为

$$\overline{y}=\mathrm{e}^x(A\cos x+B\sin x) \quad (\text{其 } A \text{ 和 } B \text{ 是待定常数}),$$

对 $\overline{y}$ 求导，得

$$\overline{y}'=[(A+B)\cos x+(B-A)\sin x]\mathrm{e}^x,$$
$$\overline{y}''=(2B\cos x-2A\sin x)\mathrm{e}^x.$$

把 $\overline{y}'$ 和 $\overline{y}''$ 代入原方程，整理得

$$\mathrm{e}^x[(4A-2B)\cos x+(4B+2A)\sin x]=\mathrm{e}^x\sin x.$$

比较上式两端同类项的系数，得

$$\begin{cases}4A-2B=0\\2A+4B=1\end{cases},$$

解得 $A=\dfrac{1}{10}$，$B=\dfrac{1}{5}$. 于是原方程的特解为

$$\overline{y}=\mathrm{e}^x\left(\frac{1}{10}\cos x+\frac{1}{5}\sin x\right).$$

现将解二阶常系数线性非齐次微分方程

$$y''+py'+qy=f(x)$$

的步骤归纳如下.

第一步：求 $y''+py'+qy=0$ 通解 Y.

第二步：求 $y''+py'+qy=f(x)$ 的特解 $\overline{y}$，$\overline{y}$ 的形式如下表所示.

$f(x)$ 的形式	特解 $\overline{y}$ 的形式
$f(x)=P_n(x)\mathrm{e}^{\lambda x}$	$\overline{y}=x^kQ_n(x)\mathrm{e}^{\lambda x}$ 当 λ 不是特征根时，$k=0$， 当 λ 是特征根，但不是重根时，$k=1$， 当 λ 是特征根，且为重根时，$k=2$
$f(x)=\mathrm{e}^{\alpha x}(a\cos\beta x+b\sin\beta x)$	$\overline{y}=x^k\mathrm{e}^{\alpha x}(A\cos\beta x+B\sin\beta x)$ 当 $\alpha\pm\mathrm{i}\beta$ 不是特征根时，$k=0$， 当 $\alpha\pm\mathrm{i}\beta$ 是特征根时，$k=1$

习题 4.4

1．求下列微分方程的通解：

（1）$y''-4y'+3y=0$；　　　　（2）$4y''+4y'+y=0$；

（3）$y''-3y'-4y=0$；　　　　（4）$y''-4y'+5y=0$；

（5）$y''-4y'=0$；　　　　（6）$y''+y=0$．

2．已知特征方程的根为下面的形式，试写出相应的二阶齐次微分方程：

（1）$r_1=2$，$r_2=-1$；　　　　（2）$r_1=r_2=2$；

（3）$r_1=-1+\mathrm{i}$；$r_2=-1-\mathrm{i}$．

3．在下表中填写微分方程所对应的特解形式：

微分方程	特解 $\overline{y}$ 的形式
$y''-4y=2x+1$	
$y''+5y'+4y=3-2x$	
$y''-8y'+16y=\mathrm{e}^{4x}$	
$y''+9y=\cos 3x$	
$y''-2y'+5y=\mathrm{e}^{x}\sin 2x$	

4．一质点运动的加速度为 $a=-2v-5s$．如果该质点以初速度 $v_0=12\mathrm{m/s}$ 由原点出发，试求质点的运动方程．

5．一弹簧悬挂有质量为 2 kg 的物体时，弹簧伸长了 0.098 m，阻尼系数为 μ．当弹簧受到强迫力 $f=100\sin 10t$ N 的作用后，物体产生了振动，求振动规律．(设物体的初始位置在它的平衡位置，初速度为零， $\mu=24\,\mathrm{N\cdot s/m}$.)

综合练习四

一、选择题

1．下列微分方程中，可分离变量的方程是(　　)．

A. $\dfrac{\mathrm{d}y}{\mathrm{d}x}=xy+x$　　　　B. $\dfrac{\mathrm{d}y}{\mathrm{d}x}=\mathrm{e}^{xy}\sin x$

C. $\dfrac{\mathrm{d}y}{\mathrm{d}x}=xy+x^2$　　　　D. $\dfrac{\mathrm{d}y}{\mathrm{d}x}=y^2+x^2$

2. 下列微分方程中，是二阶线性微分方程的为(　　).

A. $(y'')^2+y'=x$　　B. $(y')^2+2y=0$

C. $y'y''=2y$　　D. $y''+3x^2y=x$

3. 方程 $y'-2y=0$ 的通解是(　　).

A. $y=C\sin 2x$　　B. $y=Ce^{-2x}$

C. $y=Ce^{2x}$　　D. $y=Ce^{x}$

4. 方程 $(1-x^2)y-xy'=0$ 的通解是(　　).

A. $y=C\sqrt{1-x^2}$　　B. $y=\dfrac{C}{\sqrt{1-x^2}}$

C. $y=Cxe^{-\frac{1}{2}x^2}$　　D. $y=-\dfrac{1}{2}x^3+Cx$

5. $y_1=e^{3x}$，$y_2=xe^{3x}$，则它们满足的微分方程是(　　).

A. $y''-6y'+9y=0$　　B. $y''+6y'=0$

C. $y''-9y=0$　　D. $y''+6y'+9y=0$

6. 方程 $y''+2y'+y=e^{-x}$ 的一个特解具有形式(　　).

A. $y=ae^{-x}$　　B. $y=axe^{-x}$

C. $y=ax^2e^{-x}$　　D. $y=(ax+b)e^{-x}$

7. 方程 $y''+2y'+5y=\sin 2x$ 的一个特解具有形式(　　).

A. $y=x(a\sin 2x)$　　B. $y=a\sin 2x$

C. $y=x(a\sin 2x+b\cos 2x)$　　D. $y=a\sin 2x+b\cos 2x$

8. 方程 $y''-6y'+9y=x^2e^{3x}$ 的一个特解具有形式(　　).

A. $y=ax^2e^{3x}$　　B. $y=(ax^2+bx+c)e^{3x}$

C. $y=x(ax^2+bx+c)e^{3x}$　　D. $y=x^2(ax^2+bx+c)e^{3x}$

二、填空题

1. 微分方程 $y'+e^{x-y}=0$ 的通解为__________.

2. 微分方程 $y''-(y')^2=xy-1$ 的通解中有__________个互相独立的任意常数.

3. 若 $r_1,r_2(r_1\neq r_2)$ 是微分方程 $y''+py'+qy=0$ 的特征方程的两个相等的实根，则微分方程的通解为__________.

4. 微分方程 $y''=\sin x$ 的通解为__________.

5. 微分方程 $y''-y'=x$ 的通解为__________.

6. 微分方程 $y''+2y'=x^2-1$ 的一个特解可设为__________.

7. 若 y_1 和 y_2 都是二阶常系数线性齐次微分方程 $y''+py'+qy=0$ 的解且 y_1 与 y_2 线性无关，则该微分方程的通解是__________.

8. $y''-5y'+6y=e^{-x}$ 的一个特解可设为__________.

9. 若二阶常系数线性齐次微分方程的特征根为 $r_{1,2}=-2\pm 3\mathrm{i}$，则该微分方程是________.

三、解答题

1. 求下列微分方程的通解：

（1）$y'=xy$；

（2）$\dfrac{\mathrm{d}y}{\mathrm{d}x}-\dfrac{y}{x}=x\sin x$；

（3）$y''+y'-2y=0$；

（4）$y''+4y=\dfrac{1}{2}x$.

2. 求下列微分方程的特解：

（1）$y'-\dfrac{2y}{x}=x^2\cos x$，$y\big|_{x=\frac{\pi}{2}}=0$；

（2）$y''-5y'+4y=0$，$y\big|_{x=0}=5$，$y'\big|_{x=0}=8$.

第五章　无穷级数

无穷级数是研究无限个离散量之和的数学模型，它分为数项级数与函数项级数. 函数项级数是表示函数，特别是表示非初等函数的一个重要工具，而且是研究函数性质的一个重要手段，在数值计算上有着不可替代的作用. 数项级数是函数项级数的特殊情况，它又是函数项级数的基础. 本章首先介绍无穷级数的一些基本概念和性质. 然后再讨论数项级数和函数项级数.

5.1　无穷级数的概念与性质

我们知道，有限多个实数$u_1, u_2, \cdots, u_n$相加，其结果是一个实数，本章将讨论“无穷多个实数相加”可能出现的情况及其相关特性.

古代哲学家庄周所著的《庄子·天下篇》引用过一句话：“一尺之棰，日取其半，万世不竭.”其含义是：一根一尺长的木棍，每天截下一半，这样的过程可无限地进行下去.

我们考虑，将每天截下来的那一部分的长度相加，得到：

$$\frac{1}{2}+\frac{1}{4}+\frac{1}{8}+\cdots+\frac{1}{2^n}+\cdots,$$

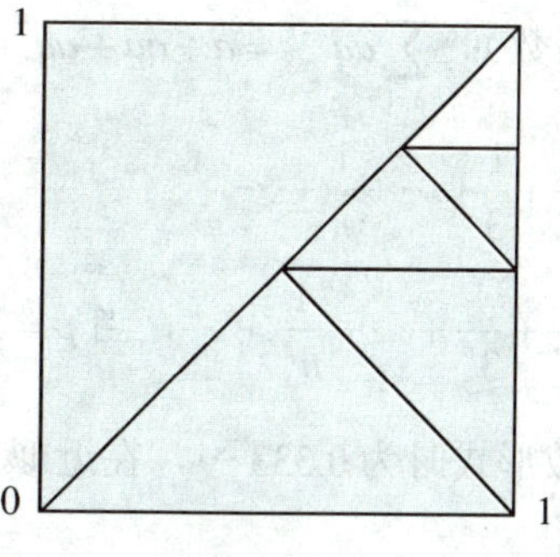

图 5–1

这就是一个“无穷多个数相加”的例子，从图 5-1 可以直观上看出它的和是 1. 下面研究这一类问题的概念和性质.

一、无穷级数的概念

1. 无穷级数的定义

定义 1　设给定一个数列 u_1，u_2，u_3，…，u_n，…，则表达式

$$u_1+u_2+\cdots+u_n+\cdots$$

称为**无穷级数**，简称**级数**，记作 $\sum_{n=1}^{\infty}u_n$，即

$$\sum_{n=1}^{\infty}u_n=u_1+u_2+\cdots+u_n+\cdots,$$

其中 u_n 称为级数的**第 n 项**，也称**一般项**或**通项**.

如果 u_n 是常数，则级数 $\sum_{n=1}^{\infty}u_n$ 称为**数项级数**或**常数项级数**；

如果 u_n 是函数，则级数 $\sum_{n=1}^{\infty}u_n$ 称为**函数项级数**.

例如，$\frac{1}{2}+\frac{1}{4}+\frac{1}{8}+\cdots+\frac{1}{2^n}+\cdots$，$1-2+3-4+\cdots+(-1)^{n-1}n+\cdots$，

$\frac{1}{1\times2}+\frac{1}{2\times3}+\frac{1}{3\times4}+\cdots+\frac{1}{n\times(n+1)}+\cdots$，$1+\frac{1}{2}+\frac{1}{4}+\frac{1}{4}+\frac{1}{8}+\frac{1}{8}+\frac{1}{8}+\frac{1}{8}+\frac{1}{16}+\cdots$ 都是数项级数. 而当 x 为变量时，$1+x+x^2+x^3+\cdots+x^n+\cdots$，$1-x+x^2-x^3+\cdots+(-1)^{n-1}x^n+\cdots$，$1+x+\frac{x^2}{2!}+\frac{x^3}{3!}+\cdots+\frac{x^n}{n!}+\cdots$，$\sin x+\sin 2x+\cdots+\sin nx+\cdots$ 都是函数项级数.

下面是几个常用的数项级数的例子.

（1）算术级数：$\sum_{n=1}^{\infty}\left[a+(n-1)d\right]=a+(a+d)+(a+2d)+\cdots+\left[a+(n-1)d\right]+\cdots$

（2）几何级数（又称等比级数）：$\sum_{n=1}^{\infty}aq^{n-1}=a+aq+aq^2+\cdots+aq^{n-1}+\cdots$

（3）调和级数：$\sum_{n=1}^{\infty}\frac{1}{n}=1+\frac{1}{2}+\frac{1}{3}+\cdots+\frac{1}{n}+\cdots$

（4）p 级数：$\sum_{n=1}^{\infty}\frac{1}{n^p}=1+\frac{1}{2^p}+\frac{1}{3^p}+\cdots+\frac{1}{n^p}+\cdots$，当 $p=1$ 时，称为调和级数.

引例　分数 $\frac{1}{3}$ 写成循环小数形式时为 $0.333\cdots$，在近似计算中，可以根据不同的精确度要求，取小数点后的 n 位作为 $\frac{1}{3}$ 的近似值.

因为 $0.3=\frac{3}{10}$，$0.03=\frac{3}{10^2}$，$0.0\cdots03=\frac{3}{10^n}$，所以有

$$\frac{1}{3}\approx\frac{3}{10}+\frac{3}{10^2}+\cdots+\frac{3}{10^n}.$$

显然，n 越大，这个近似值就越接近$\frac{1}{3}$，根据极限的概念可知

$$\frac{1}{3}=\lim_{n\to\infty}\left(\frac{3}{10}+\frac{3}{10^2}+\cdots+\frac{3}{10^n}\right),$$

也就是说

$$\frac{1}{3}=\frac{3}{10}+\frac{3}{10^2}+\cdots+\frac{3}{10^n}+\cdots.$$

这样我们就得到了一个“无穷和式”，这个“无穷和式”就是一个无穷级数.

无穷级数是无穷多个数累加的结果，引例的方法告诉我们，可以先求有限项的和，然后运用极限的方法来解决这个无穷多项的求和问题．然而有限个数相加的和一定存在，无限个数相加是否一定有和呢？满足怎样的条件才能有和呢？和又怎样确定呢？下面借助极限这个工具来对这些问题做出解答.

2. 无穷级数的敛散性

定义 2　对于无穷级数$\sum_{n=1}^{\infty}u_n$，它的前 n 项之和

$$S_n=u_1+u_2+\cdots+u_n$$

称为级数的**部分和**．如果当$n\to\infty$时，S_n的极限存在，其极限值为S，即$\lim_{n\to\infty}S_n=S$，则称级数$\sum_{n=1}^{\infty}u_n$是**收敛的**，并称S为该级数的**和**．即

$$S=u_1+u_2+\cdots+u_n+\cdots$$

如果当$n\to\infty$时，S_n的极限不存在，则称级数是**发散的**，发散的级数没有和.

当级数$\sum_{n=1}^{\infty}u_n$收敛时，级数的和S与它的部分和S_n之差

$$r_n=S-S_n=u_{n+1}+u_{n+2}+\cdots$$

称为级数的**余项**．以部分和S_n作为和S的近似值所产生的误差，就是这个余项的绝对值$|r_n|$.

显然，由定义 2 知，如果级数$\sum_{n=1}^{\infty}u_n$收敛，则$n\to\infty$时，有$r_n\to 0$.

例 1　试讨论几何级数（又称为等比级数）

$$\sum_{n=1}^{\infty}aq^{n-1}=a+aq+aq^2+\cdots+aq^{n-1}+\cdots(a\neq 0)$$

的收敛性.

解　如果$|q|\neq 1$，则部分和为

$$S_n=a+aq+aq^2+\cdots+aq^{n-1}=\frac{a\left(1-q^n\right)}{1-q}=\frac{a}{1-q}-\frac{aq^n}{1-q}.$$

当$|q|<1$时，由于$\lim_{n\to\infty}q^n=0$，从而$\lim_{n\to\infty}S_n=\frac{a}{1-q}$，此时级数收敛，其和$S=\frac{a}{1-q}$；

当$|q|>1$时，由于$\lim\limits_{n\to\infty} q^n=\infty$，从而$\lim\limits_{n\to\infty} S_n=\infty$，此时级数发散；

当$q=1$时，$S_n=na$，$\lim\limits_{n\to\infty} S_n=\infty$，因此级数发散；

当$q=-1$时，$S_n=a-a+a-\cdots+(-1)^{n-1}a=\begin{cases} a, & 当n为奇数 \\ 0, & 当n为偶数 \end{cases}$，部分和$S_n$的极限不存在，此时级数发散.

综上所述，几何级数$\sum\limits_{n=1}^{\infty} aq^{n-1}$，当$|q|<1$时收敛，其和为$S=\dfrac{a}{1-q}$；当$|q|\geqslant 1$时发散.

例 2　判断调和级数$\sum\limits_{n=1}^{\infty}\dfrac{1}{n}=1+\dfrac{1}{2}+\dfrac{1}{3}+\cdots+\dfrac{1}{n}+\cdots$的敛散性.

解法 1　假设级数$\sum\limits_{n=1}^{\infty}\dfrac{1}{n}$收敛且其和为$S$，$S_n$是它的部分和. 则$\lim\limits_{n\to\infty} S_n=S$及$\lim\limits_{n\to\infty} S_{2n}=S$. 于是$\lim\limits_{n\to\infty}(S_{2n}-S_n)=0$. 但由于$S_{2n}-S_n=\dfrac{1}{n+1}+\dfrac{1}{n+2}+\cdots+\dfrac{1}{2n}>\dfrac{1}{2n}+\dfrac{1}{2n}+\cdots+\dfrac{1}{2n}=\dfrac{1}{2}$，故$\lim\limits_{n\to\infty}(S_{2n}-S_n)\neq 0$，这与$\lim\limits_{n\to\infty}(S_{2n}-S_n)=0$矛盾. 由此断定，调和级数$\sum\limits_{n=1}^{\infty}\dfrac{1}{n}$必发散.

解法 2　观察曲线$y=\dfrac{1}{x}$，在x轴上取$x=1$，$x=2$，…，在区间$[n, n+1]$ $(n\geqslant 1, n\in\mathbf{N})$上作宽为 1，高为$\dfrac{1}{n}$的矩形，如图 5-2 所示，将$n$个小矩形的面积之和$S_n$与曲线$y=\dfrac{1}{x}$，直线$x=1$，$x=n+1$及$x$轴围成的曲边梯形的面积进行比较.

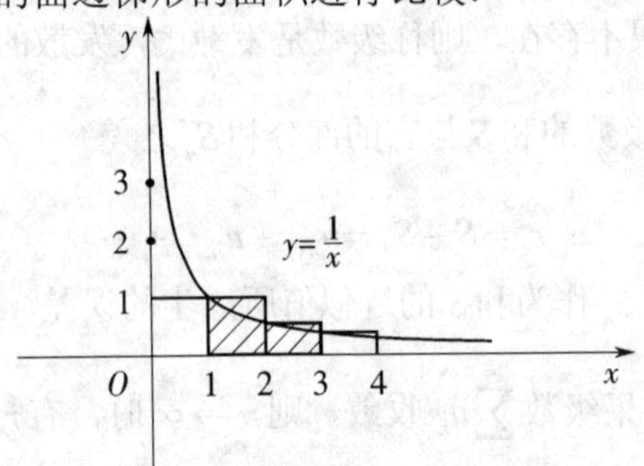

图 5-2

$$S_n=1+\frac{1}{2}+\frac{1}{3}+\cdots+\frac{1}{n}>\int_1^{n+1}\frac{1}{x}\mathrm{d}x=\ln x\Big|_1^{n+1}=\ln(n+1).$$

当$n\to\infty$时，$\ln(n+1)\to\infty$，所以$S_n\to\infty$，即$\lim\limits_{n\to\infty} S_n=\infty$，所以调和级数$\sum\limits_{n=1}^{\infty}\dfrac{1}{n}=1+\dfrac{1}{2}+\dfrac{1}{3}+\cdots+\dfrac{1}{n}+\cdots$发散.

说明：p级数$\sum\limits_{n=1}^{\infty}\dfrac{1}{n^p}=1+\dfrac{1}{2^p}+\dfrac{1}{3^p}+\cdots+\dfrac{1}{n^p}+\cdots$的敛散性如下所述.

（1）$p>1$时，p 级数$\sum\limits_{n=1}^{\infty}\frac{1}{n^p}=1+\frac{1}{2^p}+\frac{1}{3^p}+\cdots+\frac{1}{n^p}+\cdots$收敛.

（2）$0<p\leqslant 1$时，p 级数$\sum\limits_{n=1}^{\infty}\frac{1}{n^p}=1+\frac{1}{2^p}+\frac{1}{3^p}+\cdots+\frac{1}{n^p}+\cdots$发散.

其证明从略.

例 3　求级数$\sum\limits_{n=1}^{\infty}\frac{1}{(n+2)(n+3)}$的和.

解　注意到

$$\frac{1}{(n+2)(n+3)}=\frac{1}{n+2}-\frac{1}{n+3},$$

因此，

$$S_n=\sum_{k=1}^{n}\frac{1}{(k+2)(k+3)}=\sum_{k=1}^{n}(\frac{1}{k+2}-\frac{1}{k+3})=\frac{1}{3}-\frac{1}{n+3},$$

所以该级数的和为

$$S=\lim_{n\to\infty}S_n=\lim_{n\to\infty}(\frac{1}{3}-\frac{1}{n+3})=\frac{1}{3}.$$

即

$$\sum_{n=1}^{\infty}\frac{1}{(n+2)(n+3)}=\frac{1}{3}.$$

二、无穷级数的性质

1. 无穷级数的基本性质

根据数列极限的有关性质可推得级数的基本性质（证明略）.

性质 1　级数$\sum\limits_{n=1}^{\infty}u_n$与级数$\sum\limits_{n=1}^{\infty}ku_n$（常数$k\neq 0$）敛散性相同，且若$\sum\limits_{n=1}^{\infty}u_n=S$，则$\sum\limits_{n=1}^{\infty}ku_n=kS$.

性质 1 说明，级数的每一项同乘一个不为零的常数，敛散性不变.

性质 2　若级数$\sum\limits_{n=1}^{\infty}u_n$和$\sum\limits_{n=1}^{\infty}v_n$分别收敛于$S_1$和$S_2$，则级数$\sum\limits_{n=1}^{\infty}(u_n\pm v_n)$收敛于$S_1\pm S_2$，即

$$\sum_{n=1}^{\infty}(u_n\pm v_n)=\sum_{n=1}^{\infty}u_n\pm\sum_{n=1}^{\infty}v_n=S_1\pm S_2.$$

性质 2 说明，收敛级数可以逐项相加或逐项相减.

性质 3　添加、去掉或改变级数的有限项，级数的敛散性不变，但对于收敛的级数其和要改变.

性质 4　（两边夹定理）如果$u_n\leqslant v_n\leqslant w_n$，且$\sum\limits_{n=1}^{\infty}u_n$和$\sum\limits_{n=1}^{\infty}w_n$都收敛，则$\sum\limits_{n=1}^{\infty}v_n$也收敛.

例 4　判别级数$\sum\limits_{n=1}^{\infty}\frac{2+(-1)^{n-1}}{3^n}$是否收敛?若收敛，求其和.

解　因为 $\sum_{n=1}^{\infty}\frac{2}{3^n}$ 是公比为 $q=\frac{1}{3}$ 的几何级数，它是收敛的，且其和为 $\frac{\frac{2}{3}}{1-\frac{1}{3}}=1$；$\sum_{n=1}^{\infty}\frac{(-1)^{n-1}}{3^n}$ 是公比 $q=-\frac{1}{3}$ 的几何级数，它也是收敛的，且其和为 $\frac{\frac{1}{3}}{1-(-\frac{1}{3})}=\frac{1}{4}$. 根据性质 2，可知级数 $\sum_{n=1}^{\infty}\frac{2+(-1)^{n-1}}{3^n}=\sum_{n=1}^{\infty}[\frac{2}{3^n}+\frac{(-1)^{n-1}}{3^n}]$ 收敛，且其和为

$$\sum_{n=1}^{\infty}\frac{2+(-1)^{n-1}}{3^n}=\sum_{n=1}^{\infty}\frac{2}{3^n}+\sum_{n=1}^{\infty}\frac{(-1)^{n-1}}{3^n}=1+\frac{1}{4}=\frac{5}{4}.$$

2. 级数收敛的必要条件

若数项级数 $\sum_{n=1}^{\infty}u_n$ 收敛于 S，那么由其部分和的概念，就有 $u_n=s_n-s_{n-1}$，于是

$$\lim_{n\to\infty}u_n=\lim_{n\to\infty}(s_n-s_{n-1}),$$

依据级数收敛的定义可知 $\lim_{n\to\infty}S_n=\lim_{n\to\infty}S_{n-1}=S$，因此这时必有

$$\lim_{n\to\infty}u_n=0.$$

这就是级数收敛的必要条件.

定理　(级数收敛的必要条件)若 $\sum_{n=1}^{\infty}u_n$ 收敛，则 $\lim_{n\to\infty}u_n=0$.

级数收敛的一个必要条件是它的通项以 0 为极限. 需要特别指出的是，$\lim_{n\to\infty}u_n=0$ 仅是级数收敛的必要条件，但不是收敛的充分条件，即不能由 $\lim_{n\to\infty}u_n=0$ 就得出级数 $\sum_{n=1}^{\infty}u_n$ 收敛的结论. 例如，调和级数 $\sum_{n=1}^{\infty}\frac{1}{n}$ 满足 $\lim_{n\to\infty}\frac{1}{n}=0$，但 $\sum_{n=1}^{\infty}\frac{1}{n}$ 是发散的.

推论　若 $\lim_{n\to\infty}u_n\neq 0$，则级数 $\sum_{n=1}^{\infty}u_n$ 发散.

习题 5.1

1. 是非题：

（1）等比级数 $\sum_{n=0}^{\infty}2q^n$，当 $|q|<1$ 时，收敛于 $\frac{2}{1-q}$；当 $|q|\geqslant 1$ 时，发散.　（　）

（2）若级数 $\sum_{n=1}^{\infty}u_n$ 发散，则 $\lim_{n\to\infty}u_n\neq 0$.　（　）

（3）若级数 $\sum_{n=1}^{\infty}(u_n+v_n)$ 收敛，则级数 $\sum_{n=1}^{\infty}u_n$ 和 $\sum_{n=1}^{\infty}v_n$ 均收敛．（　　）

（4）若级数 $\sum_{n=1}^{\infty}u_n$ 收敛，则级数 $2+\sum_{n=1}^{\infty}u_n$ 也收敛．（　　）

2．求下列级数的和：

（1）$\sum_{n=1}^{\infty}\frac{1}{(5n-4)(5n+1)}$；　　（2）$\sum_{n=0}^{\infty}(-\frac{2}{3})^n$．

3．判断下列级数的敛散性：

（1）$\sum_{n=1}^{\infty}(-1)^n$；　　（2）$\sum_{n=1}^{\infty}(\sqrt{n+1}-\sqrt{n})$；

（3）$\sum_{n=1}^{\infty}(\frac{3}{2})^n$；　　（4）$\sum_{n=1}^{\infty}(\frac{1}{2^n}-\frac{1}{3^n})$．

4．将 $0.\dot{3}\dot{6}$ 化成分数．

5.2　数项级数的敛散性

级数求和常常是困难的，通常我们总是讨论其收敛性．如果是发散，不考虑求和；如果是收敛，则可以取足够多的项近似求和．因此，判断级数敛散性是研究级数的重要课题之一．对常数项级数，将分为正项级数、交错级数与任意项级数来讨论．

一、正项级数的敛散性

如果级数 $\sum_{n=1}^{\infty}u_n$ 的每一项都是非负数，即 $u_n\geqslant 0$（$n=1,2,\cdots$），则称该级数为正项级数．所谓正项级数是指每项均为非负的级数．正项级数比较简单而且重要，在研究其他类型的级数时，常常要用到正项级数的有关结果．

定理 1　正项级数 $\sum_{n=1}^{\infty}u_n$ 收敛的充分必要条件是：它的部分和数列 $\{S_n\}$ 有界．

证明从略．

根据正项级数收敛的充分必要条件，容易推出如下的正项级数比较审敛法．

定理 2　（比较审敛法）设 $\sum_{n=1}^{\infty}u_n$ 和 $\sum_{n=1}^{\infty}v_n$ 是两个正项级数，且 $u_n\leqslant cv_n\ (c>0)$，

（1）若级数 $\sum_{n=1}^{\infty}v_n$ 收敛，则级数 $\sum_{n=1}^{\infty}u_n$ 也收敛；

（2）若级数 $\sum_{n=1}^{\infty}u_n$ 发散，则级数 $\sum_{n=1}^{\infty}v_n$ 也发散．

正项级数的比较审敛法可形象地记为：若大的收敛，则小的也收敛；若小的发散，则大的也发散．它的要点是：将要判断的级数与已知其敛散性的级数加以比较．

例 1　判断级数 $\sum_{n=1}^{\infty}\frac{1}{n^p}(0<p<1)$ 的敛散性．

解　当 $0<p<1$ 时，$\frac{1}{n^p}>\frac{1}{n}$，因为级数 $\sum_{n=1}^{\infty}\frac{1}{n}$ 发散，由比较判别法可知级数 $\sum_{n=1}^{\infty}\frac{1}{n^p}(0<p<1)$ 必发散．

在判断正项级数的敛散性时，常把 p 级数和等比级数作为比较的基准级数．

例 2　判断级数 $\sum_{n=1}^{\infty}\frac{1}{2n-1}$ 的敛散性．

解　用比较判别法时，通常对需要判断的级数做一个估计，是收敛还是发散．然后再用比较判别法．这个级数一般项的分母是 n 的一次函数（分子是 1），它与 $\frac{1}{n}$ 差不多．估计是发散的．容易得到

$$\frac{1}{2n-1}>\frac{1}{2n},$$

因 $\sum_{n=1}^{\infty}\frac{1}{n}$ 发散，知 $\sum_{n=1}^{\infty}\frac{1}{2n}$ 也发散，所以 $\sum_{n=1}^{\infty}\frac{1}{2n-1}$ 是发散的．

比较判别法的这种形式在使用时不是很方便，因此，我们通常用它的极限形式．

推论　若 $\lim\limits_{n\to\infty}\frac{u_n}{v_n}=k$（$0<k<\infty$），则 $\sum_{n=1}^{\infty}v_n$ 与 $\sum_{n=1}^{\infty}u_n$ 有相同的敛散性．

例 3　判断级数 $\sum_{n=1}^{\infty}\frac{1}{(n+2)(n+1)}$ 的敛散性．

解　因为 $\lim\limits_{n\to\infty}\frac{1}{(n+2)(n+1)}\Big/\frac{1}{n^2}=1$，所以 $\sum_{n=1}^{\infty}\frac{1}{(n+2)(n+1)}$ 与 $\sum_{n=1}^{\infty}\frac{1}{n^2}$ 有相同的敛散性．而级数 $\sum_{n=1}^{\infty}\frac{1}{n^2}$ 是收敛的，所以级数 $\sum_{n=1}^{\infty}\frac{1}{(n+2)(n+1)}$ 也收敛．

上面介绍了比较判别法，它的基本思想是把某个已知敛散性的级数作为比较对象，通过比较对应项的大小，来判断给定级数的敛散性．但有时不易找到作比较的已知级数，这样就提出一个问题，能否从级数本身就判定级数的敛散性呢？在此我们介绍另一种级数敛散性的判别法：比值判别法．

定理 3　设 $\sum_{n=1}^{\infty}u_n$ 是一个正项级数，并且 $\lim\limits_{n\to\infty}\frac{u_{n+1}}{u_n}=q$，则

（1）当 $q<1$ 时，级数收敛；

（2）当 $q>1$ 时，级数发散；

（3）当$q=1$时，比值判别法失效，换用其他判别方法．

证明从略．只作一个解释，有助读者理解此定理．

因为$\lim\limits_{n\to\infty}\frac{u_{n+1}}{u_n}=q$，所以当$n$无限变大时，$\frac{u_{n+1}}{u_n}\approx q$．由此可知，当$q<1$时，级数$\sum\limits_{n=1}u_n$的$u_{n+1}$与$u_n$之比近似等于常数$q$，即级数$\sum\limits_{n=1}^{\infty}u_n$近似于公比小于1的等比级数，故收敛．当$q>1$时，$u_{n+1}>u_n$，即后项总比前项大，由此可知，$\lim\limits_{n\to\infty}u_n\neq 0$，故发散．当$q=1$时，级数的敛散性待定．这可以$p$级数为例，在$p$级数$\sum\limits_{n=1}^{\infty}\frac{1}{n^p}$中，$\lim\limits_{n\to\infty}\frac{u_{n+1}}{u_n}=\lim\limits_{n\to\infty}\frac{n^p}{(n+1)^p}=1$，而我们知道当$p>1$时，$p$级数收敛；当$0<p\leqslant 1$时，$p$级数是发散的．因此，当$q=1$时，有收敛级数，也有发散级数，比值判别法失效．

说明： 如果正项级数的一般项中含有乘方或阶乘因式，可试用比值判别法．

例 4　判断下列级数的敛散性．

（1）$\sum\limits_{n=1}^{\infty}\frac{3^n}{n^2 2^n}$；　　　　（2）$\sum\limits_{n=1}^{\infty}\frac{1}{(n-1)!}$．

解　（1）因为

$$\begin{aligned}&\lim_{n\to\infty}\frac{u_{n+1}}{u_n}\\&=\lim_{n\to\infty}\frac{3^{(n+1)}}{(n+1)^2 2^{(n+1)}}\cdot\frac{n^2 2^n}{3^n}\\&=\lim_{n\to\infty}\frac{3n^2}{2(n+1)^2}\\&=\frac{3}{2}>1,\end{aligned}$$

所以级数$\sum\limits_{n=1}^{\infty}\frac{3^n}{n^2 2^n}$发散．

（2）因为

$$\begin{aligned}&\lim_{n\to\infty}\frac{u_{n+1}}{u_n}\\&=\lim_{n\to\infty}\frac{(n-1)!}{n!}\\&=\lim_{n\to\infty}\frac{1}{n}=0<1,\end{aligned}$$

所以级数$\sum\limits_{n=1}^{\infty}\frac{1}{(n-1)!}$收敛．

二、任意项级数的敛散性

1．交错级数

形如

$$\sum_{n=1}^{\infty}(-1)^{n-1}u_n=u_1-u_2+u_3-u_4+\cdots+(-1)^{n-1}u_n+\cdots\ (u_n>0),$$

的级数称为交错级数.

关于交错级数敛散性的判定有如下的判定定理.

定理 4　（莱布尼兹定理）

若交错级数 $\sum_{n=1}^{\infty}(-1)^{n-1}u_n$ 满足下列条件：

（1）$u_{n+1}<u_n\ (n=1,\ 2,\cdots)$；

（2）$\lim_{n\to\infty}u_n=0$.

则交错级数 $\sum_{n=1}^{\infty}(-1)^{n-1}u_n$ 收敛，并有其和 $S\leqslant u_1$，且 $|r_n|\leqslant|u_{n+1}|$.（证明从略）

例 5　判断级数 $\sum_{n=1}^{\infty}(-1)^{n-1}\frac{1}{n}=1-\frac{1}{2}+\frac{1}{3}-\frac{1}{4}+\cdots+(-1)^{n-1}\frac{1}{n}+\cdots$ 的敛散性.

解　此交错级数 $u_n=\frac{1}{n}$，$u_{n+1}=\frac{1}{n+1}$，满足：

（1）$u_n=\frac{1}{n}>\frac{1}{n+1}=u_{n+1}\quad(n=1,\ 2,\cdots)$；

（2）$\lim_{n\to\infty}u_n=\lim_{n\to\infty}\frac{1}{n}=0$.

由莱布尼兹定理知，它是收敛的.

2. 绝对收敛与条件收敛

对于任意项级数 $\sum_{n=1}^{\infty}u_n$ 的敛散性，可以通过其各项的绝对值构成的正项级数 $\sum_{n=1}^{\infty}|u_n|$ 的敛散性来判定. 为此，我们先介绍绝对收敛与条件收敛的概念.

定义　如果级数 $\sum_{n=1}^{\infty}|u_n|$ 收敛，则称级数 $\sum_{n=1}^{\infty}u_n$ **绝对收敛**. 如果 $\sum_{n=1}^{\infty}|u_n|$ 发散，而 $\sum_{n=1}^{\infty}u_n$ 收敛，则称级数 $\sum_{n=1}^{\infty}u_n$ **条件收敛**.

定理 5　绝对收敛的级数必收敛，即如果级数 $\sum_{n=1}^{\infty}|u_n|$ 收敛，则级数 $\sum_{n=1}^{\infty}u_n$ 也收敛.（证明从略）

定理 5 说明，对于任意项级数，可以将每项取绝对值变为正项级数，如果这个正项级数收敛，则任意项级数就收敛.

容易知道，级数 $\sum_{n=1}^{\infty}(-1)^{n-1}\frac{1}{n^2}$ 是绝对收敛级数，而 $\sum_{n=1}^{\infty}(-1)^{n-1}\frac{1}{n}$ 是条件收敛级数.

例 6　判断级数 $\sum_{n=1}^{\infty}\frac{\sin n\alpha}{2^n}$ 的敛散性.

解　因为

$$\left|\frac{\sin n\alpha}{2^n}\right| = \frac{|\sin n\alpha|}{2^n} < \frac{1}{2^n},$$

而级数$\sum_{n=1}^{\infty}\frac{1}{2^n}$收敛，由正项级数比较判别法知级数$\sum_{n=1}^{\infty}\frac{\sin n\alpha}{2^n}$是收敛的，且绝对收敛.

定理 6　若任意项级数$\sum_{n=1}^{\infty}u_n$满足：$\lim_{n\to\infty}\left|\frac{u_{n+1}}{u_n}\right| = \rho > 1$，则$\sum_{n=1}^{\infty}u_n$发散.

例 7　讨论级数$\sum_{n=1}^{\infty}(-1)^{n-1}\frac{x^n}{n}$的敛散性.

解　由于$\lim_{n\to\infty}\frac{|u_{n+1}|}{|u_n|} = \lim_{n\to\infty}\frac{\left|\frac{x^{n+1}}{n+1}\right|}{\left|\frac{x^n}{n}\right|} = \lim_{n\to\infty}\frac{n}{n+1}|x| = |x|$，从而

当$|x| < 1$时，级数$\sum_{n=1}^{\infty}(-1)^{n-1}\frac{x^n}{n}$绝对收敛；

当$|x| > 1$时，$\sum_{n=1}^{\infty}(-1)^{n-1}\frac{x^n}{n}$发散；

当$x = 1$时，所给级数为$\sum_{n=1}^{\infty}(-1)^{n-1}\frac{1}{n}$，条件收敛；

当$x = -1$时，所给级数为$\sum_{n=1}^{\infty}\frac{-1}{n}$，发散.

习题 5.2

1．用比较判别法判断下列级数的敛散性：

（1）$\sum_{n=1}^{\infty}\frac{2}{5n+3}$；　　（2）$\sum_{n=2}^{\infty}\frac{1}{(n-1)(n+4)}$；

（3）$\sum_{n=1}^{\infty}\frac{1}{\sqrt{n}(n+2)}$；　　（4）$\sum_{n=1}^{\infty}\frac{1+n}{1+n^2}$.

2．用比值判别法判断下列级数的敛散性：

（1）$\sum_{n=1}^{\infty}\frac{1}{(2n+1)!}$；　　（2）$\sum_{n=2}^{\infty}\frac{n^2}{3^n}$；

（3）$\sum_{n=1}^{\infty}\frac{n!}{2^n+1}$；　　（4）$\sum_{n=1}^{\infty}n^2\sin\frac{\pi}{2^n}$.

3．判断下列级数的敛散性，如果收敛，是绝对收敛还是条件收敛？并说明原因：

（1）$\sum_{n=1}^{\infty}(-1)^{n-1}\frac{1}{\sqrt{n}}$；（2）$\sum_{n=1}^{\infty}(-1)^{n-1}\frac{n^2}{2^n}$；

（3）$\sum_{n=1}^{\infty}(-1)^{n-1}\frac{2n-1}{3n+1}$；（4）$\sum_{n=1}^{\infty}\frac{\sin na}{\sqrt{n^3}}$.

5.3 幂级数

一、幂级数的概念

1. 函数项级数的概念

表达式

$$\sum_{n=1}^{\infty}u_n(x)=u_1(x)+u_2(x)+\cdots+u_n(x)+\cdots \tag{5-1}$$

称为函数项级数（简称函数级数），记为$\sum_{n=1}^{\infty}u_n(x)$． $u_n(x)$ ($n=1, 2, \cdots$) 为定义在某一区间 I 上的函数.

当 x 在区间 I 内取某个特定值 x_0 时，函数级数就成为常数级数

$$\sum_{n=1}^{\infty}u_n(x_0)=u_1(x_0)+u_2(x_0)+u_3(x_0)+\cdots+u_n(x_0)+\cdots. \tag{5-2}$$

如果级数（5-2）收敛，则称点 x_0 是函数级数（5-1）的收敛点；如果级数（5-2）发散，则称点 x_0 是函数级数（5-1）的发散点. 所有收敛点的集合称为级数（5-1）的收敛域.

在收敛域内，函数级数的和是 x 的函数，记为 $S(x)$，并称 $S(x)$ 为函数级数的和函数. 即

$$S(x)=u_1(x)+u_2(x)+u_3(x)+\cdots+u_n(x)+\cdots.$$

例如，几何级数

$$1+x+x^2+x^3+\cdots+x^n+\cdots,$$

当 $|x|<1$ 时，此级数收敛于函数 $\frac{1}{1-x}$；当 $|x|\geqslant 1$ 时，此级数发散. 因此，这个级数的收敛域是区间 $(-1, 1)$，它的和函数是 $\frac{1}{1-x}$，即

$$S(x)=\frac{1}{1-x}, x\in(-1, 1).$$

2. 幂级数的概念

形如

$$\sum_{n=0}^{\infty}a_n(x-x_0)^n=a_0+a_1(x-x_0)+a_2(x-x_0)^2+\cdots+a_n(x-x_0)^n+\cdots \tag{5-3}$$

的函数项级数，称为 $x-x_0$ 的**幂级数**，其中常数 a_0，a_1，a_2，…，a_n，…称为幂级数的系数.

特别地，当 $x_0=0$ 时，（5-3）式变为

$$\sum_{n=0}^{\infty} a_n x^n = a_0 + a_1 x + a_2 x^2 + \cdots + a_n x^n + \cdots, \tag{5-4}$$

称为 **x 的幂级数**. 如果作变换 $x-x_0=t$，则级数（5-3）就变为级数（5-4）. 所以我们重点研究幂级数（5-4），先来研究其收敛域.

二、幂级数的收敛半径与收敛域

由于幂级数是任意项级数，我们把它的各项都取绝对值得到正项级数，由正项级数的敛散性可推得幂级数的敛散性.

将级数（5-4）的各项取绝对值，则得到正项级数

$$|a_0| + |a_1 x| + |a_2 x^2| + \cdots + |a_n x^n| + \cdots. \tag{5-5}$$

用比值判别法判断正项级数（5-5）的敛散性，若

$\lim\limits_{n\to\infty}\dfrac{|u_{n+1}|}{|u_n|}=\lim\limits_{n\to\infty}\dfrac{|a_{n+1}x^{n+1}|}{|a_n x^n|}=\lim\limits_{n\to\infty}\left|\dfrac{a_{n+1}}{a_n}\right||x|=\rho|x|$，则根据 ρ 的不同情况，有下表的结论.

$\rho=\lim\limits_{n\to\infty}\left\|\dfrac{a_{n+1}}{a_n}\right\|$	$\rho\|x\|$	$\sum\limits_{n=0}^{\infty}a_n x^n$ 的敛散性	收敛域	收敛半径 $R=\lim\limits_{n\to\infty}\left\|\dfrac{a_n}{a_{n+1}}\right\|$
$\rho\neq 0$	$\rho\|x\|<1$	在区间 $(-\frac{1}{\rho},\frac{1}{\rho})$ 内绝对收敛	$(-\frac{1}{\rho},\frac{1}{\rho})$，$[-\frac{1}{\rho},\frac{1}{\rho})$，$(-\frac{1}{\rho},\frac{1}{\rho}]$，$[-\frac{1}{\rho},\frac{1}{\rho}]$ 之一	$R=\frac{1}{\rho}$
	$\rho\|x\|>1$	在区间 $(-\frac{1}{\rho},\frac{1}{\rho})$ 之外发散		
	$\rho\|x\|=1$	在 $x=\pm\frac{1}{\rho}$ 处的敛散性待定		
$\rho=0$	$\rho\|x\|=0<1$	在 $(-\infty,+\infty)$ 内绝对收敛	$(-\infty,+\infty)$	$R=+\infty$
$\rho=+\infty$	$\rho\|x\|>1$ 除 $x=0$	只在 $x=0$ 处收敛	$\{0\}$	$R=0$

例 1　求下列幂级数的收敛半径与收敛域.

（1）$\sum\limits_{n=1}^{\infty}(-1)^{n-1}\dfrac{x^n}{n}$；　（2）$\sum\limits_{n=0}^{\infty}\dfrac{x^n}{n!}$；　（3）$\sum\limits_{n=1}^{\infty}n^n x^n$；　（4）$\sum\limits_{n=0}^{\infty}2^n x^{2n-1}$.

解　（1）因为

$$\rho=\lim_{n\to\infty}\left|\frac{a_{n+1}}{a_n}\right|=\lim_{n\to\infty}\frac{\frac{1}{n+1}}{\frac{1}{n}}=1,$$

所以收敛半径

$$R=\frac{1}{\rho}=1.$$

对于端点 $x=1$，级数成为交错级数

$$1-\frac{1}{2}+\frac{1}{3}-\frac{1}{4}+\cdots+(-1)^{n-1}\frac{1}{n}+\cdots,$$

此级数是收敛的；

对于端点 $x=-1$，级数成为

$$-1-\frac{1}{2}-\frac{1}{3}-\frac{1}{4}-\cdots-\frac{1}{n}-\cdots,$$

此级数是发散的．因此，此级数的收敛域为 $(-1,1]$．

（2）因为

$$\rho=\lim_{n\to\infty}\left|\frac{a_{n+1}}{a_n}\right|=\lim_{n\to\infty}\frac{\frac{1}{(n+1)!}}{\frac{1}{n!}}=\lim_{n\to\infty}\frac{1}{n+1}=0.$$

所以收敛半径 $R=+\infty$，收敛域为 $(-\infty,+\infty)$．

（3）因为

$$\rho=\lim_{n\to\infty}\left|\frac{a_{n+1}}{a_n}\right|=\lim_{n\to\infty}\frac{(n+1)^{(n+1)}}{n^n}=+\infty.$$

所以收敛半径 $R=0$，收敛域为 $\{0\}$．

（4）所给幂级数缺少偶数次幂的项，不属于级数的标准形式，这时根据比值判别法判断其敛散性．

$$\lim_{n\to\infty}\left|\frac{u_{n+1}}{u_n}\right|=\lim_{n\to\infty}\left|\frac{2^{n+1}x^{2n+1}}{2^n x^{2n-1}}\right|=\lim_{n\to\infty}2|x|^2,$$

当 $2|x|^2<1$，即 $|x|<\frac{\sqrt{2}}{2}$ 时，所给幂级数收敛；

当 $2|x|^2>1$，即 $|x|>\frac{\sqrt{2}}{2}$ 时，所给幂级数发散；

当 $2|x|^2=1$，即 $x=\pm\frac{\sqrt{2}}{2}$ 时，所给幂级数发散．

所以，收敛半径为 $\frac{\sqrt{2}}{2}$，收敛域为 $(-\frac{\sqrt{2}}{2},\frac{\sqrt{2}}{2})$．

三、幂级数的运算

性质 1 幂级数的和函数在收敛域内连续．即若 $\sum_{n=0}^{\infty}a_n x^n=f(x)$，则 $f(x)$ 在收敛区间内连续．

根据性质 1 可得以下计算法则．

设$\sum_{n=0}^{\infty}a_nx^n=f(x)$，$\sum_{n=0}^{\infty}b_nx^n=g(x)$，收敛半径分别为$R_1$和$R_2$，记$R=\min\{R_1,R_2\}$. 则对任意的$x\in(-R,\ R)$，有以下几个性质.

性质 2（加法法则）$\sum_{n=0}^{\infty}a_nx^n\pm\sum_{n=0}^{\infty}b_nx^n=\sum_{n=0}^{\infty}(a_n\pm b_n)\ x^n=f(x)\pm g(x)$.

也就是说，在$(-R,R)$中两个收敛的幂级数的和（差）仍是幂级数，其和函数为两个幂级数的和（差）.

性质 3（乘法法则）$(\sum_{n=0}^{\infty}a_nx^n)\cdot(\sum_{n=0}^{\infty}b_nx^n)=\sum_{n=0}^{\infty}(\sum_{i=0}^{n}a_ib_{n-i})\ x^n=f(x)\cdot g(x)$.

也就是说，在$(-R,R)$中两个收敛的幂级数的乘积也是一个幂级数，其和函数为两个幂级数的乘积.

性质 4（微分运算）$(\sum_{n=0}^{\infty}a_nx^n)'=\sum_{n=0}^{\infty}(a_nx^n)'=\sum_{n=0}^{\infty}na_nx^{n-1}=S'(x)$，且收敛半径仍为$R$.

也就是说，收敛的幂级数可以逐项微分，得到的仍是幂级数；其收敛半径不变，其和函数为原来幂级数的和函数的导数.

性质 5（积分运算）$\int_0^x(\sum_{n=0}^{\infty}a_nx^n)\mathrm{d}x=\sum_{n=0}^{\infty}(\int_0^x a_nx^n\mathrm{d}x)=\sum_{n=0}^{\infty}(\int_0^x\frac{a_n}{n+1}x^n\mathrm{d}x)=\int_0^x S(x)\mathrm{d}x$，且收敛半径仍为$R$.

也就是说，收敛的幂级数可以逐项积分，得到的仍是幂级数；其收敛半径不变，其和函数为原来幂级数在对应区间上的积分.

在以后的运算中，经常要用到以下两个幂级数：

（1）$1+x+x^2+x^3+\cdots+x^n+\cdots=\sum_{n=0}^{\infty}x^n=\frac{1}{1-x}$，$x\in(-1,\ 1)$；

（2）$1-x+x^2-x^3+\cdots+(-1)^{n-1}x^n+\cdots=\sum_{n=0}^{\infty}(-1)^n x^n=\frac{1}{1+x}$，$x\in(-1,\ 1)$.

利用以上两个幂级数及幂级数的性质可以求一些幂级数的和函数.

例 2　求幂级数$\sum_{n=0}^{\infty}(-1)^n\frac{x^{n+1}}{n+1}$的收敛半径$R$，并求在$(-R,\ R)$内和函数.

解　因为$R=\lim_{n\to\infty}\left|\frac{a_n}{a_{n+1}}\right|=\lim_{n\to\infty}\frac{\frac{1}{n+1}}{\frac{1}{n+2}}=1$，所以该级数的收敛开区间为$(-1,\ 1)$.

设$S(x)=\sum_{n=0}^{\infty}(-1)^n\frac{x^{n+1}}{n+1}=x-\frac{x^2}{2}+\frac{x^3}{3}-\frac{x^4}{4}+\cdots+(-1)^n\frac{x^{n+1}}{n+1}+\cdots$

两边对x求导，得

$$S'(x)=1-x+x^2-x^3+\cdots+(-1)^n x^n+\cdots=\frac{1}{1+x},$$

则
$$S(x)=\int\frac{1}{1+x}\mathrm{d}x=\ln(1+x)+C.$$

由 $S(0)=0$，得 $C=S(0)-\ln 1=0$，所以

$$S(x)=\ln(1+x)$$

即
$$\ln(1+x)=\sum_{n=0}^{\infty}(-1)^n\frac{x^{n+1}}{n+1},\quad x\in(-1,\ 1).$$

例 3 求幂级数 $\sum_{n=1}^{\infty}nx^{n-1}$ 的收敛半径 R，并求它在 $(-R,\ R)$ 内的和函数.

解 因为 $R=\lim_{n\to\infty}\left|\frac{a_n}{a_{n+1}}\right|=\lim_{n\to\infty}\frac{n}{n+1}=1$，所以该级数的收敛开区间为 $(-1,\ 1)$.

设 $S(x)=\sum_{n=1}^{\infty}nx^{n-1}=1+2x+3x^2+4x^3+\cdots+nx^{n-1}+\cdots$

两边同时从 0 到 x 积分，得

$$\int_0^x S(t)\mathrm{d}t=x+x^2+x^3+\cdots+x^n+\cdots=\frac{x}{1-x},$$

两边再对 x 求导，得

$$S(x)=\left(\frac{x}{1-x}\right)'=\frac{1}{(1-x)^2}.$$

即
$$\frac{1}{(1-x)^2}=\sum_{n=1}^{\infty}nx^{n-1},\quad x\in(-1,\ 1).$$

习题 5.3

1．求下列幂级数的收敛半径和收敛域：

（1）$\sum_{n=1}^{\infty}\frac{(-1)^{n-1}}{n^2}x^n$；　（2）$\sum_{n=1}^{\infty}\frac{1}{\sqrt{n}}x^{n-1}$；

（3）$\sum_{n=1}^{\infty}n!\,x^n$；　（4）$\sum_{n=1}^{\infty}(-1)^n\frac{x^{2n+1}}{2n+1}$.

2．求下列幂级数的收敛半径 R 及在 $(-R,\ R)$ 内的和函数：

（1）$x+\frac{x^3}{3}+\frac{x^5}{5}+\cdots+\frac{x^{2n+1}}{2n+1}+\cdots$；

（2）$\frac{1}{2}+\frac{3}{2^2}x^2+\frac{5}{2^3}x^4+\frac{7}{2^4}x^6+\cdots+\frac{2n-1}{2^n}x^{2n-2}+\cdots$；

（3）$(1+x+x^2+\cdots+x^n+\cdots)+[1-\frac{x}{2}+\frac{x^2}{2^2}-\frac{x^3}{2^3}+\cdots+(-1)^n\frac{x^n}{2^n}+\cdots]$.

5.4　函数展开成幂级数

前面我们讨论了求幂级数的和函数问题，本节我们讨论相反的问题，即怎样把一个函数用幂级数表示．如果能做到这一点，那么就给我们进一步研究函数带来了方便，因为对于给定的一个函数，如果能够表示成幂级数，由于它的每一项都是幂函数，那么在进行代数运算、解析运算时，都会变得容易．

一、泰勒级数

假设函数 $f(x)$ 已展开为幂级数，即

$$f(x)=a_0+a_1(x-x_0)+a_2(x-x_0)^2+\cdots+a_n(x-x_0)^n+\cdots, \tag{5-6}$$

则其系数 $a_n\ (n=0,1,2,\cdots)$ 等于什么？

由幂级数可逐项求导的性质，得

$$f'(x)=a_1+2a_2(x-x_0)+3a_3(x-x_0)^2+\cdots+na_n(x-x_0)^{n-1}+\cdots,$$

$$f''(x)=2a_2+3\cdot 2a_3(x-x_0)+\cdots+n\cdot(n-1)a_nx^{n-2}+\cdots,$$

$$\vdots$$

$$f^{(n)}(x)=n!a_n+(n+1)!a_{n+1}(x-x_0)+\frac{(n+2)!}{2}a_{n+2}(x-x_0)^2+\cdots.$$

将 $x=x_0$ 代入上述各式，得

$$a_0=f(x_0),\ a_1=f'(x_0),\ a_2=\frac{f''(x_0)}{2!},\ \cdots,\ a_n=\frac{f^{(n)}(x_0)}{n!}.$$

于是（5-6）式的右端变为

$$f(x_0)+f'(x_0)(x-x_0)+\frac{f''(x_0)}{2!}(x-x_0)^2+\frac{f'''(x_0)}{3!}(x-x_0)^3+\cdots+\frac{f^{(n)}(x_0)}{n!}(x-x_0)^n+\cdots \tag{5-7}$$

（5-7）式称为函数 $f(x)$ 在 x_0 处的泰勒级数．

当 $x_0=0$ 时，（5-7）式变为

$$f(0)+f'(0)x+\frac{f''(0)}{2!}x^2+\frac{f'''(0)}{3!}x^3+\cdots+\frac{f^{(n)}(0)}{n!}x^n+\cdots \tag{5-8}$$

（5-8）式称为 $f(x)$ 的麦克劳林级数．

二、函数展开为麦克劳林级数

1. 直接展开法

第一步：求出 $f(x)$ 的各阶导数 $f'(x),\ f''(x),\ \cdots,\ f^{(n)}(x),\ \cdots$，如果在 $x_0=0$ 处导数不存在，就停止进行，它就不能展开为 x 的幂级数.

第二步：求函数及其各阶导数在 $x_0=0$ 处的值

$$f(0),\ f'(0),\ \cdots,\ f^{(n)}(0),\ \cdots.$$

第三步：写出幂级数

$$f(0)+f'(0)x+\frac{f''(0)}{2!}x^2+\frac{f'''(0)}{3!}x^3+\cdots+\frac{f^{(n)}(0)}{n!}x^n+\cdots,$$

求出收敛半径 R .

例 1 将函数 $f(x)=\mathrm{e}^x$ 展开成 x 的幂级数.

解 因为 $f^{(n)}(x)=\mathrm{e}^x$， $f^{(n)}(0)=1$

所以

$$\mathrm{e}^x=1+x+\frac{x^2}{2!}+\frac{x^3}{3!}+\cdots+\frac{x^n}{n!}+\cdots,$$

收敛半径 $R=\lim\limits_{n\to\infty}\left|\dfrac{a_n}{a_{n+1}}\right|=\lim\limits_{n\to\infty}\dfrac{\frac{1}{n!}}{\frac{1}{(n+1)!}}=\lim\limits_{n\to\infty}(n+1)=+\infty$，级数在 $(-\infty,\ +\infty)$ 内收敛.

例 2 将 $f(x)=\sin x$ 展开成 x 的幂级数.

解 因为 $f^{(n)}(x)=\sin(x+\dfrac{n\pi}{2})$， $f^{(n)}(0)=\sin\dfrac{n\pi}{2}$，

当 $n=0,\ 1,\ 2,\ 3,\ \cdots$ 时， $f^{(n)}(0)$ 依次循环地取 0，1，0，-1，于是

$$\sin x=x-\frac{1}{3!}x^3+\frac{1}{5!}x^5-\cdots+(-1)^n\frac{1}{(2n+1)!}x^{2n+1}+\cdots$$

显然级数 $\sum\limits_{n=0}^{\infty}(-1)^n\dfrac{x^{2n+1}}{(2n+1)!}$ 的收敛半径为 $R=+\infty$，级数在 $(-\infty,\ +\infty)$ 内收敛.

2. 间接展开法

间接展开法是指从已知函数的展开式出发，利用幂级数的运算性质得到所求函数的幂级数展开式的方法，主要有以下几种方法.

（1）逐项积分，逐项求导法；

（2）变量替换法；

（3）四则运算法.

以下几个展式可作为公式使用.

（1）$e^x = 1 + x + \frac{x^2}{2!} + \frac{x^3}{3!} + \cdots + \frac{x^n}{n!} + \cdots \quad x \in (-\infty, +\infty)$；

（2）$\sin x = x - \frac{1}{3!}x^3 + \frac{1}{5!}x^5 - \cdots + (-1)^n \frac{1}{(2n+1)!}x^{2n+1} + \cdots \quad x \in (-\infty, +\infty)$；

（3）$\frac{1}{1+x} = 1 - x + x^2 - x^3 + \cdots + (-1)^n x^n + \cdots \quad x \in (-1, 1)$；

（4）$\frac{1}{1-x} = 1 + x + x^2 + x^3 + \cdots + x^n + \cdots \quad x \in (-1, 1)$.

例 3　将函数 $\cos x$ 展开为 x 的幂级数.

解　将 $\sin x$ 的展式逐项求导，得

$$\cos x = 1 - \frac{x^2}{2!} + \frac{x^4}{4!} - \cdots + (-1)^n \frac{x^{2n}}{(2n)!} + \cdots \quad x \in (-\infty, +\infty).$$

例 4　将函数 $\frac{1}{1-x^2}$ 展开成 x 的幂级数.

解　将 $\frac{1}{1-x}$ 展式中 x 的换为 x^2，可得到 $\frac{1}{1-x^2}$ 的展式，即

$$\frac{1}{1-x^2} = 1 + x^2 + x^4 + x^6 + \cdots + x^{2n} + \cdots \quad x \in (-1, 1).$$

例 5　将函数 $f(x) = \ln(1+x)$ 展开成 x 的幂级数.

解　将式子

$$\frac{1}{1+x} = 1 - x + x^2 - x^3 + \cdots + (-1)^n x^n + \cdots$$

两边同时从 0 到 x 逐项积分，得

$$\ln(1+x) = x - \frac{x^2}{2} + \frac{x^3}{3} - \frac{x^4}{4} + \cdots + (-1)^n \frac{x^{n+1}}{n+1} + \cdots \quad x \in (-1, 1].$$

例 6　将 $f(x) = \frac{1}{x^2+4x+3}$ 展开成 x 的幂级数.

解　因为

$$f(x) = \frac{1}{x^2+4x+3} = \frac{1}{2}\left(\frac{1}{x+1} - \frac{1}{x+3}\right),$$

且

$$\frac{1}{1+x} = 1 - x + x^2 - x^3 + \cdots + (-1)^n x^n + \cdots,$$

$$\frac{1}{3+x} = \frac{1}{3}\frac{1}{1+\frac{x}{3}} = \frac{1}{3}\left[1 - \frac{x}{3} + \frac{x^2}{3^2} - \frac{x^3}{3^3} + \cdots + (-1)^n \frac{x^n}{3^n} + \cdots\right],$$

所以

$$f(x)=\frac{1}{2}[1-x+x^2-x^3+\cdots+(-1)^n x^n+\cdots]-\frac{1}{2}[\frac{1}{3}-\frac{x}{3^2}+\frac{x^2}{3^3}-\frac{x^3}{3^4}+\frac{(-1)^n}{3^{n+1}}x^n+\cdots]$$

$$=\sum_{n=0}^{\infty}(-1)^n\frac{3^{n+1}-1}{2\times 3^{n+1}}x^n,\quad x\in(-1,\ 1).$$

习题 5.4

1．将下列函数展开成 x 的幂级数，并求出展开式成立的开区间：

（1）$\dfrac{1}{1-2x}$；（2）$\ln(1-x)$；

（3）e^{-x^2}；（4）$\dfrac{x^4}{1+x^2}$；

（5）$\sin\dfrac{x}{2}$．

2．求函数 $f(x)=\dfrac{1}{x^2+3x+2}$ 的麦克劳林展式，并写出相应的收敛域．

3．判断级数 $\sum\limits_{n=0}^{\infty}\dfrac{1}{n!}$ 的敛散性，若收敛，求出其和．

综合练习五

一、选择题

1. 若 $\lim\limits_{n\to\infty}u_n=0$，则级数 $\sum\limits_{n=1}^{\infty}u_n$（ ）.

A. 一定收敛　　B. 一定发散

C. 一定条件收敛　　D. 可能收敛也可能发散

2. 若级数 $\sum\limits_{n=1}^{\infty}(\dfrac{1}{r})^n$ 满足条件（ ），则该级数一定收敛.

A. $|r|<1$　　B. $|r|>1$

C. $0<r<1$　　D. $|r|\leqslant 1$

3. 正项级数 $\sum\limits_{n=1}^{\infty}u_n$ 收敛的充要条件是（ ）.

A. $\lim\limits_{n\to\infty} u_n = 0$　　B. $\lim\limits_{n\to\infty} S_n$ 存在 $(S_n = \sum\limits_{i=1}^{n} u_i)$

C. $\lim\limits_{n\to\infty} \frac{u_{n+1}}{u_n} = 1$　　D. $u_1 > u_2 > u_3 > \cdots > u_n > \cdots$

4. 若级数 $\sum\limits_{n=1}^{\infty} u_n$ 收敛，而级数 $\sum\limits_{n=1}^{\infty} v_n$ 发散，则级数 $\sum\limits_{n=1}^{\infty} (u_n + v_n)$（　　）.

A. 一定收敛　　B. 一定发散

C. 一定条件收敛　　D. 以上三种情况都不对

5. 若 $\sum\limits_{n=1}^{\infty} b_n$ 收敛，且 $a_n \leqslant b_n$ $(n = 1, 2, \cdots)$，则 $\sum\limits_{n=1}^{\infty} a_n$（　　）.

A. 绝对收敛　　B. 条件收敛

C. 发散　　D. 敛散性不能确定

6. 若 p 满足（　　），则级数 $\sum\limits_{n=1}^{\infty} \frac{1}{n^{1-p}}$ 一定收敛.

A. $p < 0$　　B. $0 < p < 1$

C. $p > 1$　　D. $p < 1$

7. 在下列级数中，收敛的是（　　）.

A. $\sum\limits_{n=1}^{\infty} \sin\frac{1}{n}$　　B. $\sum\limits_{n=1}^{\infty} \frac{1}{n}$

C. $\sum\limits_{n=1}^{\infty} \frac{2^n + 1}{3^n}$　　D. $\sum\limits_{n=1}^{\infty} (\frac{3}{2})^n$

8. 幂级数 $\sum\limits_{n=1}^{\infty} \frac{2^n}{n+2} x^n$ 的收敛半径 R 为（　　）.

A. 2　　B. $\frac{1}{2}$　　C. 1　　D. ∞

9. 幂级数 $\sum\limits_{n=1}^{\infty} (-1)^{n-1} \frac{(x-1)^n}{3n}$ 的收敛区间是（　　）.

A. $(-1, 1)$　　B. $(-1, 1]$　　C. $[0, 2]$　　D. $(0, 2]$

10. 已知 $\frac{1}{1-x} = \sum\limits_{n=0}^{\infty} x^n$，则 $\frac{1}{1+x^2}$ 的幂级数展开式是（　　）.

A. $\sum\limits_{n=0}^{\infty} (-1)^{n-1} x^{2n}$　　B. $\sum\limits_{n=0}^{\infty} x^{2n}$

C. $\sum\limits_{n=1}^{\infty} (-1)^n x^{2n}$　　D. $\sum\limits_{n=0}^{\infty} -x^{2n}$

二、填空题

1. $\frac{1}{1\times 2}+\frac{1}{2\times 3}+\frac{1}{3\times 4}+\cdots=$______.

2. 若$\sum_{n=1}^{\infty}a_n=3$，$\sum_{n=1}^{\infty}b_n=2$，则$\sum_{n=1}^{\infty}(3a_n-2b_n)=$______.

3. 若幂级数$\sum_{n=0}^{\infty}a_nx^n$的收敛半径为$R(R\neq 0$且$R\neq 1)$，则幂级数$\sum_{n=0}^{\infty}a_n(x-1)^{2n}$的收敛半径为______.

4. 幂级数$\sum_{n=1}^{\infty}(-1)^{n-1}\frac{x^n}{n}$的收敛区间为______.

5. 函数$f(x)=\frac{1}{x}$展成$x+1$的幂级数是______.

6. 幂级数$\sum_{n=0}^{\infty}(-1)^nx^n$的和函数$S(x)=$______.

三、解答题

1. 判断级数$\sum_{n=0}^{\infty}(\frac{2}{5^n}-\frac{2}{7^n})$的敛散性，若收敛，求其和.

2. 从曲线$y=\frac{1}{x^3}$与$y=\frac{1}{x^2}$的交点右方作直线$x=n\ (n=2, 3, \cdots)$，这些直线界于这两曲线之间线段的长度之和是否有限？又若将上述两曲线换成$y=\frac{1}{x^2}$与$y=\frac{1}{x}$，结果又如何？

3. 判断下列级数的敛散性：

（1）$\sum_{n=1}^{\infty}(\frac{n}{2n+1})^n$；（2）$\sum_{n=1}^{\infty}\frac{1}{n}(\sqrt{n+1}-\sqrt{n-1})$；

（3）$\sum_{n=1}^{\infty}\frac{n\cos^2(\frac{n\pi}{3})}{2^n}$.

4. 判断下列级数是绝对收敛，还是条件收敛：

（1）$\sum_{n=1}^{\infty}(-1)^{n-1}\frac{n}{2^{n-1}}$；（2）$\sum_{n=1}^{\infty}(-1)^{n-1}(\sqrt{n+1}-\sqrt{n})$.

5. 求幂级数$\sum_{n=0}^{\infty}\frac{(2x)^n}{n^2+1}$的收敛半径与收敛区间.

6. 将函数$f(x)=\frac{3x}{x^2+x-2}$展开成x的幂级数.

7. 将函数$f(x)=x^2e^{x^2}$展开成x的幂级数.

第六章　线性代数基础

线性代数是代数学的一个分支，是在研究线性方程组的解的过程中产生和发展起来的，它在数学的其他分支、力学、物理学等学科中都有着重要应用．金融、管理等经济学科中的许多实际问题可以线性化或用线性方法来解决，而借助于计算机，线性化的问题可以方便地计算出来，线性代数正是解决这些问题的有力工具．

本章主要介绍矩阵的概念和基本运算，矩阵的初等变换，矩阵的秩，逆矩阵的概念及其求法，利用矩阵求解线性方程组，以及如何运用矩阵解决实际问题等内容．

6.1　矩阵的概念

矩阵是数学中的一个重要概念，是代数学的主要研究对象之一．矩阵一词是由英国数学家西尔维斯特于1850年首先引入的．在英国数学家凯莱引入矩阵的基本概念与运算以后，矩阵不仅被广泛应用于处理各种实际问题，而且成为求解线性方程组的重要工具．

一、引例

引例 1　三元线性方程组

$$\begin{cases} x_1 - 2x_2 + x_3 = 1 \\ x_1 - x_2 + 2x_3 = 0 \\ 3x_1 - x_2 + x_3 = 2 \end{cases},$$

可以将其未知数的系数按照顺序组成一个数表

$$\begin{pmatrix} 1 & -2 & 1 \\ 1 & -1 & 2 \\ 3 & -1 & 1 \end{pmatrix}.$$

引例 2　在物资调动中，经常要考虑如何供应销地，使物资的总运费最低．例如某个地区的三个煤矿向四个城市销售煤，调运方案如表 6-1 所示（单位：万吨）．

表 6–1

销售量＼城市 煤矿	城市 I	城市 II	城市III	城市IV
甲煤矿	540	310	680	270
乙煤矿	100	430	640	350
丙煤矿	270	230	150	540

在实际应用中，我们可以用数表

$$\begin{pmatrix} 540 & 310 & 680 & 270 \\ 100 & 430 & 640 & 350 \\ 270 & 230 & 150 & 540 \end{pmatrix}$$

表示煤的调运方案.

在实际问题的研究中，常用这种矩形数表表达某种状态或数量关系.

二、矩阵的概念

定义　由 $m\times n$ 个数 $a_{ij}(i=1,2,\cdots m;\ j=1,2,\cdots n)$ 排成的一个 m 行 n 列矩形数表

$$\begin{pmatrix} a_{11} & a_{12} & \cdots & a_{1n} \\ a_{21} & a_{22} & \cdots & a_{2n} \\ \cdots & \cdots & \cdots & \cdots \\ a_{m1} & a_{m2} & \cdots & a_{mn} \end{pmatrix}$$

称为 m 行 n 列矩阵，简称 $m\times n$ 矩阵，其中 a_{ij} 称为矩阵的第 i 行第 j 列元素.

通常用大写黑体字母 $\boldsymbol{A},\boldsymbol{B},\boldsymbol{C},\cdots$ 或 $(a_{ij}),(b_{ij}),(c_{ij}),\cdots$ 表示矩阵，有时为了明确矩阵的行数与列数，也可记作 $\boldsymbol{A}_{m\times n}$ 或 $(a_{ij})_{m\times n}$.

三、几种特殊的矩阵

在矩阵的研究和应用过程中会出现一些特殊矩阵.

（1）当 $m=n$ 时，矩阵 $\boldsymbol{A}$ 称为 n 阶方阵（或 n 阶矩阵），记为 $\boldsymbol{A}_n$. 方阵的左上角到右下角称为主对角线，其元素 $a_{11},a_{22},\cdots,a_{nn}$ 称为主对角线元素（简称主对角元）.

（2）当 $m=1$ 时，矩阵 $\boldsymbol{A}$ 称为行矩阵，即

$$\boldsymbol{A}_{1\times n}=(a_{11}\quad a_{12}\quad \cdots\quad a_{1n}) .$$

（3）当 $n=1$ 时，矩阵 $\boldsymbol{A}$ 称为列矩阵，即

$$A_{m\times 1}=\begin{pmatrix} a_{11} \\ a_{21} \\ \vdots \\ a_{m1} \end{pmatrix}.$$

（4）如果矩阵的元素全是零，称为零矩阵，记为 $\boldsymbol{O}$.

（5）在方阵中，如果主对角线以下（上）的元素都为零，则称为上（下）三角矩阵，即形如

$$\begin{pmatrix} a_{11} & a_{12} & \cdots & a_{1n} \\ 0 & a_{22} & \cdots & a_{2n} \\ \cdots & \cdots & \cdots & \cdots \\ 0 & 0 & \cdots & a_{nn} \end{pmatrix}$$

的矩阵为上三角矩阵；

形如

$$\begin{pmatrix} a_{11} & 0 & \cdots & 0 \\ a_{21} & a_{22} & \cdots & 0 \\ \cdots & \cdots & \cdots & \cdots \\ a_{n1} & a_{n2} & \cdots & a_{nn} \end{pmatrix}$$

的矩阵为下三角矩阵.

（6）如果一个方阵除主对角元以外的元素都为零，则称这个方阵为对角方阵（或对角矩阵），即

$$\begin{pmatrix} a_{11} & 0 & \cdots & 0 \\ 0 & a_{22} & \cdots & 0 \\ \cdots & \cdots & \cdots & \cdots \\ 0 & 0 & \cdots & a_{nn} \end{pmatrix}.$$

（7）如果对角方阵中的主对角元都为 1，则称这个方阵为单位矩阵，记为 $\boldsymbol{E}$ 或 $\boldsymbol{E}_n$，即

$$\boldsymbol{E}=\begin{pmatrix} 1 & 0 & \cdots & 0 \\ 0 & 1 & \cdots & 0 \\ \cdots & \cdots & \cdots & \cdots \\ 0 & 0 & \cdots & 1 \end{pmatrix}.$$

四、用矩阵表示实际量

例 1　某企业生产 5 种产品，各种产品的季度产值（单位：万元）如表 6-2 所示.

表 6–2

季度＼产品	A	B	C	D	E
一	78	65	77	59	78
二	86	76	89	71	85
三	90	80	96	76	90
四	85	75	87	69	84

这个季度产值可排成一个 4 行 5 列的产值矩阵

$$\begin{pmatrix} 78 & 65 & 77 & 59 & 78 \\ 86 & 76 & 89 & 71 & 85 \\ 90 & 80 & 96 & 76 & 90 \\ 85 & 75 & 87 & 69 & 84 \end{pmatrix},$$

它具体描述了这家企业各种产品在各季度的产值，同时也揭示了产值随季节变化的季增长规律及年产量等情况.

例 2　某车间生产Ⅰ、Ⅱ、Ⅲ、Ⅳ四种产品，需要消耗甲、乙、丙三种原料，单位消耗（单位：kg / t）如表 6–3 所示.

表 6–3

单位消耗＼产品 原料	Ⅰ	Ⅱ	Ⅲ	Ⅳ
甲	100	200	350	120
乙	200	100	150	100
丙	150	200	250	120

该车间四种产品对三种原料的单位消耗情况可以用一个 3 行 4 列的矩阵给出：

$$\begin{pmatrix} 100 & 200 & 350 & 120 \\ 200 & 100 & 150 & 100 \\ 150 & 200 & 250 & 120 \end{pmatrix}.$$

例 3　n 元线性方程组

$$\begin{cases} a_{11}x_1 + a_{12}x_2 + \cdots + a_{1n}x_n = b_1 \\ a_{21}x_1 + a_{22}x_2 + \cdots + a_{2n}x_n = b_2 \\ \cdots\ \cdots\ \cdots\ \cdots\ \cdots\ \cdots\ \cdots\ \cdots\ \cdots \\ a_{m1}x_1 + a_{m2}x_2 + \cdots + a_{mn}x_n = b_m \end{cases} \tag{6-1}$$

的系数可以组成一个 m 行 n 列矩阵

$$A=\begin{pmatrix} a_{11} & a_{12} & \cdots & a_{1n} \\ a_{21} & a_{22} & \cdots & a_{2n} \\ \cdots & \cdots & \cdots & \cdots \\ a_{m1} & a_{m2} & \cdots & a_{mn} \end{pmatrix},$$

称 A 为线性方程组（6-1）的**系数矩阵**．线性方程组（6-1）的系数与常数项也可以组成一个 m 行 $n+1$ 列矩阵

$$\widetilde{A}=\begin{pmatrix} a_{11} & a_{12} & \cdots & a_{1n} & b_1 \\ a_{21} & a_{22} & \cdots & a_{2n} & b_2 \\ \cdots & \cdots & \cdots & \cdots & \cdots \\ a_{m1} & a_{m2} & \cdots & a_{mn} & b_m \end{pmatrix},$$

称 $\widetilde{A}$ 为线性方程组（6-1）的**增广矩阵**．

习题 6.1

1．填空题：

（1）如果 A 是一个 $m\times n$ 矩阵，那么 A 有________行________列；当 $m=1$ 时，$m\times n$ 矩阵是________矩阵；当 $n=1$ 时，$m\times n$ 矩阵是________矩阵．

（2）若 A 既是上三角矩阵，又是下三角矩阵，则 A 是一个________矩阵．

2．某药品销售公司的存货清单上显示瓶装维生素 C 和瓶装维生素 E 的数量（单位：箱）如表 6-4 所示．

表 6-4

数量 \ 型号 \ 品种	100 片 / 瓶	200 片 / 瓶	300 片 / 瓶
维生素 C	23	31	30
维生素 E	35	24	46

试用一个矩阵表示这一库存．

3．某家电公司有三个分店均销售三种功率的空调：1P、1.5P 和 2P．某年六月份销售以上型号空调的情况为：第一分店销量为 32 台、40 台和 19 台；第二分店销量为 33 台、25 台和 31 台；第三分店为 42 台、48 台和 23 台．试用一个销售矩阵表示三个分店的销售情况．

6.2　矩阵的基本运算

矩阵是线性代数的基本运算对象之一，本节主要讨论矩阵的基本运算.

一、矩阵相等

如果两个矩阵具有相同的行数与相同的列数，则称这两个矩阵为同型矩阵.

定义 1　如果矩阵 $\boldsymbol{A},\boldsymbol{B}$ 为同型矩阵，且对应元素都相等，则称矩阵 $\boldsymbol{A}$ 与矩阵 $\boldsymbol{B}$ 相等，记为 $\boldsymbol{A}=\boldsymbol{B}$.

例 1　已知 $\boldsymbol{A}=\begin{pmatrix} 3 & a+b \\ a-b & 5 \end{pmatrix}$，$\boldsymbol{B}=\begin{pmatrix} 1+d & 5 \\ 3 & c-d \end{pmatrix}$，且 $\boldsymbol{A}=\boldsymbol{B}$，求 a,b,c,d .

解　根据矩阵相等的定义可得

$$\begin{cases} 3=1+d \\ a+b=5 \\ a-b=3 \\ 5=c-d \end{cases},$$

解得 $a=4$，$b=1$，$c=7$，$d=2$.

二、矩阵的运算

1. 矩阵的加减法

定义 2　两个 $m\times n$ 矩阵 $\boldsymbol{A}=(a_{ij})$ 与 $\boldsymbol{B}=(b_{ij})$ 的对应元素相加得到新的 $m\times n$ 矩阵称为矩阵 $\boldsymbol{A}$ 与 $\boldsymbol{B}$ 的和，记作 $\boldsymbol{A}+\boldsymbol{B}$，即

$$\boldsymbol{A}+\boldsymbol{B}=(a_{ij}+b_{ij})=\begin{pmatrix} a_{11}+b_{11} & a_{12}+b_{12} & \cdots & a_{1n}+b_{1n} \\ a_{21}+b_{21} & a_{22}+b_{22} & \cdots & a_{2n}+b_{2n} \\ \cdots & \cdots & \cdots & \cdots \\ a_{m1}+b_{m1} & a_{m2}+b_{m2} & \cdots & a_{mn}+b_{mn} \end{pmatrix}.$$

注意：只有两个矩阵是同型矩阵时，才能进行矩阵的加法运算.

矩阵 $(-a_{ij})$ 叫 $\boldsymbol{A}=(a_{ij})$ 的负矩阵，记为 $-\boldsymbol{A}$.

矩阵的减法定义为 $\boldsymbol{A}-\boldsymbol{B}=\boldsymbol{A}+(-\boldsymbol{B})$.

可以验证，矩阵的加法满足下列运算规律（设 $\boldsymbol{A}$，$\boldsymbol{B}$，$\boldsymbol{C}$，$\boldsymbol{O}$ 都是同型矩阵）：

（1）$\boldsymbol{A}+\boldsymbol{B}=\boldsymbol{B}+\boldsymbol{A}$；　　（2）$(\boldsymbol{A}+\boldsymbol{B})+\boldsymbol{C}=\boldsymbol{A}+(\boldsymbol{B}+\boldsymbol{C})$；

（3）$\boldsymbol{A}+\boldsymbol{O}=\boldsymbol{A}$；　　（4）$\boldsymbol{A}+(-\boldsymbol{A})=\boldsymbol{O}$.

2. 矩阵的数乘

定义 3　用数 k 乘矩阵 $\boldsymbol{A}$ 中的每一个元素所得到的新矩阵叫作**数 k 与矩阵 $\boldsymbol{A}$ 的积**，记为 $k\boldsymbol{A}$（或 $\boldsymbol{A}k$），即

$$k\boldsymbol{A}=\boldsymbol{A}k=(k\,a_{ij})=\begin{pmatrix} ka_{11} & ka_{12} & \cdots & ka_{1n} \\ ka_{21} & ka_{22} & \cdots & ka_{2n} \\ \cdots & \cdots & \cdots & \cdots \\ ka_{m1} & ka_{m2} & \cdots & ka_{mn} \end{pmatrix}.$$

容易验证，矩阵的数乘运算满足下列运算规律（设 $\boldsymbol{A},\boldsymbol{B}$ 是同型矩阵，k,l 是常数）：

（1）$k(\boldsymbol{A}+\boldsymbol{B})=k\boldsymbol{A}+k\boldsymbol{B}$；　　（2）$(k+l)\boldsymbol{A}=k\boldsymbol{A}+l\boldsymbol{A}$；

（3）$k(l\boldsymbol{A})=(kl)\boldsymbol{A}$.

例 2　已知 $\boldsymbol{A}=\begin{pmatrix} -2 & 2 & 0 & 3 \\ 5 & -1 & 2 & 4 \\ 0 & 2 & 6 & 3 \end{pmatrix}$，$\boldsymbol{B}=\begin{pmatrix} 1 & 2 & -6 & 2 \\ 0 & 3 & -4 & 2 \\ 2 & -1 & 3 & 1 \end{pmatrix}$，求 $3\boldsymbol{A}-\boldsymbol{B}$.

解

$$3\boldsymbol{A}-\boldsymbol{B}=3\begin{pmatrix} -2 & 2 & 0 & 3 \\ 5 & -1 & 2 & 4 \\ 0 & 2 & 6 & 3 \end{pmatrix}-\begin{pmatrix} 1 & 2 & -6 & 2 \\ 0 & 3 & -4 & 2 \\ 2 & -1 & 3 & 1 \end{pmatrix}$$

$$=\begin{pmatrix} -7 & 4 & 6 & 7 \\ 15 & -6 & 10 & 10 \\ -2 & 7 & 15 & 8 \end{pmatrix}.$$

3. 矩阵的乘法

引例　若用矩阵 $\boldsymbol{A}$ 表示某车间三个班组一天内生产甲和乙两种产品的数量（件），用矩阵 $\boldsymbol{B}$ 表示产品甲和乙的单位售价（元）和单位利润（元），即

$$\begin{array}{c} \qquad\text{甲}\quad\text{乙} \\ \boldsymbol{A}=\begin{pmatrix} 180 & 150 \\ 200 & 140 \\ 120 & 180 \end{pmatrix}\begin{array}{l}\text{一班}\\ \text{二班,}\\ \text{三班}\end{array} \end{array}\qquad \begin{array}{c} \qquad\text{单价}\quad\text{单位利润} \\ \boldsymbol{B}=\begin{pmatrix} 6 & 1 \\ 11 & 3 \end{pmatrix}\begin{array}{l}\text{甲}\\ \text{乙}\end{array}, \end{array}$$

用矩阵 $\boldsymbol{C}$ 表示三个班组一天创造的总产值和总利润，则有

$$\begin{array}{c} \qquad\text{总产值}\ \text{总利润} \\ \boldsymbol{C}=\begin{pmatrix} c_{11} & c_{12} \\ c_{21} & c_{22} \\ c_{31} & c_{32} \end{pmatrix}\begin{array}{l}\text{一班}\\ \text{二班}\\ \text{三班}\end{array} \end{array}$$

$$=\begin{pmatrix}180\times6+150\times11 & 180\times1+150\times3\\ 200\times6+140\times11 & 200\times1+140\times3\\ 120\times6+180\times11 & 120\times1+180\times3\end{pmatrix}$$

$$=\begin{pmatrix}2730 & 630\\ 2740 & 620\\ 2700 & 660\end{pmatrix}.$$

可见，矩阵 $\boldsymbol{C}$ 的元素 c_{11} 正是矩阵 $\boldsymbol{A}$ 的第1行与矩阵 $\boldsymbol{B}$ 的第1列所有对应元素的乘积之和，c_{12} 正是矩阵 $\boldsymbol{A}$ 的第1行与矩阵 $\boldsymbol{B}$ 的第2列所有对应元素的乘积之和，等等.

定义4 设矩阵 $\boldsymbol{A}=(a_{ij})_{m\times s}$ 与 $\boldsymbol{B}=(b_{ij})_{s\times n}$，则由元素

$$c_{ij}=a_{i1}b_{1j}+a_{i2}b_{2j}+\cdots+a_{is}b_{sj}=\sum_{k=1}^{s}a_{ik}b_{kj}\ \ (i=1,2,\cdots,m;\ j=1,2,\cdots,n)$$

构成的 $m\times n$ 矩阵

$$\boldsymbol{C}=(c_{ij})_{m\times n}$$

称为**矩阵 $\boldsymbol{A}$ 与 $\boldsymbol{B}$ 的乘积**，记为 $\boldsymbol{C}=\boldsymbol{AB}$.

记号 $\boldsymbol{AB}$ 常读作 $\boldsymbol{A}$ 左乘 $\boldsymbol{B}$ 或 $\boldsymbol{B}$ 右乘 $\boldsymbol{A}$.

注意：

（1）只有矩阵 $\boldsymbol{A}$ 的列数和矩阵 $\boldsymbol{B}$ 的行数相等时，$\boldsymbol{AB}$ 才有意义；

（2）乘积矩阵 $\boldsymbol{C}$ 的第 i 行第 j 列元素等于 $\boldsymbol{A}$ 的第 i 行与 $\boldsymbol{B}$ 的第 j 列的对应元素乘积之和，即

$$c_{ij}=(a_{i1}\ \ a_{i2}\ \ \cdots\ \ a_{is})\begin{pmatrix}b_{1j}\\ b_{2j}\\ \vdots\\ b_{sj}\end{pmatrix}=a_{i1}b_{1j}+a_{i2}b_{2j}+\cdots+a_{is}b_{sj};$$

（3）矩阵 $\boldsymbol{C}$ 的行数和列数分别等于 $\boldsymbol{A}$ 的行数和 $\boldsymbol{B}$ 的列数.

例3 已知 $\boldsymbol{A}=\begin{pmatrix}2 & 4\\ -3 & -6\end{pmatrix}$，$\boldsymbol{B}=\begin{pmatrix}-2 & 4\\ 1 & -2\end{pmatrix}$，求 $\boldsymbol{AB}$ 和 $\boldsymbol{BA}$.

解 $\boldsymbol{AB}=\begin{pmatrix}2\times(-2)+4\times1 & 2\times4+4\times(-2)\\ -3\times(-2)+(-6)\times1 & -3\times4+(-6)\times(-2)\end{pmatrix}=\begin{pmatrix}0 & 0\\ 0 & 0\end{pmatrix}$，

$\boldsymbol{BA}=\begin{pmatrix}-2 & 4\\ 1 & -2\end{pmatrix}\begin{pmatrix}2 & 4\\ -3 & -6\end{pmatrix}=\begin{pmatrix}-16 & -32\\ 8 & 16\end{pmatrix}.$

例4 已知 $\boldsymbol{A}=\begin{pmatrix}2 & 1\\ -1 & 0\\ 1 & 2\end{pmatrix}$，$\boldsymbol{B}=\begin{pmatrix}1 & 2\\ 2 & 3\end{pmatrix}$，$\boldsymbol{E}=\begin{pmatrix}1 & 0\\ 0 & 1\end{pmatrix}$，求 $\boldsymbol{AE}$ 和 $\boldsymbol{EB}$.

解　$AE=\begin{pmatrix}2&1\\-1&0\\1&2\end{pmatrix}\begin{pmatrix}1&0\\0&1\end{pmatrix}=\begin{pmatrix}2&1\\-1&0\\1&2\end{pmatrix}$，

$$EB=\begin{pmatrix}1&0\\0&1\end{pmatrix}\begin{pmatrix}1&2\\2&3\end{pmatrix}=\begin{pmatrix}1&2\\2&3\end{pmatrix}.$$

由例 3 和例 4 可以看出：

（1）矩阵乘法不满足交换律．有时 $\boldsymbol{AB}$ 有意义，而 $\boldsymbol{BA}$ 不一定有意义；有时即使 $\boldsymbol{AB}$ 和 $\boldsymbol{BA}$ 都有意义，$\boldsymbol{AB}=\boldsymbol{BA}$ 也不一定成立．但对于单位矩阵 $\boldsymbol{E}$，则在有意义的前提下有：$\boldsymbol{AE}=\boldsymbol{A}$ 或 $\boldsymbol{EB}=\boldsymbol{B}$．

（2）两个非零矩阵的乘积可能是零矩阵，即不能从 $\boldsymbol{AB}=\boldsymbol{O}$ 推出 $\boldsymbol{A}=\boldsymbol{O}$ 或 $\boldsymbol{B}=\boldsymbol{O}$．

例 5　已知 $\boldsymbol{A}=\begin{pmatrix}3&2\\-6&4\end{pmatrix}$，$\boldsymbol{B}=\begin{pmatrix}5&2\\1&4\end{pmatrix}$，$\boldsymbol{C}=\begin{pmatrix}0&0\\1&1\end{pmatrix}$，求 $\boldsymbol{AC}$ 和 $\boldsymbol{BC}$．

解　$AC=\begin{pmatrix}3&2\\-6&4\end{pmatrix}\begin{pmatrix}0&0\\1&1\end{pmatrix}=\begin{pmatrix}2&2\\4&4\end{pmatrix}$，

$$BC=\begin{pmatrix}5&2\\1&4\end{pmatrix}\begin{pmatrix}0&0\\1&1\end{pmatrix}=\begin{pmatrix}2&2\\4&4\end{pmatrix}.$$

可见，矩阵乘法也不满足消去律，即不能从 $\boldsymbol{AC}=\boldsymbol{BC}$，$\boldsymbol{C}\neq\boldsymbol{O}$ 推出 $\boldsymbol{A}=\boldsymbol{B}$．

可以验证，矩阵的乘法满足以下运算规律（假设运算都是可行的）：

（1）结合律　$(\boldsymbol{AB})\boldsymbol{C}=\boldsymbol{A}(\boldsymbol{BC})$；

（2）数乘结合律　$k(\boldsymbol{AB})=(k\boldsymbol{A})\boldsymbol{B}=\boldsymbol{A}(k\boldsymbol{B})$（$k$ 是常数）；

（3）分配律　$\boldsymbol{A}(\boldsymbol{B}+\boldsymbol{C})=\boldsymbol{AB}+\boldsymbol{AC}$；

$(\boldsymbol{B}+\boldsymbol{C})\boldsymbol{A}=\boldsymbol{BA}+\boldsymbol{CA}$．

4．线性方程组的矩阵表示

对含有 m 个方程 n 个未知数的线性方程组

$$\begin{cases}a_{11}x_1+a_{12}x_2+\cdots+a_{1n}x_n=b_1\\a_{21}x_1+a_{22}x_2+\cdots+a_{2n}x_n=b_2\\\cdots\cdots\cdots\cdots\cdots\cdots\cdots\cdots\\a_{m1}x_1+a_{m2}x_2+\cdots+a_{mn}x_n=b_m\end{cases},\tag{6-2}$$

设 $\boldsymbol{A}=\begin{pmatrix}a_{11}&a_{12}&\cdots&a_{1n}\\a_{21}&a_{22}&\cdots&a_{2n}\\\cdots&\cdots&\cdots&\cdots\\a_{m1}&a_{m2}&\cdots&a_{mn}\end{pmatrix}$，$\boldsymbol{X}=\begin{pmatrix}x_1\\x_2\\\vdots\\x_n\end{pmatrix}$，$\boldsymbol{B}=\begin{pmatrix}b_1\\b_2\\\vdots\\b_m\end{pmatrix}$，则线性方程组（6-2）可以用矩阵乘法表示为方程形式：

$$AX = B,$$

这个方程称为线性方程组（6-2）对应的矩阵方程.

当 $b_i = 0\ (i = 1,2,\cdots,m)$ 时，线性方程组（6-2）称为齐次线性方程组，否则称为非齐次线性方程组. 显然，齐次线性方程组的矩阵形式为

$$AX = O.$$

5. 矩阵的转置

定义 5 将矩阵

$$A = \begin{pmatrix} a_{11} & a_{12} & \cdots & a_{1n} \\ a_{21} & a_{22} & \cdots & a_{2n} \\ \cdots & \cdots & \cdots & \cdots \\ a_{m1} & a_{m2} & \cdots & a_{mn} \end{pmatrix}$$

的各行换成同序数的列（或者将各列换成同序数的行）得到的新矩阵称为 A 的转置矩阵，记为 A^{T}（或 A'）. 即

$$A^{\mathrm{T}} = \begin{pmatrix} a_{11} & a_{21} & \cdots & a_{m1} \\ a_{12} & a_{22} & \cdots & a_{m2} \\ \cdots & \cdots & \cdots & \cdots \\ a_{1n} & a_{2n} & \cdots & a_{mn} \end{pmatrix}.$$

显然，$m \times n$ 矩阵的转置矩阵是 $n \times m$ 矩阵.

矩阵的转置满足以下运算规律（假设运算都是可行的）：

（1）$(A^{\mathrm{T}})^{\mathrm{T}} = A$；　　（2）$(A + B)^{\mathrm{T}} = A^{\mathrm{T}} + B^{\mathrm{T}}$；

（3）$(kA)^{\mathrm{T}} = kA^{\mathrm{T}}$；　　（4）$(AB)^{\mathrm{T}} = B^{\mathrm{T}} A^{\mathrm{T}}$.

例 6 已知 $A = \begin{pmatrix} 3 & 1 & -2 \\ 4 & 1 & -3 \end{pmatrix}$，$B = \begin{pmatrix} 0 & -2 & 1 \\ -1 & 2 & 2 \\ -2 & 1 & 1 \end{pmatrix}$，求 $(AB)^{\mathrm{T}}$.

解法 1 因为
$$AB = \begin{pmatrix} 3 & 1 & -2 \\ 4 & 1 & -3 \end{pmatrix} \begin{pmatrix} 0 & -2 & 1 \\ -1 & 2 & 2 \\ -2 & 1 & 1 \end{pmatrix} = \begin{pmatrix} 3 & -6 & 3 \\ 5 & -9 & 3 \end{pmatrix},$$

所以
$$(AB)^{\mathrm{T}} = \begin{pmatrix} 3 & 5 \\ -6 & -9 \\ 3 & 3 \end{pmatrix}.$$

解法 2　$(\boldsymbol{AB})^{\mathrm{T}}=\boldsymbol{B}^{\mathrm{T}}\boldsymbol{A}^{\mathrm{T}}=\begin{pmatrix}0&-1&-2\\-2&2&1\\1&2&1\end{pmatrix}\begin{pmatrix}3&4\\1&1\\-2&-3\end{pmatrix}=\begin{pmatrix}3&5\\-6&-9\\3&3\end{pmatrix}$.

例 7　某同学在学院创业市场做手机贴膜业务，如果用矩阵 $\boldsymbol{A}$ 表示其对三种类型手机的某周贴膜量（幅），用 $\boldsymbol{B}$ 表示每幅贴膜售价（元）和利润（元）：

$$\boldsymbol{A}=\begin{pmatrix}20\\12\\15\end{pmatrix}\begin{matrix}X\text{型}\\Y\text{型}\\Z\text{型}\end{matrix}\qquad \boldsymbol{B}=\begin{matrix}\text{单价}\ \ \text{利润}\\\begin{pmatrix}5&3\\8&4\\10&5\end{pmatrix}\end{matrix}\begin{matrix}X\text{型}\\Y\text{型}\\Z\text{型}\end{matrix}$$

求该同学该周做手机贴膜业务的总收入和总利润.

解

$$\boldsymbol{A}^{\mathrm{T}}\boldsymbol{B}=\begin{pmatrix}20&12&15\end{pmatrix}\begin{pmatrix}5&3\\8&4\\10&5\end{pmatrix}=\begin{pmatrix}346&183\end{pmatrix}.$$

所以，总收入为 346 元，总利润为 183 元.

6．方阵的幂

定义 6　设 $\boldsymbol{A}$ 为 n 阶方阵，规定

$$\boldsymbol{A}^0=\boldsymbol{E}\,,\quad \boldsymbol{A}^k=\overbrace{\boldsymbol{AA}\cdots\boldsymbol{A}}^{k\text{个}}\quad (k\text{是正整数}).$$

$\boldsymbol{A}^k$ 称为 **$\boldsymbol{A}$ 的 k 次幂**.

方阵的幂满足以下运算规律(m，n 为正整数).

（1）$\boldsymbol{A}^m\boldsymbol{A}^n=\boldsymbol{A}^{m+n}$；　　（2）$(\boldsymbol{A}^m)^n=\boldsymbol{A}^{mn}$.

例如，已知 $\boldsymbol{A}=\begin{pmatrix}1&1\\1&0\end{pmatrix}$，则 $\boldsymbol{A}^2=\begin{pmatrix}1&1\\1&0\end{pmatrix}\begin{pmatrix}1&1\\1&0\end{pmatrix}=\begin{pmatrix}2&1\\1&1\end{pmatrix}$.

注意：由于矩阵的乘法不满足交换律，所以 $(\boldsymbol{AB})^m$ 与 $\boldsymbol{A}^m\boldsymbol{B}^m$ 一般不相等.

习题 6.2

1．填空：

（1）两个矩阵 $\boldsymbol{A}$ 与 $\boldsymbol{B}$ 可作加、减运算的条件是这两个矩阵__________.

（2）数 k 乘矩阵 $\boldsymbol{A}$ 是用 k 乘以 $\boldsymbol{A}$ 的__________.

（3）两个矩阵 $\boldsymbol{A}$ 与 $\boldsymbol{B}$ 可作乘法运算的条件是______________.

（4）若矩阵 $\boldsymbol{A}$ 与矩阵 $\boldsymbol{B}$ 的乘积 $\boldsymbol{AB}$ 为2行3列矩阵，则矩阵 $\boldsymbol{B}$ 的列数是________.

（5）$\boldsymbol{A}^2-\boldsymbol{B}^2=(\boldsymbol{A}+\boldsymbol{B})(\boldsymbol{A}-\boldsymbol{B})$ 成立的条件是________________.

（6）设 $\boldsymbol{A},\boldsymbol{B}$ 是两个同型上三角矩阵，那么，矩阵 $(\boldsymbol{AB})^{\mathrm{T}}$ 是________矩阵，矩阵 $(3\boldsymbol{A}-2\boldsymbol{B})$ 是________矩阵.

（7）设矩阵 $\boldsymbol{A}=\begin{pmatrix}1&2&-2\\2&3&1\end{pmatrix}$，矩阵 $\boldsymbol{B}=\begin{pmatrix}3&1\\2&-1\\1&-5\end{pmatrix}$，则 $\boldsymbol{AB}$ 的第2行第2列的元素为________.

（8）设矩阵 $\boldsymbol{A}=\begin{pmatrix}2&1&a\\1&-3&-5\end{pmatrix}$，$\boldsymbol{B}=\begin{pmatrix}2&b&7\\1&-3&c\end{pmatrix}$，当 $\boldsymbol{A}=\boldsymbol{B}$ 时，$a=$________，$b=$________，$c=$________.

2．计算：

（1）$\begin{pmatrix}1&-3\\3&5\end{pmatrix}\begin{pmatrix}1&0\\0&1\end{pmatrix}$；（2）$\begin{pmatrix}3&1&5\\1&-2&-1\\4&5&2\end{pmatrix}\begin{pmatrix}4\\2\\1\end{pmatrix}$；

（3）$\begin{pmatrix}1&2&2\end{pmatrix}\begin{pmatrix}4\\0\\5\end{pmatrix}$；（4）$\begin{pmatrix}3\\-5\\1\end{pmatrix}\begin{pmatrix}1&4&-2\end{pmatrix}$；

（5）$\begin{pmatrix}1&-1&2\end{pmatrix}\begin{pmatrix}1&1&1\\0&1&1\\0&0&1\end{pmatrix}\begin{pmatrix}2&0\\1&4\\-1&3\end{pmatrix}$.

3．已知 $\boldsymbol{A}=\begin{pmatrix}1&2&2\\2&1&2\\2&2&1\end{pmatrix}$，$\boldsymbol{B}=\begin{pmatrix}0&2&2\\-3&1&1\\1&0&2\end{pmatrix}$，计算：

（1）$2\boldsymbol{A}-\boldsymbol{B}$；（2）$\boldsymbol{AB}$；（3）$\boldsymbol{B}^{\mathrm{T}}\boldsymbol{A}^{\mathrm{T}}$.

4．已知 $\boldsymbol{A}=\begin{pmatrix}1&0&0\\0&2&0\\0&0&-3\end{pmatrix}$，求 $\boldsymbol{A}^2$，$\boldsymbol{A}^3$，$\boldsymbol{A}^4$.

5．一文具供应店的存货清单上显示钢笔和铅笔的数量如下所述.

钢笔：10箱盒装25支的，8箱盒装10支的，9箱盒装20支的.

铅笔：15箱盒装25支的，16箱盒装10支的，8箱盒装20支的.

现用矩阵 $\boldsymbol{A}$ 表示这一库存，若该店立即组织两次货运以减少库存，每次运输的数量用矩阵 $\boldsymbol{B}$ 表示，问最后钢笔和铅笔的库存为多少？

$$A=\begin{pmatrix}10 & 8 & 9\\ 15 & 16 & 8\end{pmatrix},\ B=\begin{pmatrix}4 & 3 & 3\\ 2 & 6 & 3\end{pmatrix}.$$

6．某公司有甲、乙两个仓库，甲仓库有3类商品，每类商品有4种型号，其库存件数用矩阵表示为 $A=\begin{pmatrix}2 & 2 & 4 & 5\\ 4 & 7 & 3 & 3\\ 3 & 2 & 5 & 3\end{pmatrix}$，乙仓库存有同样的商品，其库存件数用矩阵表示为 $B=\begin{pmatrix}2 & 4 & 2 & 6\\ 4 & 3 & 5 & 1\\ 3 & 5 & 5 & 4\end{pmatrix}$．已知甲仓库每件商品的保管费为3元，乙仓库每件商品的保管费为2元，求该公司3类商品4种型号的保管费．

7．某食品厂三个车间都生产面包、蛋糕和饼干，它们的单位成本（单位：元/千克）如表 6-5 所示．

表 6-5

	面包	蛋糕	饼干
I	4	6	3
II	6	4	5
III	2	4	6

现要在每个车间生产面包50千克，蛋糕10千克，饼干100千克，问哪个车间的总成本最小？

8．某地区甲、乙、丙三家商场同时销售两种品牌的手机，如果用矩阵 A 表示各商场销售这两种手机的周平均销售量（单位：部），用 B 表示两种手机的单位售价（单位：千元）和单位利润（单位：千元），有

$$A=\overset{\text{甲}\quad\text{乙}\quad\text{丙}}{\begin{pmatrix}10 & 15 & 20\\ 30 & 10 & 40\end{pmatrix}}\begin{matrix}\text{I}\\ \text{II}\end{matrix},\quad B=\overset{\text{单价}\ \ \text{利润}}{\begin{pmatrix}3 & 0.5\\ 3.5 & 1\end{pmatrix}}\begin{matrix}\text{I}\\ \text{II}\end{matrix},$$

求这三家商场销售手机的周平均总收入和总利润．

6.3　矩阵的初等变换与矩阵的秩

矩阵的初等变换是矩阵演变的一种重要手段，也是求解线性方程组的重要工具．

一、矩阵的初等变换

定义 1　矩阵的以下三种变换称为矩阵的初等行变换：

（1）交换矩阵的某两行（交换 i, j 两行，记为 $r_i \leftrightarrow r_j$）；

（2）用一个非零常数去乘矩阵的某一行（第 i 行乘数 k，记为 $k r_i$）；

（3）用一个数乘矩阵的某一行后加到另一行上（第 j 行乘 k 后加到第 i 行，记为 $r_i + k r_j$）.

把定义中的“行”换成“列”，即得矩阵的初等列变换的定义（相应记号中把 r 换成 c），初等行变换和初等列变换统称为初等变换. 这里我们主要运用矩阵的初等行变换.

矩阵 $\boldsymbol{A}$ 经过有限次初等变换后变为 $\boldsymbol{B}$，用

$$\boldsymbol{A} \to \boldsymbol{B}$$

表示.

例 1　已知矩阵 $\boldsymbol{A} = \begin{pmatrix} 3 & 1 & -1 & 5 \\ 0 & 1 & 2 & -2 \\ 1 & -1 & 3 & 2 \\ 2 & -1 & 8 & 2 \end{pmatrix}$，对其作以下初等行变换：

$$\boldsymbol{A} = \begin{pmatrix} 3 & 1 & -1 & 5 \\ 0 & 1 & 2 & -2 \\ 1 & -1 & 3 & 2 \\ 2 & -1 & 8 & 2 \end{pmatrix} \xrightarrow{r_1 \leftrightarrow r_3} \begin{pmatrix} 1 & -1 & 3 & 2 \\ 0 & 1 & 2 & -2 \\ 3 & 1 & -1 & 5 \\ 2 & -1 & 8 & 2 \end{pmatrix}$$

$$\xrightarrow[r_4 - 2r_1]{r_3 - 3r_1} \begin{pmatrix} 1 & -1 & 3 & 2 \\ 0 & 1 & 2 & -2 \\ 0 & 4 & -10 & -1 \\ 0 & 1 & 2 & -2 \end{pmatrix} \xrightarrow[r_4 - r_2]{r_3 - 4r_2} \begin{pmatrix} 1 & -1 & 3 & 2 \\ 0 & 1 & 2 & -2 \\ 0 & 0 & -18 & 7 \\ 0 & 0 & 0 & 0 \end{pmatrix}.$$

上式最后一个矩阵是一种特殊矩阵，依其形状称之为行阶梯形矩阵.

一般地，满足下列两个条件的矩阵称为行阶梯形矩阵：

（1）若矩阵有零行（元素全部为零的行），零行全部在下方；

（2）各非零行的从左向右第一个不为零的元素（称为首非零元）的左方与下方的元素全为零.

例如 $\boldsymbol{A} = \begin{pmatrix} 1 & 3 & 0 \\ 0 & 3 & 5 \\ 0 & 0 & 2 \end{pmatrix}$，$\boldsymbol{B} = \begin{pmatrix} 1 & 2 & -3 & 5 \\ 0 & 8 & 3 & 2 \\ 0 & 0 & 3 & 0 \\ 0 & 0 & 0 & 0 \end{pmatrix}$，$\boldsymbol{C} = \begin{pmatrix} 1 & 0 & 0 \\ 0 & 1 & 0 \\ 0 & 0 & 1 \end{pmatrix}$ 都是行阶梯形矩阵，而

$$\boldsymbol{D}=\begin{pmatrix}1 & -3 & 0 & 1\\0 & 0 & 1 & 5\\0 & 0 & 2 & 0\end{pmatrix}，\boldsymbol{E}=\begin{pmatrix}1 & 0 & 0\\0 & 0 & 1\\0 & 2 & 0\end{pmatrix}$$不是行阶梯形矩阵.

特别地，如果行阶梯形矩阵的各非零行的首非零元都是1，且首非零元所在列的其余元素都为零，则称之为行最简阶梯形矩阵，例如上面的矩阵$\boldsymbol{C}$.

二、矩阵的秩

可以证明，任意一个矩阵总可以经过有限次初等行变换化为行阶梯形矩阵，此时矩阵所含非零行的行数是唯一确定的，这个数实质上就是矩阵的“秩”.

定义 2　矩阵$\boldsymbol{A}$所对应的行阶梯形矩阵中非零行的个数r称为矩阵$\boldsymbol{A}$的秩，记作$\mathrm{r}(\boldsymbol{A})$，即$\mathrm{r}(\boldsymbol{A})=r$.

规定：零矩阵的秩为零，即$\mathrm{r}(\boldsymbol{O})=0$.

显然例 1 中矩阵的秩为3.

三、用初等变换求矩阵的秩

定理　矩阵$\boldsymbol{A}$经过初等变换变为矩阵$\boldsymbol{B}$，矩阵的秩不变，即$\mathrm{r}(\boldsymbol{A})=\mathrm{r}(\boldsymbol{B})$.

根据这个定理，我们得到利用初等行变换求矩阵的秩的方法：将矩阵$\boldsymbol{A}$用初等行变换变为一个容易求秩的行阶梯形矩阵$\boldsymbol{B}$，从而得到矩阵$\boldsymbol{A}$的秩.

例 2　求矩阵$\boldsymbol{A}=\begin{pmatrix}4 & -2 & 2 & 1\\1 & 1 & 2 & 2\\5 & -1 & 4 & 3\end{pmatrix}$的秩.

解　因为

$$\boldsymbol{A}=\begin{pmatrix}4 & -2 & 2 & 1\\1 & 1 & 2 & 2\\5 & -1 & 4 & 3\end{pmatrix}\xrightarrow{r_1\leftrightarrow r_2}\begin{pmatrix}1 & 1 & 2 & 2\\4 & -2 & 2 & 1\\5 & -1 & 4 & 3\end{pmatrix}\xrightarrow[r_3-5r_1]{r_2-4r_1}\begin{pmatrix}1 & 1 & 2 & 2\\0 & -6 & -6 & -7\\0 & -6 & -6 & -7\end{pmatrix}$$

$$\xrightarrow{r_3-r_2}\begin{pmatrix}1 & 1 & 2 & 2\\0 & -6 & -6 & -7\\0 & 0 & 0 & 0\end{pmatrix}=\boldsymbol{B}，$$

所以$\mathrm{r}(\boldsymbol{A})=\mathrm{r}(\mathbf{B})=2$.

例 3　设$\boldsymbol{A}=\begin{pmatrix}2 & -1 & 4 & 1 & 0\\-2 & 2 & 1 & 5 & -1\\2 & 0 & 9 & 1 & 2\\-4 & 4 & 2 & -2 & 4\end{pmatrix}$，求矩阵$\boldsymbol{A}$的秩.

解 因为

$$A=\begin{pmatrix}2&-1&4&1&0\\-2&2&1&5&-1\\2&0&9&1&2\\-4&4&2&-2&4\end{pmatrix}\xrightarrow[r_4+2r_1]{\substack{r_2+r_1\\r_3-r_1}}\begin{pmatrix}2&-1&4&1&0\\0&1&5&6&-1\\0&1&5&0&2\\0&2&10&0&4\end{pmatrix}$$

$$\xrightarrow[r_3-r_2]{r_4-2r_3}\begin{pmatrix}2&-1&4&1&0\\0&1&5&6&-1\\0&0&0&-6&3\\0&0&0&0&0\end{pmatrix},$$

所以 $r(A)=3$.

注：本教材只介绍利用初等行变换求得矩阵的的秩，实际上也可以用初等列变换求得矩阵的秩，也可以既用初等行变换又用初等列变换求得矩阵的秩．后两种求法，有兴趣的读者可以参阅其他相关书籍．

习题 6.3

1．指出下列哪些矩阵是行阶梯形矩阵，哪些是行最简阶梯形矩阵：

（1）$\begin{pmatrix}1&0&0\\0&1&0\\0&0&0\end{pmatrix}$，（2）$\begin{pmatrix}1&3&3&4\\0&1&2&-5\\0&0&2&-8\end{pmatrix}$，（3）$\begin{pmatrix}2&4&3&1\\0&0&-2&1\\0&0&0&0\end{pmatrix}$，

（4）$\begin{pmatrix}1&0&0&-2\\0&1&0&-5\\0&0&1&-3\end{pmatrix}$，（5）$\begin{pmatrix}1&0&3\\0&1&2\\0&0&1\\0&0&0\end{pmatrix}$.

2．求下列各矩阵的秩：

（1）$\begin{pmatrix}1&1&1\\3&2&1\\0&1&2\end{pmatrix}$；（2）$\begin{pmatrix}2&-1&3&-1&-3\\-1&3&2&-3&1\\0&5&7&-8&-1\end{pmatrix}$；

（3）$\begin{pmatrix}1&-2&3&-4&4\\0&1&-1&1&3\\1&3&0&1&1\\0&-7&3&1&-3\end{pmatrix}$.

3．对下列矩阵施行初等行变换，使之化为一个单位矩阵：

（1）$\begin{pmatrix} 0 & 2 & -1 \\ 1 & 1 & 2 \\ -1 & -1 & -1 \end{pmatrix}$；　　（2）$\begin{pmatrix} 1 & 1 & 1 & 1 \\ 1 & 1 & -1 & -1 \\ 1 & -1 & 1 & -1 \\ 1 & -1 & -1 & 1 \end{pmatrix}$．

6.4　逆矩阵

一、逆矩阵的概念

引例　一汽车销售公司的两个销售部销售大、小两种汽车，某月销售量矩阵为

$$\begin{matrix} & \text{一} & \text{二} & \\ S = & \begin{pmatrix} 18 & 15 \\ 24 & 17 \end{pmatrix} & & \begin{matrix} \text{大} \\ \text{小} \end{matrix} \end{matrix}$$

月末盘点时得到两个销售部的利润为

$$\begin{matrix} & \text{一} & \text{二} \\ W = & (37200 & 35050), \end{matrix}$$

设两种车的销售利润为

$$\begin{matrix} & \text{大} & \text{小} \\ P = & (a & b), \end{matrix}$$

则有 $PS = W$．问如何从 $PS = W$ 中解出 P？

对于一元一次方程 $ax = b$，当 $a \neq 0$ 时，我们可以在方程两边同时乘以 a^{-1} 得到它的解 $x = a^{-1}b$，这里 a^{-1} 满足 $aa^{-1} = a^{-1}a = 1$，这种运算能否推广到矩阵中？能否用它来解矩阵方程 $AX = B$，从而得到 $X = A^{-1}B$ 呢？从矩阵的角度来看，单位矩阵 E 在矩阵的乘法中的作用类似于数1在数的乘法中的作用．下面引入逆矩阵的概念．

定义　对于 n 阶方阵 A，如果存在一个 n 阶方阵 B，使得

$$AB = BA = E,$$

则称矩阵 A 为可逆矩阵（简称 A 可逆），而 B 称为 A 的逆矩阵，记为 $A^{-1} = B$．即

$$AA^{-1} = A^{-1}A = E.$$

例如，设 $A = \begin{pmatrix} 1 & 2 \\ 2 & 3 \end{pmatrix}$，$B = \begin{pmatrix} -3 & 2 \\ 2 & -1 \end{pmatrix}$，因为 $AB = BA = \begin{pmatrix} 1 & 0 \\ 0 & 1 \end{pmatrix} = E$，所以 B 是 A 的逆矩阵，即 $A^{-1} = B$．

由定义可知，当 B 是 A 的逆矩阵时，A 也是 B 的逆矩阵，因此，A 与 B 称为互逆矩阵．

由逆矩阵的概念可以验证逆矩阵有如下性质.

性质 1　若 $\boldsymbol{A}$ 可逆，则 $\boldsymbol{A}^{-1}$ 是唯一的.

性质 2　若 $\boldsymbol{A}$ 可逆，则 $\boldsymbol{A}^{-1}$ 可逆，且 $(\boldsymbol{A}^{-1})^{-1}=\boldsymbol{A}$.

性质 3　若 $\boldsymbol{A}$ 可逆，则 $\boldsymbol{A}^{\mathrm{T}}$ 可逆，且 $(\boldsymbol{A}^{\mathrm{T}})^{-1}=(\boldsymbol{A}^{-1})^{\mathrm{T}}$.

性质 4　若同阶方阵 $\boldsymbol{A},\boldsymbol{B}$ 都可逆，则 $\boldsymbol{AB}$ 也可逆，且 $(\boldsymbol{AB})^{-1}=\boldsymbol{B}^{-1}\boldsymbol{A}^{-1}$.

另外，若 n 阶方阵 $\boldsymbol{A}$ 与 $\boldsymbol{B}$ 满足 $\boldsymbol{AB}=\boldsymbol{E}$（或 $\boldsymbol{BA}=\boldsymbol{E}$），则 $\boldsymbol{B}=\boldsymbol{A}^{-1}$. 这表明，要验证方阵 $\boldsymbol{B}$ 是否为 $\boldsymbol{A}$ 的逆矩阵，只要验证 $\boldsymbol{AB}=\boldsymbol{E}$ 或 $\boldsymbol{BA}=\boldsymbol{E}$ 中的一个式子即可.

二、用矩阵的初等行变换求逆矩阵

如何求一个可逆矩阵的逆矩阵呢？下面给出用初等行变换求逆矩阵的方法.

首先在给定的 n 阶方阵 $\boldsymbol{A}$ 的右边放一个 n 阶单位矩阵 $\boldsymbol{E}$，形成一个 $n\times 2n$ 的矩阵 $(\boldsymbol{A}\vdots\boldsymbol{E})$，然后对矩阵 $(\boldsymbol{A}\vdots\boldsymbol{E})$ 施行初等行变换，直到将原矩阵 $\boldsymbol{A}$ 所在部分变成单位矩阵 $\boldsymbol{E}$，这时原单位矩阵部分经同样的初等行变换后所得到的矩阵就是矩阵 $\boldsymbol{A}$ 的逆矩阵 $\boldsymbol{A}^{-1}$，即

$$(\boldsymbol{A}\vdots\boldsymbol{E})\xrightarrow{\text{初等行变换}}(\boldsymbol{E}\vdots\boldsymbol{A}^{-1}).$$

在用初等行变换求矩阵的逆矩阵时，若矩阵 $\boldsymbol{A}$ 经过一系列初等变换后不能得到单位矩阵，则可以判定矩阵 $\boldsymbol{A}$ 不可逆. 如对于矩阵 $\boldsymbol{A}=\begin{pmatrix}2&3\\6&9\end{pmatrix}$，用初等行变换求其逆矩阵的过程如下：

$$(\boldsymbol{A}\vdots\boldsymbol{E})=\begin{pmatrix}2&3&\vdots&1&0\\6&9&\vdots&0&1\end{pmatrix}\xrightarrow{r_2-3r_1}\begin{pmatrix}2&3&\vdots&1&0\\0&0&\vdots&-3&1\end{pmatrix},$$

显然，矩阵 $\boldsymbol{A}$ 经过初等行变换不能得到单位矩阵，所以矩阵 $\boldsymbol{A}$ 不可逆.

从上面的分析可以看出：用初等行变换不仅可以求出矩阵 $\boldsymbol{A}$ 的逆矩阵 $\boldsymbol{A}^{-1}$，而且还可以判定矩阵 $\boldsymbol{A}$ 是否可逆.

例 1　用初等行变换求矩阵 $\boldsymbol{A}=\begin{pmatrix}1&2&1\\1&3&1\\2&1&3\end{pmatrix}$ 的逆矩阵.

解　因为

$$(\boldsymbol{A}\vdots\boldsymbol{E})=\begin{pmatrix}1&2&1&\vdots&1&0&0\\1&3&1&\vdots&0&1&0\\2&1&3&\vdots&0&0&1\end{pmatrix}\xrightarrow[r_3-2r_1]{r_2-r_1}\begin{pmatrix}1&2&1&\vdots&1&0&0\\0&1&0&\vdots&-1&1&0\\0&-3&1&\vdots&-2&0&1\end{pmatrix}$$

$$\xrightarrow[r_3+3r_2]{r_1-2r_2}\begin{pmatrix}1&0&1&\vdots&3&-2&0\\0&1&0&\vdots&-1&1&0\\0&0&1&\vdots&-5&3&1\end{pmatrix}\xrightarrow{r_1-r_3}\begin{pmatrix}1&0&0&\vdots&8&-5&-1\\0&1&0&\vdots&-1&1&0\\0&0&1&\vdots&-5&3&1\end{pmatrix},$$

所以
$$A^{-1}=\begin{pmatrix}8&-5&-1\\-1&1&0\\-5&3&1\end{pmatrix}.$$

三、用逆矩阵求解矩阵方程

有了逆矩阵的概念，我们就可以来讨论矩阵方程的求解问题了.

对于矩阵方程 $\boldsymbol{AX}=\boldsymbol{B}$，若 $\boldsymbol{A}$ 可逆，则用 $\boldsymbol{A}^{-1}$ 左乘上式两端，得
$$\boldsymbol{X}=\boldsymbol{A}^{-1}\boldsymbol{B}.$$

对于矩阵方程 $\boldsymbol{XA}=\boldsymbol{B}$，若 $\boldsymbol{A}$ 可逆，则
$$\boldsymbol{X}=\boldsymbol{BA}^{-1}.$$

对于矩阵方程 $\boldsymbol{AXB}=\boldsymbol{C}$，若 $\boldsymbol{A}$，$\boldsymbol{B}$ 均可逆，则
$$\boldsymbol{X}=\boldsymbol{A}^{-1}\boldsymbol{CB}^{-1}.$$

例 2 解矩阵方程 $\boldsymbol{X}\begin{pmatrix}2&1\\4&3\end{pmatrix}=\begin{pmatrix}2&2\\0&-3\\2&-1\end{pmatrix}$.

解 利用初等行变换，可以得到 $\begin{pmatrix}2&1\\4&3\end{pmatrix}$ 的逆矩阵为
$$\begin{pmatrix}2&1\\4&3\end{pmatrix}^{-1}=\frac{1}{2}\begin{pmatrix}3&-1\\-4&2\end{pmatrix},$$

于是
$$\boldsymbol{X}=\frac{1}{2}\begin{pmatrix}2&2\\0&-3\\2&-1\end{pmatrix}\begin{pmatrix}3&-1\\-4&2\end{pmatrix}=\frac{1}{2}\begin{pmatrix}-2&2\\12&-6\\10&-4\end{pmatrix}=\begin{pmatrix}-1&1\\6&-3\\5&-2\end{pmatrix}.$$

例 3 解线性方程组 $\begin{cases}x_1+2x_2+x_3=0\\x_1+3x_2+x_3=1\\2x_1+x_2+3x_3=2\end{cases}$.

解 设 $\boldsymbol{A}=\begin{pmatrix}1&2&1\\1&3&1\\2&1&3\end{pmatrix}$，$\boldsymbol{X}=\begin{pmatrix}x_1\\x_2\\x_3\end{pmatrix}$，$\boldsymbol{B}=\begin{pmatrix}0\\1\\2\end{pmatrix}$，则方程组可表示为矩阵方程
$$\boldsymbol{AX}=\boldsymbol{B}.$$

由例 1 可知
$$\boldsymbol{A}^{-1}=\begin{pmatrix}8&-5&-1\\-1&1&0\\-5&3&1\end{pmatrix},$$

于是
$$X = A^{-1}B = \begin{pmatrix} 8 & -5 & -1 \\ -1 & 1 & 0 \\ -5 & 3 & 1 \end{pmatrix}\begin{pmatrix} 0 \\ 1 \\ 2 \end{pmatrix} = \begin{pmatrix} -7 \\ 1 \\ 5 \end{pmatrix},$$

即所求方程组的解为 $x_1 = -7$，$x_2 = 1$，$x_3 = 5$.

习题 6.4

1. 填空题:

（1）已知 n 阶方阵 A 是可逆矩阵，则 $r(A)=$________.

（2）已知 A 是 n 阶方阵，若存在 n 阶方阵 B 使得________，则称方阵 A 可逆.

（3）单位矩阵 $\begin{pmatrix} 1 & 0 & 0 \\ 0 & 1 & 0 \\ 0 & 0 & 1 \end{pmatrix}$ 的逆矩阵是________.

2. 用初等行变换法求下列矩阵的逆矩阵:

（1）$\begin{pmatrix} 1 & 3 \\ 2 & 0 \end{pmatrix}$；　（2）$\begin{pmatrix} 1 & 0 & 0 \\ 1 & 1 & 0 \\ 1 & 1 & 1 \end{pmatrix}$；　（3）$\begin{pmatrix} 1 & -3 & 0 \\ 1 & 2 & 1 \\ 3 & -1 & 1 \end{pmatrix}$.

3. 解下列矩阵方程:

（1）$\begin{pmatrix} -2 & -3 \\ 3 & 4 \end{pmatrix} X = \begin{pmatrix} 1 & 2 \\ -5 & 2 \end{pmatrix}$；　（2）$X + X\begin{pmatrix} 4 & 3 \\ 2 & 1 \end{pmatrix} = \begin{pmatrix} 4 & -2 \\ 1 & 3 \end{pmatrix}$；

（3）$\begin{pmatrix} 1 & 2 & -3 \\ 2 & 3 & 1 \\ 3 & 5 & -1 \end{pmatrix} X = \begin{pmatrix} 1 & 1 \\ -2 & 0 \\ -1 & 2 \end{pmatrix}$.

4. 解线性方程组 $\begin{cases} 2x_1 - x_2 + x_3 = 0 \\ 2x_1 + x_2 + x_3 = 2 \\ x_1 + 3x_2 - 2x_3 = 6 \end{cases}$.

5. 一药剂师用 a，b 两种药水配制 2 升含盐 6% 的药水，其中 a 药水含盐 3%，b 药水含盐 8%，问需要 a，b 药水各多少升?

6. 一艘轮船以 x(km/h) 速度在长江航行，江水速度为 y(km/h)，若顺水航行时轮船相对于江岸的速度为 180km/h，逆水航行时轮船相对于江岸的速度为 100km/h，请用矩阵方法求出轮船的速度和水流速度.

6.5　用初等变换求解线性方程组

代数研究的中心问题之一是解方程组，其中最简单的便是解线性方程组．许多复杂的问题可以简化或者归结为线性方程组的问题．本节讨论线性方程组是否有解，有多少解及怎样求解的问题．

一、用高斯消元法解线性方程组

引例　用消元法解线性方程组

$$\begin{cases} x_1-2x_2+2x_3=1 \\ 2x_1-5x_2+3x_3=3 \\ x_1+3x_2+6x_3=-1 \end{cases}.$$

将方程组的第一个方程的(–2)倍和(–1)倍分别加到第二个方程和第三个方程上，得到同解方程组

$$\begin{cases} x_1-2x_2+2x_3=1 \\ -x_2-x_3=1 \\ 5x_2+4x_3=-2 \end{cases},$$

将上面方程组的第二个方程的5倍加到第三个方程上，得同解方程组

$$\begin{cases} x_1-2x_2+2x_3=1 \\ -x_2-x_3=1 \\ -x_3=3 \end{cases},$$

从最后一个方程得到$x_3=-3$，将其代入第二个方程可得到$x_2=2$，再将x_2，x_3同时代入第一个方程得到$x_1=11$，从而所求方程组的解为

$$\begin{cases} x_1=11 \\ x_2=2 \\ x_3=-3 \end{cases}.$$

由此可以看出，对方程组进行同解变换，只是使方程组的系数及右端常数项发生改变，而未知数记号并未改变，这相当于对该方程组的系数与右端常数项按对应位置构成的矩阵作初等行变换．

因此，在用消元法解方程组时，不必写出未知数记号，只需写出增广矩阵，这个增广矩阵就代表方程组，而求解的过程就可以表示为对增广矩阵施行一些初等行变换．上述求解过程可写为下面形式：

$$\widetilde{\boldsymbol{A}}=\begin{pmatrix}1&-2&2&1\\2&-5&3&3\\1&3&6&-1\end{pmatrix}\xrightarrow[r_3-r_1]{r_2-2r_1}\begin{pmatrix}1&-2&2&1\\0&-1&-1&1\\0&5&4&-2\end{pmatrix}\xrightarrow{r_3+5r_2}\begin{pmatrix}1&-2&2&1\\0&-1&-1&1\\0&0&-1&3\end{pmatrix},$$

至此已将增广矩阵化为行阶梯形矩阵，继续对其施行初等行变换化为行最简阶梯形矩阵，有

$$\begin{pmatrix}1&-2&2&1\\0&-1&-1&1\\0&0&-1&3\end{pmatrix}\xrightarrow[r_2-r_3]{r_1+2r_3}\begin{pmatrix}1&-2&0&7\\0&-1&0&-2\\0&0&-1&3\end{pmatrix}\xrightarrow[\substack{-r_2\\-r_3}]{r_1-2r_2}\begin{pmatrix}1&0&0&11\\0&1&0&2\\0&0&1&-3\end{pmatrix}.$$

最后一个矩阵对应的方程组为

$$\begin{cases}x_1=11\\x_2=2\\x_3=-3\end{cases},$$

即为原方程组的解.

再看下面两个例子.

例 1 解线性方程组$\begin{cases}x_1-2x_2+x_3=1\\2x_1+x_2+3x_3=2\\3x_1-x_2+4x_3=3\end{cases}$.

解 对方程组的增广矩阵作初等行变换

$$\widetilde{\boldsymbol{A}}=\begin{pmatrix}1&-2&1&1\\2&1&3&2\\3&-1&4&3\end{pmatrix}\xrightarrow[r_3-3r_1]{r_2-2r_1}\begin{pmatrix}1&-2&1&1\\0&5&1&0\\0&5&1&0\end{pmatrix}$$

$$\xrightarrow{r_3-r_2}\begin{pmatrix}1&-2&2&1\\0&5&1&0\\0&0&0&0\end{pmatrix}\xrightarrow{r_1-2r_2}\begin{pmatrix}1&-12&0&1\\0&5&1&0\\0&0&0&0\end{pmatrix},$$

于是得到原方程组的同解方程组

$$\begin{cases}x_1-12x_2=1\\5x_2+x_3=0\\0=0\end{cases},$$

即
$$\begin{cases}x_1=12x_2+1\\x_3=-5x_2\end{cases}.$$

由此看出，只要 x_2 取定一个值，就可唯一地确定出对应的 x_1 和 x_3 的值，从而得到原方程组的一组解. 由于 x_2 可以取任意值，所以原方程组有无穷多组解，这时 x_2 称为自由未知量.

若令 x_2 取任意常数 c，则方程组的解为

$$\begin{cases} x_1 = 12c + 1 \\ x_2 = c \\ x_3 = -5c \end{cases}$$（其中 c 为任意常数）.

这种解的表达式称为线性方程组的一般解.

例 2　解线性方程组 $\begin{cases} x_1 + 3x_2 + 4x_3 = 2 \\ 2x_1 - x_2 + 3x_3 = 5 \\ x_1 - 4x_2 - x_3 = 2 \end{cases}$.

解　对方程组的增广矩阵作初等行变换，有

$$\tilde{\boldsymbol{A}} = \begin{pmatrix} 1 & 3 & 4 & 2 \\ 2 & -1 & 3 & 5 \\ 1 & -4 & -1 & 2 \end{pmatrix} \xrightarrow[r_3 - r_1]{r_2 - 2r_1} \begin{pmatrix} 1 & 3 & 4 & 2 \\ 0 & -7 & -5 & 1 \\ 0 & -7 & -5 & 0 \end{pmatrix} \xrightarrow{r_3 - r_2} \begin{pmatrix} 1 & 3 & 4 & 2 \\ 0 & -7 & -5 & 1 \\ 0 & 0 & 0 & -1 \end{pmatrix},$$

于是原方程组化为

$$\begin{cases} x_1 + 3x_2 + 4x_3 = 2 \\ \quad -7x_2 - 5x_3 = 1 \\ \qquad\qquad 0 = -1 \end{cases}.$$

第三个方程显然是矛盾的，也就是说这个方程组无解.

二、线性方程组解的判定

引例中的方程组有唯一解，此时增广矩阵的秩和系数矩阵的秩都为3，即

$$\mathrm{r}(\tilde{\boldsymbol{A}}) = \mathrm{r}(\boldsymbol{A}) = 3 = n.$$

例 1 中的方程组有无穷多组解，此时增广矩阵的秩和系数矩阵的秩都为2，即

$$\mathrm{r}(\tilde{\boldsymbol{A}}) = \mathrm{r}(\boldsymbol{A}) = 2 < n.$$

例 2 中的方程组无解，此时增广矩阵的秩和系数矩阵的秩不相等，即 $\mathrm{r}(\tilde{\boldsymbol{A}}) \neq \mathrm{r}(\boldsymbol{A})$.

从上面几个例子可以得出线性方程组有解的一般性结论.

定理（线性方程组解的判定定理）　n 元线性方程组

$$\begin{cases} a_{11}x_1 + a_{12}x_2 + \cdots + a_{1n}x_n = b_1 \\ a_{21}x_1 + a_{22}x_2 + \cdots + a_{2n}x_n = b_2 \\ \cdots\cdots\cdots\cdots\cdots\cdots\cdots\cdots \\ a_{m1}x_1 + a_{m2}x_2 + \cdots + a_{mn}x_n = b_m \end{cases}$$

有解的充分必要条件是系数矩阵 $\boldsymbol{A}$ 的秩与增广矩阵 $\tilde{\boldsymbol{A}}$ 的秩相等，即 $\mathrm{r}(\tilde{\boldsymbol{A}}) = \mathrm{r}(\boldsymbol{A})$，且

（1）当 $\mathrm{r}(\tilde{\boldsymbol{A}}) = \mathrm{r}(\boldsymbol{A}) = n$ 时，方程组有唯一解；

（2）当 $\mathrm{r}(\tilde{\boldsymbol{A}}) = \mathrm{r}(\boldsymbol{A}) = r < n$ 时，方程组有无穷多组解（其中有 $n - r$ 个自由未知量）.

而当 $\mathrm{r}(\tilde{\boldsymbol{A}}) \neq \mathrm{r}(\boldsymbol{A})$ 时，线性方程组无解.

其中 $$\boldsymbol{A}=\begin{pmatrix} a_{11} & a_{12} & \cdots & a_{1n} \\ a_{21} & a_{22} & \cdots & a_{2n} \\ \cdots & \cdots & \cdots & \cdots \\ a_{m1} & a_{m2} & \cdots & a_{mn} \end{pmatrix},\quad \widetilde{\boldsymbol{A}}=\left(\begin{array}{cccc|c} a_{11} & a_{12} & \cdots & a_{1n} & b_1 \\ a_{21} & a_{22} & \cdots & a_{2n} & b_2 \\ \cdots & \cdots & \cdots & \cdots & \cdots \\ a_{m1} & a_{m2} & \cdots & a_{mn} & b_m \end{array}\right).$$

特别地，对于齐次线性方程组

$$\begin{cases} a_{11}x_1+a_{12}x_2+\cdots+a_{1n}x_n=0 \\ a_{21}x_1+a_{22}x_2+\cdots+a_{2n}x_n=0 \\ \cdots\cdots\cdots\cdots\cdots\cdots\cdots\cdots \\ a_{m1}x_1+a_{m2}x_2+\cdots+a_{mn}x_n=0 \end{cases}, \tag{6-3}$$

有 $$\widetilde{\boldsymbol{A}}=\left(\begin{array}{cccc|c} a_{11} & a_{12} & \cdots & a_{1n} & 0 \\ a_{21} & a_{22} & \cdots & a_{2n} & 0 \\ \cdots & \cdots & \cdots & \cdots & \cdots \\ a_{m1} & a_{m2} & \cdots & a_{mn} & 0 \end{array}\right),$$

显然 $\mathrm{r}(\widetilde{\boldsymbol{A}})=\mathrm{r}(\boldsymbol{A})$，因此齐次线性方程组（6-3）总有解.

推论　齐次线性方程组（6-3）总有解，且

（1）当 $\mathrm{r}(\widetilde{\boldsymbol{A}})=\mathrm{r}(\boldsymbol{A})=n$ 时，方程组只有零解；

（2）当 $\mathrm{r}(\widetilde{\boldsymbol{A}})=\mathrm{r}(\boldsymbol{A})=r<n$ 时，方程组有无穷多组非零解（其中有 $n-r$ 个自由未知量）.

一般地，求解线性方程组可以按以下步骤进行.

第一步：施行初等行变换将 $\widetilde{\boldsymbol{A}}$ 化为行阶梯形矩阵，根据 $\mathrm{r}(\boldsymbol{A})$ 与 $\mathrm{r}(\widetilde{\boldsymbol{A}})$ 是否相等，判断方程组是否有解；

第二步：如果有解，用初等行变换将行阶梯形矩阵进一步化为行最简阶梯形矩阵，由行最简阶梯形矩阵相应地写出方程组的解.

例 3　某工厂有1000小时用于生产、维修和检验，各工序的工作时间分别为 P，M，I，且满足 $P+M+I=1000$，$P=I-100$，$P+I=M+100$，问各工序所用时间分别是多少？

解　由题意得

$$\begin{cases} P+M+I=1000 \\ P\qquad -I=-100 \\ P-M+I=100 \end{cases},$$

该方程组的增广矩阵为

$$\widetilde{\boldsymbol{A}}=\begin{pmatrix} 1 & 1 & 1 & 1000 \\ 1 & 0 & -1 & -100 \\ 1 & -1 & 1 & 100 \end{pmatrix},$$

对增广矩阵施行初等行变换，将其化为行最简阶梯形矩阵

$$\widetilde{A}=\begin{pmatrix}1&1&1&1000\\1&0&-1&-100\\1&-1&1&100\end{pmatrix}\xrightarrow{r_1\leftrightarrow r_2}\begin{pmatrix}1&0&-1&-100\\1&1&1&1000\\1&-1&1&100\end{pmatrix}$$

$$\xrightarrow[r_3-r_1]{r_2-r_1}\begin{pmatrix}1&0&-1&-100\\0&1&2&1100\\0&-1&2&200\end{pmatrix}\xrightarrow{r_3+r_2}\begin{pmatrix}1&0&-1&-100\\0&1&2&1100\\0&0&4&1300\end{pmatrix}$$

$$\xrightarrow{\frac{1}{4}r_3}\begin{pmatrix}1&0&-1&-100\\0&1&2&1100\\0&0&1&325\end{pmatrix}\xrightarrow[r_2-2r_3]{r_1+r_3}\begin{pmatrix}1&0&0&225\\0&1&0&450\\0&0&1&325\end{pmatrix},$$

得原方程组的同解方程组

$$\begin{cases}P=225\\M=450\\I=325\end{cases},$$

即为线性方程组的解．因此，各工序所用时间分别为：225 小时、450 小时、325 小时．

例 4　解线性方程组$\begin{cases}x_1+3x_2+4x_4=1\\x_1+x_2+2x_3+2x_4=-1\\2x_1+4x_2+2x_3+7x_4=1\end{cases}$.

解　对方程组的增广矩阵作初等行变换，有

$$\widetilde{A}=\begin{pmatrix}1&3&0&4&1\\1&1&2&2&-1\\2&4&2&7&1\end{pmatrix}\xrightarrow[r_3-2r_1]{r_2-r_1}\begin{pmatrix}1&3&0&4&1\\0&-2&2&-2&-2\\0&-2&2&-1&-1\end{pmatrix}$$

$$\xrightarrow{r_3-r_2}\begin{pmatrix}1&3&0&4&1\\0&-2&2&-2&-2\\0&0&0&1&1\end{pmatrix}\xrightarrow[r_1-4r_3]{r_2+2r_3}\begin{pmatrix}1&3&0&0&-3\\0&-2&2&0&0\\0&0&0&1&1\end{pmatrix}$$

$$\xrightarrow{\frac{1}{2}r_2}\begin{pmatrix}1&3&0&0&-3\\0&-1&1&0&0\\0&0&0&1&1\end{pmatrix}.$$

由 $\mathrm{r}(A)=\mathrm{r}(\widetilde{A})=3<4$，可知方程组有无穷多解．

原方程组等价于方程组$\begin{cases}x_1=-3x_2-3\\x_3=x_2\\x_4=1\end{cases}$，取 x_2 为自由未知量，令 $x_2=c$，于是原方程组的一般解为

$$\begin{cases} x_1 = -3c - 3 \\ x_2 = c \\ x_3 = c \\ x_4 = 1 \end{cases} \text{（其中 } c \text{ 为任意常数）.}$$

例 5 解线性方程组 $\begin{cases} 2x_1 + 3x_2 + 4x_3 - x_4 = 2 \\ 2x_1 + x_2 + 3x_3 + 2x_4 = 1 \\ 4x_1 + 4x_2 + 7x_3 + x_4 = 3 \end{cases}$.

解 $\widetilde{A} = \begin{pmatrix} 2 & 3 & 4 & -1 & 2 \\ 2 & 1 & 3 & 2 & 1 \\ 4 & 4 & 7 & 1 & 3 \end{pmatrix} \xrightarrow[r_3 - 2r_1]{r_2 - r_1} \begin{pmatrix} 2 & 3 & 4 & -1 & 2 \\ 0 & -2 & -1 & 3 & -1 \\ 0 & -2 & -1 & 3 & -1 \end{pmatrix}$

$$\xrightarrow[r_1 + 4r_2]{r_3 - r_2} \begin{pmatrix} 2 & -5 & 0 & 11 & -2 \\ 0 & -2 & -1 & 3 & -1 \\ 0 & 0 & 0 & 0 & 0 \end{pmatrix} \xrightarrow[-r_2]{\frac{1}{2}r_1} \begin{pmatrix} 1 & -5/2 & 0 & 11/2 & -1 \\ 0 & 2 & 1 & -3 & 1 \\ 0 & 0 & 0 & 0 & 0 \end{pmatrix},$$

得到原方程组的同解方程组 $\begin{cases} x_1 - \dfrac{5}{2}x_2 + \dfrac{11}{2}x_4 = -1 \\ 2x_2 + x_3 - 3x_4 = 1 \end{cases}$,

即 $\begin{cases} x_1 = \dfrac{5}{2}x_2 - \dfrac{11}{2}x_4 - 1 \\ x_3 = -2x_2 + 3x_4 + 1 \end{cases}$，令 $x_2 = c_1$， $x_4 = c_2$，则方程组的一般解为

$$\begin{cases} x_1 = \dfrac{5}{2}c_1 - \dfrac{11}{2}c_2 - 1 \\ x_2 = c_1 \\ x_3 = -2c_1 + 3c_2 + 1 \\ x_4 = c_2 \end{cases} \text{（其中 } c_1, c_2 \text{ 为任意常数）.}$$

对于线性方程组有无穷多组解的情况，由于自由未知量的选择不唯一，因此无穷多组解的表达式也不是唯一的.

例 6　求齐次线性方程组$\begin{cases} x_1-2x_2+x_3+2x_4=0 \\ 2x_1-5x_2+2x_3-x_4=0 \\ x_1-x_2+4x_3+x_4=0 \end{cases}$的解.

解　对系数矩阵作初等行变换，有

$$A=\begin{pmatrix} 1 & -2 & 1 & 2 \\ 2 & -5 & 2 & -1 \\ 1 & -1 & 4 & 1 \end{pmatrix} \xrightarrow[r_3-r_1]{r_2-2r_1} \begin{pmatrix} 1 & -2 & 1 & 2 \\ 0 & -1 & 0 & -5 \\ 0 & 1 & 3 & -1 \end{pmatrix} \xrightarrow[r_3+r_2]{r_1-2r_2} \begin{pmatrix} 1 & 0 & 1 & 12 \\ 0 & -1 & 0 & -5 \\ 0 & 0 & 3 & -6 \end{pmatrix}$$

$$\xrightarrow[-r_2]{\frac{1}{3}r_3} \begin{pmatrix} 1 & 0 & 1 & 12 \\ 0 & 1 & 0 & 5 \\ 0 & 0 & 1 & -2 \end{pmatrix} \xrightarrow{r_1-r_3} \begin{pmatrix} 1 & 0 & 0 & 14 \\ 0 & 1 & 0 & 5 \\ 0 & 0 & 1 & -2 \end{pmatrix},$$

可得原方程组的同解方程组$\begin{cases} x_1=-14x_4 \\ x_2=-5x_4 \\ x_3=2x_4 \end{cases}$.

令$x_4=c$，于是所求方程组的一般解为

$$\begin{cases} x_1=-14c \\ x_2=-5c \\ x_3=2c \\ x_a=c \end{cases} \quad (\text{其中}\, c \,\text{为任意常数}).$$

习题 6.5

1．填空题:

（1）已知线性方程组$\boldsymbol{AX}=\boldsymbol{B}$有解，若系数矩阵$\boldsymbol{A}$的秩$\mathrm{r}(\boldsymbol{A})=2$，则增广矩阵$\widetilde{\boldsymbol{A}}$的秩$\mathrm{r}(\widetilde{\boldsymbol{A}})=$__________.

（2）若非齐次线性方程组$\boldsymbol{AX}=\boldsymbol{B}$的增广矩阵$\widetilde{\boldsymbol{A}}$经过一系列的初等行变换化为

$$\begin{pmatrix} 1 & 2 & -1 & 2 \\ 0 & 0 & 1 & 3 \\ 0 & 0 & \lambda & 5 \end{pmatrix},$$

则当λ__________时，此方程组有无穷多解；当λ__________时，此方程组无解.

（3）已知四元齐次线性方程组$\boldsymbol{AX}=\boldsymbol{O}$，若它仅有零解，则系数矩阵$\boldsymbol{A}$的秩$\mathrm{r}(\boldsymbol{A})=$________.

（4）线性方程组$\begin{cases} x_1+x_2+x_3+x_4=0 \\ x_1+2x_2+2x_3+3x_4=0 \end{cases}$有________个自由未知量.

2．确定m，a和b的值，使下列方程组有解：

（1）$\begin{cases} x_1+x_2+x_3+x_4=1 \\ 3x_1+2x_2-x_3-x_4=0 \\ x_2+4x_3+4x_4=m \end{cases}$；　（2）$\begin{cases} x_1+x_2+x_3+x_4+x_5=1 \\ 3x_1+2x_2+x_3+x_4-3x_5=a \\ x_2+2x_3+2x_4+6x_5=3 \\ 5x_1+4x_2+3x_3-3x_4-x_5=b \end{cases}$.

3．解下列线性方程组：

（1）$\begin{cases} x_1+5x_2+4x_3-13x_4=3 \\ 3x_1-x_2+2x_3+5x_4=2 \\ 2x_1+2x_2+3x_3-4x_4=1 \end{cases}$；　（2）$\begin{cases} 2x+3y=1+z \\ 3x+2z=8-5y \\ 3z-1=x-2y \end{cases}$；

（3）$\begin{cases} x_1-2x_2+3x_3-4x_4=0 \\ x_2-x_3+x_4=0 \\ x_1+3x_2-3x_4=0 \end{cases}$；　（4）$\begin{cases} x_1-2x_2+x_3=0 \\ 2x_1+2x_2-x_3=3 \\ x_1-x_2-2x_3=-7 \end{cases}$；

（5）$\begin{cases} x_1+2x_3=1 \\ 2x_1+x_2+5x_3=-1 \\ x_1-x_2+x_3=4 \end{cases}$；　（6）$\begin{cases} x_1+2x_2+x_3-x_4=0 \\ 3x_1+6x_2-x_3-3x_4=0 \\ 5x_1+10x_2+x_3-5x_4=0 \end{cases}$.

4．现有三种化肥，其成分如表 6-6 所示.

表 6-6

种类 \ 成分 数量	钾（%）	氮（%）	磷（%）
A	20	30	50
B	10	20	70
C	0	30	70

要得到 200kg 含钾 12%，氮 25%，磷 63% 的化肥，需要以上三种化肥的量各是多少千克？

5．一位营养师想组合 4 种食物使得一餐含有 78 单位的维生素 A，67 单位的维生素 B，146 单位的维生素 C，153 单位的维生素 D，每种食物每千克的维生素含量如表 6–7 所示.

表 6–7

维生素 \ 食物	1	2	3	4
A	3	2	2	6
B	2	3	5	0

续表

食物 / 维生素	1	2	3	4
C	8	6	4	7
D	5	5	7	6

问营养师的想法是否可行?

综合练习六

一、填空题

1. 设$\begin{pmatrix}3x & 2y\\ 2 & -3\end{pmatrix}-\begin{pmatrix}-y & x\\ 1 & 2\end{pmatrix}=\begin{pmatrix}1 & -1\\ 1 & -5\end{pmatrix}$，则 $x=$________，$y=$________.

2. 设$\boldsymbol{A}=\begin{pmatrix}2 & 3 & 1\end{pmatrix}$，$\boldsymbol{B}=\begin{pmatrix}1 & 1 & 0\\ 2 & 3 & 1\\ -1 & 0 & 2\end{pmatrix}$，则 $\boldsymbol{AB}=$________.

3. 已知 $f(x)=x^2-6x+2$，$\boldsymbol{A}=\begin{pmatrix}1 & 2\\ 1 & 5\end{pmatrix}$，则 $f(\boldsymbol{A})=$________.

4. 若$\boldsymbol{A}=\begin{pmatrix}1 & 2\\ 2 & -3\end{pmatrix}$，则 $\boldsymbol{A}^2\boldsymbol{A}^{\mathrm{T}}=$____________.

5. 若$\boldsymbol{A}=\begin{pmatrix}1 & 2\\ 3 & 5\end{pmatrix}$，则 $\boldsymbol{A}^{-1}=$____________.

6. 设 $\boldsymbol{A}$, $\boldsymbol{B}$ 均为 n 阶矩阵，$\boldsymbol{E}-\boldsymbol{B}$ 可逆，则矩阵 $\boldsymbol{A}+\boldsymbol{BX}=\boldsymbol{X}$ 的解 $\boldsymbol{X}=$__________.

7. 当λ________时，方程组$\begin{cases}x_1+x_2=-1\\ x_1+\lambda x_2=1\end{cases}$无解.

8. 若 n 元线性方程组的系数矩阵为 $\boldsymbol{A}$，增广矩阵为 $\widetilde{\boldsymbol{A}}$，则方程组有解的充要条件是__________；有唯一解的充要条件是__________；有无穷多解的条件是__________；无解的条件是__________.

二、选择题

1. $\begin{pmatrix}1\\ 2\end{pmatrix}\begin{pmatrix}2 & 3\end{pmatrix}=$（　　）.

A. 8　　B. $\begin{pmatrix}2 & 6\end{pmatrix}$　　C. $\begin{pmatrix}2\\ 6\end{pmatrix}$　　D. $\begin{pmatrix}2 & 3\\ 4 & 6\end{pmatrix}$

2. 设 $\boldsymbol{A},\boldsymbol{B}$ 均为 n 阶可逆方阵，且 $\boldsymbol{AXB}=\boldsymbol{E}$，则 $\boldsymbol{X}=$（　　）.

A. $B^{-1}A^{-1}$　　B. $A^{-1}B^{-1}$　　C. $A^{-1}B$　　D. BA^{-1}

3. 下列结论正确的是（　　）.

A. 若 A,B 均为零矩阵，则有 $A=B$

B. 若 $AB=AC$，且 $A\neq O$，则 $B=C$

C. 若 $A\neq O$，$B\neq O$，则 $AB\neq O$

D. 若 A 可逆，则 $(A^{T})^{-1}=(A^{-1})^{T}$

4. 矩阵 $A=\begin{pmatrix}1 & 3 & 0\end{pmatrix}$，$B=\begin{pmatrix}2 & -2\\ 1 & -3\end{pmatrix}$，$C=\begin{pmatrix}2 & 1\\ -1 & 0\\ 1 & 2\end{pmatrix}$，下列运算可行的是（　　）.

A. ABC　　B. $AC-B$　　C. $A^{T}B$　　D. $BC^{T}A^{T}$

5. 设 A, B 是 n 阶可逆方阵，下列各式正确的是（　　）.

A. $(A+B)^2=A^2+2AB+B^2$　　B. $(A+B)^{-1}=A^{-1}+B^{-1}$

C. $(2A)^{-1}=2A^{-1}$　　D. $[(A^{T})^{-1}]^{T}=A^{-1}$

6. 已知二阶方阵 A 的逆矩阵 $A^{-1}=\begin{pmatrix}2 & 3\\ 1 & 2\end{pmatrix}$，则 $A=$（　　）.

A. $\begin{pmatrix}-2 & 3\\ 1 & -2\end{pmatrix}$　　B. $\begin{pmatrix}2 & 3\\ 1 & 2\end{pmatrix}$　　C. $\begin{pmatrix}2 & 1\\ 3 & 2\end{pmatrix}$　　D. $\begin{pmatrix}2 & -3\\ -1 & 2\end{pmatrix}$

7. 已知齐次方程组 $\begin{cases}kx_1+2x_2+x_3=0\\ x_1-x_2+x_3=0\\ 2x_1+kx_2=0\end{cases}$ 有非零解，则（　　）.

A. $k\neq -3$ 且 $k\neq 2$　　B. $k=-3$ 或 $k=2$

C. $k\neq 3$ 且 $k\neq -2$　　D. $k=3$ 或 $k=-2$

8. 已知非齐次线性方程组 $AX=B$ 的增广矩阵 $\widetilde{A}$ 经过初等行变换化为

$$\begin{pmatrix}1 & -3 & 3 & 0 & 4\\ 0 & 1 & 2 & -2 & 1\\ 0 & 0 & 0 & 1 & 3\end{pmatrix},$$

则方程组的解中自由未知量的个数是（　　）.

A. 1　　B. 2　　C. 3　　D. 4

三、解答题

1. 已知 $A^{-1}=\begin{pmatrix}1 & 2 & 1\\ 0 & 1 & 3\\ 1 & 2 & 4\end{pmatrix}$，$B^{-1}=\begin{pmatrix}2 & 1 & 0\\ -1 & 2 & 1\\ -2 & 3 & 1\end{pmatrix}$，求 $(AB)^{-1}$，$(A^{T}B)^{-1}$.

2. 已知 $\boldsymbol{A}=\begin{pmatrix} 2 & -1 \\ -3 & 3 \end{pmatrix}$，求 $\boldsymbol{A}^2-2\boldsymbol{A}^{\mathrm{T}}+\boldsymbol{E}$.

3. 设矩阵 $\boldsymbol{A}=\begin{pmatrix} 0 & 0 & 5 & 2 \\ -2 & 4 & 1 & 0 \end{pmatrix}$，$\boldsymbol{B}=\begin{pmatrix} 3 & 2 & 5 & 0 \\ -1 & 1 & 0 & 0 \\ 0 & 0 & 0 & 4 \\ 0 & 1 & 1 & 2 \end{pmatrix}$，求 $\mathrm{r}(\boldsymbol{A})$，$\mathrm{r}(\boldsymbol{B})$，$\mathrm{r}(\boldsymbol{AB})$.

4. 设矩阵 $\boldsymbol{A}=\begin{pmatrix} 1 & 2 & 4 \\ 0 & \lambda & 8 \\ 1 & 1 & 0 \end{pmatrix}$，确定 λ 的值，使 $\mathrm{r}(\boldsymbol{A})$ 最小.

5. 判断下列方阵是否可逆，若可逆，求其逆矩阵：

（1）$\begin{pmatrix} 1 & 2 & 2 \\ 2 & 3 & 1 \\ 3 & 3 & 1 \end{pmatrix}$；　（2）$\begin{pmatrix} 5 & 1 & 2 \\ 4 & 2 & 4 \\ 1 & 3 & 6 \end{pmatrix}$；　（3）$\begin{pmatrix} 2 & 1 & 0 & 0 \\ 0 & 2 & 1 & 0 \\ 0 & 0 & 2 & 1 \\ 1 & 0 & 0 & 2 \end{pmatrix}$.

6. 解矩阵方程 $\begin{pmatrix} 0 & 1 & 0 \\ 1 & 0 & 0 \\ 0 & 0 & 1 \end{pmatrix}\boldsymbol{X}\begin{pmatrix} 1 & 1 & -2 \\ 2 & 1 & -4 \\ -1 & -1 & 3 \end{pmatrix}=\begin{pmatrix} 1 & -4 & 3 \\ 2 & 0 & -1 \\ 1 & -2 & 0 \end{pmatrix}$.

7. 已知 $\boldsymbol{AB}=\boldsymbol{BA}$，且 $\boldsymbol{A}$ 可逆，求证 $\boldsymbol{A}^{-1}\boldsymbol{B}=\boldsymbol{BA}^{-1}$.

8. λ 取何值时，非齐次线性方程组 $\begin{cases} \lambda x_1+x_2+x_3=1 \\ x_1+\lambda x_2+x_3=\lambda \\ x_1+x_2+\lambda x_3=\lambda^2 \end{cases}$ 有唯一解、无解或有无穷多组解？并在有无穷多解时求出其解.

9. 判断齐次线性方程组 $\begin{cases} x_1-2x_2+3x_3-4x_4=0 \\ x_2-x_3+x_4=0 \\ x_1+3x_2-3x_4=0 \\ x_1-4x_2+3x_3-2x_4=0 \end{cases}$ 是否有非零解.

10. 解线性方程组 $\begin{cases} x_1+5x_2-x_3-x_4=-1 \\ x_1-2x_2+x_3+3x_4=3 \\ 3x_1+8x_2-x_3+x_4=1 \\ x_1-9x_2+3x_3+7x_4=7 \end{cases}$.

四、应用题

1. 某公司销售 A、B、C 三种轿车，其售价分别为 18 万元、20 万元和 24 万元，现这三种轿车共售出 40 辆，总收入为 780 万元，问 A、B、C 三种轿车各售出多少辆？

2. 某工厂生产甲、乙、丙三种规格的机床，其价格和成本如表 6-8 所示.

表 6–8

	甲	乙	丙
单价（万元）	7	6	5
成本（万元）	6	5	4

北京、上海与广东三地订购数量如表 6–9 所示.

表 6–9

	北京	上海	广东
甲机床	4	5	7
乙机床	5	6	8
丙机床	3	4	9

问各地订购三种机床的总价值各是多少？三种机床的总成本各是多少？三种机床的总利润各是多少？(用矩阵表示结果，并用矩阵运算得出结果.)

第七章 概率论

概率论是研究随机现象统计规律的一门学科，是一个比较古老的数学分支，它起始于所谓的“赌金分配问题”. 时至今日，概率论正在各个行业中得到广泛的应用，发展成为一门极其重要的数学分支.

本章将介绍概率论的基础知识，随机事件与概率的概念和运算，讨论随机变量及其概率分布，计算随机变量的数学期望和方差，并对随机现象的规律性作出推断.

7.1 随机事件与概率

一、随机事件

1. 随机现象与随机事件

在自然界和人类社会中，有些现象在一定条件下必然会发生或必定不会发生. 例如，在一个标准大气压下，水加热到100℃必然会沸腾；在室温下，生铁必定不会熔化. 这类在一定条件下必然会发生或必定不会发生的现象称为确定性现象. 然而，有些现象在一定条件下可能会发生也可能不会发生. 例如，掷一枚质地均匀的硬币，可能出现正面朝上，也可能不出现正面朝上；从一批产品中随意抽检一件，这件产品可能是合格品，也可能是不合格品. 这类在一定条件下有多种可能结果，且事先无法预知哪种结果会出现的现象称为随机现象.

人们经过长期实践，深入研究之后，发现随机现象虽然就每次试验的结果而言，具有不确定性，但是，对随机现象进行大量重复试验，其结果却呈现出某种规律性. 例如，多次重复投掷一枚质地均匀的硬币，得到正面朝上的次数大致占总投掷数的一半. 把这种在大量重复试验下，其结果所呈现的固有规律性，称为统计规律性. 概率论就是研究随机现象的统计规律性的一门数学分支.

研究随机现象的统计规律性，必须在相同的条件下进行大量重复试验（或观察），如果试验满足以下三个条件：

（1）可以在相同的条件下重复进行；

（2）每次试验的可能结果不止一个，并且试验前可以预知所有的可能结果；

（3）试验前不能确定哪一个结果会出现．

那么，我们称该试验为随机试验，简称试验，本章中提到的试验都是随机试验．

在随机试验中，出现的每一可能结果，称为随机事件（简称为事件），通常用大写字母 A、B、C 等表示．例如，在掷一枚质地均匀的硬币试验中，A=“正面朝上”就是一随机事件．不能分解为其他事件组合的最简单的随机事件称为基本事件．一般地，由两个及两个以上的基本事件组合而成的事件称为复合事件．

例 1　掷一颗骰子的试验，有 6 种可能的结果，即“出现 1 点”，“出现 2 点”，……，“出现 6 点”，每一种结果就是一个基本事件，记作

$$A_i = \text{“出现}\ i\ \text{点”}\ (i=1,2,\cdots,b).$$

而事件 B =“出现偶数点”就是一个复合事件，它是由基本事件 A_2、A_4 及 A_6 复合而成的．

在每次试验中一定发生的事件，称为必然事件，一定不发生的事件，称为不可能事件．例如，在掷一颗骰子的试验中，“出现点数小于 7”这个事件一定发生，它是必然事件，“出现点数大于 6”这个事件一定不会发生，是不可能事件．必然事件和不可能事件虽然不是随机事件，但是为了讨论问题方便，把它们看作特殊的随机事件．

随机试验中每一种可能的结果为一个样本点（基本事件），样本点的全体组成的集合称为该随机试验的样本空间，记作 Ω．如例 1 中的样本空间 $\Omega=\{A_1, A_2, A_3, A_4, A_5, A_6\}$．

引入样本空间后，就可以从集合论的角度来描述随机事件及它们之间的关系和运算．随机试验中任意一个事件就是样本空间的子集．基本事件是由一个样本点组成的单元集．Ω 和 $\varnothing$ 分别称为必然事件和不可能事件．

例 2　“赌金分配问题”．在一场赌博中，双方约定掷硬币赌输赢，先胜 3 局者得到全部赌金，但当甲方胜了 2 局，乙方胜了 1 局时，赌博无法继续进行．此时，赌金应该如何分配?

解　法国数学家费马认为：如果赌局继续进行，无论如何，赌博最多只要进行 2 轮就可决出胜负．甲、乙双方胜负是个随机事件，如果用“甲”表示甲方胜，用“乙”表示乙方胜，那么最后 2 轮的结果，只有以下 4 种情形：

甲甲　　甲乙　　乙甲　　乙乙

上面 4 种情形出现的可能性都相同，只要甲出现一次或两次，甲方就获胜，因此甲方获胜的情况共有 3 种；而乙只有出现两次，乙方才能获胜，因此，乙方获胜的情况只有 1 种．所以，赌金应当按照 3:1 的比例分给甲乙．

2．事件的关系和运算

研究随机现象必然涉及多个随机事件，为了掌握事件发生的规律，讨论事件之间的关系是非常必要的．考虑到事件的集合内涵，可以用集合论的方法讨论事件之间的关系．

（1）包含关系．如果事件 A 发生，必然导致事件 B 发生，则称事件 A 包含于事件 B，或称事件 B 包含事件 A，记作 $A\subseteq B$ 或 $B\supseteq A$．例如，$A=\{2\}$，$B=\{2,\ 4,\ 6\}$，则 $A\subseteq B$．

（2）相等关系．如果事件 B 包含事件 A，同时事件 A 也包含事件 B，即 $A \subseteq B$ 和 $A \supseteq B$ 同时成立，则称事件 A 与事件 B 相等，记作 $A=B$．

（3）事件的和（并）．事件 A 和事件 B 至少有一个发生的事件，称为事件 A 与事件 B 的和(并)．它是由事件 A 和 B 的所有样本点构成的集合．记作 $A+B$ 或 $A\cup B$．例如，$A=\{2, 3\}$，$B=\{2, 4, 6\}$，则 $A+B=\{2, 3, 4, 6\}$．

类似地，称 n 个事件 $A_1, A_2, \cdots, A_n$ 至少有一个发生的事件为这 n 个事件的和，记为

$$A_1+A_2+\cdots+A_n \text{ 或 } \bigcup_{i=1}^{n} A_i .$$

（4）事件的积（交）．事件 A 与事件 B 同时发生的事件，称为事件 A 与事件 B 的积（交），记作 AB 或 $A\cap B$．例如，$A=\{2, 3\}$，$B=\{2, 4, 6\}$ 则 $AB=\{2\}$．

类似地，称 n 个事件 $A_1, A_2, \cdots, A_n$ 同时发生的事件为这 n 个事件的积，记为

$$A_1 A_2 \cdots A_n \text{ 或 } \bigcap_{i=1}^{n} A_i .$$

（5）事件的差．事件 A 发生而事件 B 不发生的事件，称为事件 A 与事件 B 的差．它是由属于 A 但不属于 B 的那些样本点所组成的集合，记作 $A-B$．例如，$A=\{2, 3\}$，$B=\{2, 4, 6\}$ 则 $A-B=\{3\}$．

（6）互不相容（互斥）事件．　如果事件 A 与事件 B 不能同时发生，即 $AB=\varnothing$，则称事件 A 与事件 B 为互不相容（或称互斥）事件．互不相容事件 A 与 B 没有公共样本点，显然，基本事件间是互不相容的．如果 $A=\{2,3\}$，$B=\{4,6\}$，$AB=\varnothing$，则事件 A 与事件 B 为互不相容事件．

（7）对立事件．如果事件 A 和事件 B 不能同时发生，但其中必有一个发生，即满足 $AB=\varnothing$ 且 $A+B=\Omega$．则称事件 A 和事件 B 互为对立事件．例如，$A=\{1, 3, 5\}$，$B=\{2, 4, 6\}$，$\Omega=\{1, 2, 3, 4, 5, 6\}$，$A$ 和 B 互为对立事件．

A 的对立事件用 $\overline{A}$ 表示，表示 A 不发生．对立事件有下列性质：$A\overline{A}=\varnothing$，由此可得，对立事件必为互斥事件，反之不成立．

（8）完备事件组．若事件 $A_1, A_2, \cdots, A_n$ 两两互斥，且 $A_1+A_2+\cdots+A_n=\Omega$，则称事件组 $A_1, A_2, \cdots, A_n$ 为完备事件组．

例 3　掷一颗骰子，观察出现的点数，事件 $A=\{$奇数点$\}$，$B=\{$点数小于 3$\}$，$C=\{$偶数点$\}$．用集合的列举法表示下列事件：Ω、A、B、C、$\overline{B}$、$A+B$、$A-B$、AB、AC、$C-B$．

解：　$\Omega=\{1，2，3，4，5，6\}$，

$A=\{1，3，5\}$，

$B=\{1，2\}$，

$C=\{2，4，6\}$，

$\overline{B}=\{3，4，5，6\}$，

$A+B=\{1，2，3，5\}$，

$A-B=\{3，5\}$，

$AB=\{1\}$，

$AC=\{\varnothing\}$，

$C-B=\{4，6\}$.

例 4　从一批产品中每次取出一个产品进行检验，做不放回抽样，事件 A={第 1 次取到合格品}，B={第 2 次取到合格品}，C={第 3 次取到合格品}．试用 A、B、C 表示下列事件.

（1）三次都取到合格品；

（2）三次中至少有一次取到合格品；

（3）三次中恰有两次取到合格品.

解　（1）事件"三次都取到合格品"意味着事件 A、B、C 同时发生，所以这一事件可表示为 ABC；

（2）事件"三次中至少有一次取到合格品"就是事件 A、B、C 至少有一个发生，所以这一事件可表示为 $A+B+C$，也可以表示成 $A\cup B\cup C$.

（3）事件"三次中恰有两次取到合格品"意味着两次取到合格品，而另一次取到不合格品，所以这一事件可表示为

$$\overline{A}BC+A\overline{B}C+AB\overline{C}.$$

二、随机事件的概率

为了研究随机现象的统计规律性，人们常常希望知道一个随机试验的某些结果出现的可能性有多大．例如，购买某品牌的电视机，人们很想知道它是次品的可能性有多大．欲在某河流上建筑一座防洪水坝，为了确定水坝的高度，人们很想知道该河流在水坝地段每年最大洪水达到某高度的可能性的大小．显然，电视机是次品是一个随机事件，最大洪水达到某一高度也是随机事件，必须对事件发生的可能性大小进行定量描述，这个刻画随机事件发生可能性大小的数值称为概率，事件 A 的概率记为 $P(A)$.

1．概率的统计定义

在给出事件概率的定义之前，先了解一下频率的概念.

设事件 A 在 n 次重复进行的试验中发生了 m 次，则称 $\dfrac{m}{n}$ 为事件 A 发生的频率，m 称为事件 A 发生的频数.

显然，任何随机事件的频率都是介于 0 与 1 之间的数.

大量随机试验的结果表明，多次重复地进行同一试验，随机事件的频率变化会呈现出一定的规律性：当试验次数 n 很大时，随机事件发生的频率具有一定的稳定性，其数值将会在某个确定的数值附近摆动，并且试验次数越多，事件发生的频率越接近这个数值. 我们称这个数值为事件 A 发生的概率.

定义 1　在一个随机试验中，如果随着试验次数的增多，事件 A 出现的频率在某个常数 p 附近摆动，则称 p 为事件 A 发生的概率，记作 $P(A)=p$. 概率的这种定义，称为概率的统计定义.

表 7-1 给出了“投掷硬币”试验的几个著名的记录，从表中看出，不论是什么人投掷，当试验次数逐渐增多时，“正面朝上”的频率越来越明显地稳定并接近于 0.5. 这个数值反映了出现“正面朝上”的可能性大小. 因此，用 0.5 作为投掷硬币“正面朝上”的概率.

表 7-1

实验者	掷硬币次数 n	正面朝上次数 m	$p=\frac{m}{n}$
De Morgan	2048	1061	0.518
Buffon	4040	2048	0.5069
K. Pearson	12 000	6019	0.5016
K. Pearson	24 000	12012	0.5005

在实际问题中，对某一试验进行无限多次往往是做不到的，因此常用频率来近似地代替概率，如射手的命中率、种子的发芽率、产品合格率等.

2. 概率的古典定义

虽然可用频率来代替概率，但对某些事件可通过直观分析，精确地求得事件发生的概率，如袋中有 10 个大小相同的球，其中有 3 个红球，从中任取一个，取到红球的概率显然是 $\frac{3}{10}$.

应用直观分析的方法求概率时，要求随机试验应具有以下两个特点：

（1）每次试验只有有限个可能的试验结果；

（2）每个试验结果出现的可能性是相同的.

例如：掷硬币的两种结果“正面朝上”和“正面朝下”出现的可能性都是 $\frac{1}{2}$；而掷骰子的 6 种结果“1 点”，“2 点”，“3 点”，“4 点”，“5 点”，“6 点”出现的可能性都是 $\frac{1}{6}$.

在概率论中，把具有上述特征的随机试验称为古典概型. 关于古典概型，概率可定义为：

定义 2　如果随机试验的基本事件总数是 n，事件 A 包含的基本事件数是 m，则称 $\frac{m}{n}$ 为随机事件 A 发生的概率，记为

$$P(A)=\frac{m}{n}.$$

3. 概率的性质

性质 1　对任何事件 A，有 $0\leqslant P(A)\leqslant 1$.

性质 2　必然事件的概率是 1，$P(\Omega)=1$.

性质 3　不可能事件的概率是 0，$P(\varnothing)=0$.

例 5　在 1 到 100 中任意选一个数字的试验中，$A=\{$自然数$\}$，$B=\{7$ 的倍数$\}$，$C=\{0\}$. 求：$P(A)$，$P(B)$，$P(C)$.

解　$P(A)=1$.

$$P(B)=\frac{14}{100}=\frac{7}{50}.$$

$$P(C)=0.$$

例 6　为了估计学院人工湖中鱼的尾数，先从湖中捕出 1000 尾鱼，做上记号后放回湖中，经过一段时间，再从湖中捕出 1600 尾鱼，其中有记号的鱼有 8 尾，请估计湖中鱼的尾数.

解　设 $A=\{$有记号的鱼$\}$，n 表示湖中鱼的尾数. 假定每尾鱼被捕到的可能性是相等的，则由古典概率计算公式，得

$$P(A)=\frac{1000}{n}.$$

第二次捕出 1600 尾鱼中，有记号的鱼有 8 尾. 由概率的统计定义，得

$$P(A)\approx\frac{8}{1600}.$$

所以

$$\frac{1000}{n}=P(A)\approx\frac{8}{1600}.$$

解方程，得 $n\approx 200\,000$（尾）.

即湖中大约有 200 000 尾鱼.

习题 7.1

1. 写出下列随机试验的样本空间：

（1）将一枚硬币连掷三次，观察正面、反面出现的情形；

（2）将一枚硬币连掷三次，观察出现正面的次数；

（3）袋中装有编号为 1、2 和 3 的三个球，随机地取两个，考察这两个球的编号；

（4）袋中装有编号为 1、2 和 3 的三个球，随机地取两次，每次取一个，不放回，考察这两个球的编号；

（5）掷甲、乙两颗骰子，观察出现的点数之和.

2. 设 A、B、C 为任意三个事件，试用 A、B、C 表示下列事件：

（1）只有 A 发生；（2）只有 A 不发生；（3）至少有一个发生；（4）恰有一个发生；（5）没有一个发生；（6）至少有两个发生；（7）至多有两个发生；（8）至多有三个发生.

3. 有一批产品共 10 件，其中 8 件合格，2 件不合格，从中任取两件，求：

（1）恰取到一件次品的概率；（2）至少取到一件次品的概率.

4. 设 $\Omega=\{1, 2, 3, 4, 5, 6\}$，$A=\{1, 3, 5\}$，$B=\{2, 4, 6\}$，$C=\{1, 2, 3, 5\}$，则下列事件分别表示什么？

（1）AB；　（2）$\overline{A}C$；　（3）$A+C$.

5. 同时掷两枚质地均匀的硬币，求：

（1）两枚都是正面朝上的概率；

（2）一枚正面朝上，另一枚反面朝上的概率.

6. 一口袋中有 5 个红球和 2 个白球，从这袋中任取一球，看过它的颜色后放回袋中，再任取一球. 每次取球时口袋中各个球被取到的可能性相同.求：

（1）第一次、第二次都取到红球的概率；

（2）第一次取到红球、第二次取到白球的概率；

（3）两次取到的球为红、白各一个的概率；

（4）第二次取到红球的概率.

7. 一部五卷的书，按任意的顺序（即随机地）排放到书架上，求各册自左至右或自右至左的顺序恰好是 1、2、3、4、5 的概率.

8. 10 把钥匙中有 3 把能打开门，今任取 2 把，求能打开门的概率.

7.2 概率的基本公式

一、概率的加法

对于任意两个随机事件 A 和 B 有

$$P(A+B)=P(A)+P(B)-P(AB).$$

若事件 A 与事件 B 互不相容，即 $AB=\varnothing$，则

$$P(A+B)=P(A)+P(B).$$

此公式可以推广到n个事件：设A_1，A_2，A_3，…，A_n两两互不相容，即$A_iA_j=\varnothing$（$i\neq j$），则

$$P(A_1+A_2+A_3+\cdots+A_n)=P(A_1)+P(A_2)+P(A_3)+\cdots+P(A_n).$$

特别地，当$B=\overline{A}$时得到$P(A+\overline{A})=P(A)+P(\overline{A})$即$1=P(A)+P(\overline{A})$变形得

$$P(\overline{A})=1-P(A).$$

此公式称为互逆事件概率公式．

例 1 不透明的袋中装有 4 个白球和 3 个黑球，从中一次抽取 3 个，计算至少有两个是白球的概率．

解 设事件$A=\{$抽取 1 个黑球和 2 个白球$\}$，$B=\{$抽取 3 个白球$\}$，

$C=\{$抽取 3 个球中至少有两个是白球$\}$，则$C=A+B$．

$$P(A)=\frac{C_4^2\cdot C_3^1}{C_7^3}=\frac{18}{35},\quad P(B)=\frac{C_4^3}{C_7^3}=\frac{4}{35}.$$

因为$AB=\varnothing$．所以

$$P(C)=P(A+B)=P(A)+P(B)=\frac{18}{35}+\frac{4}{35}=\frac{22}{35}.$$

例 2 某班共有学生 40 人，其中爱好数学者 25 人，爱好英语者 15 人，既爱好数学又爱好英语者 10 人．求爱好数学或爱好英语的概率．

解 设$A=\{$爱好数学$\}$，$B=\{$爱好英语$\}$，$C=\{$爱好数学或爱好英语$\}$，则

$$P(A)=\frac{25}{40},\quad P(B)=\frac{15}{40},\quad P(AB)=\frac{10}{40}.$$

故 $$P(C)=P(A+B)=P(A)+P(B)-P(AB)=\frac{25+15-10}{40}=\frac{3}{4}=0.75.$$

二、概率的乘法

1．条件概率

在实际问题中，往往会遇到求在事件B已发生的条件下，事件A发生的概率．由于增加了新的条件“事件B已发生”，所以称为条件概率，记为$P(A|B)$．相应地，把$P(A)$称为无条件概率．

例 3 从 1 到 100 的 100 个自然数中任取一个，发现它是 2 的倍数，那么它也是 6 的倍数的概率是多少？

解 设$B=\{2$的倍数$\}$，$A=\{6$的倍数$\}$，则

$$P(B)=\frac{50}{100},\qquad P(A)=\frac{16}{100},\qquad P(AB)=\frac{16}{100}.$$

于是
$$P(A|B)=\frac{P(AB)}{P(B)}=\frac{16}{50}.$$

例 4　同时掷两枚硬币，发现有一枚正面朝上，则另一枚也正面朝上的概率是多少？

解　掷两枚硬币的所有可能结果为

Ω={（正，正），（正，反），（反，正），（反，反）}，B={一枚正面朝上}，A={另一枚也正面朝上}，则 B={（正，正），（正，反），（反，正）}，A={（正，正）}，

$$P(B)=\frac{3}{4}，P(A)=\frac{1}{4}，P(A|B)=\frac{P(AB)}{P(B)}=\frac{1}{3}.$$

从以上事例可抽象出条件概率的定义.

定义 1　A 和 B 是同一随机试验下的两个事件，且 $P(B)>0$，则在事件 B 已经发生的条件下事件 A 发生的概率叫作 A 的**条件概率**，记为 $P(A|B)=\dfrac{P(AB)}{P(B)}$.

由条件概率的定义直接得到概率的乘法公式．对于任意两事件 A 和 B 有

$$P(AB)=P(A)\,P(B|A)\quad (P(A)>0).$$
$$P(AB)=P(B)\,P(A|B)\quad (P(B)>0).$$

即两事件同时发生的概率等于其中一个事件发生的概率与在该事件发生的条件下另一个事件发生的概率的乘积.

例 5　根据人口普查的数据得到结论：能活到 70 岁的概率为 0.7，能活到 100 岁的概率为 0.02．老张今年 70 岁，问他能活到 100 岁的概率是多少？

解　设 A={活到 100 岁}，B={活到 70 岁}，$P(A)=0.02$，$P(B)=0.7$

因为活到 100 岁的人必活到 70 岁，所以 $AB=A$，$P(AB)=P(A)=0.02$

所以
$$P(A|B)=\frac{P(AB)}{P(B)}=\frac{0.02}{0.7}=\frac{1}{35}.$$

例 6　小李有 5 把钥匙，其中仅有一把能打开房门，她任取一把试开，若打不开房门，在余下的钥匙中再任取一把试开，直到打开房门．求

（1）第二次才打开房门的概率；

（2）三次内打开房门的概率.

解　设 A={第 1 次打开房门}，B={第 2 次打开房门}，C={第 3 次打开房门}.

（1）第二次才打开房门就是第 1 次打开房门失败的前提下第 2 次打开房门，即 $\overline{A}B$．则

$$P(\overline{A}B)=P(\overline{A})\,P(B|\overline{A})=\frac{4}{5}\times\frac{1}{4}=\frac{1}{5}.$$

（2）三次内打开房门就是第 1 次打开房门成功，或者在第 1 次打开房门失败的前提下第 2 次打开房门成功，或者第 1、2 次打开房门都失败的前提下第 3 次打开房门成功．即

$$A+\overline{A}B+\overline{A}\,\overline{B}C.$$

$$P(A+\overline{A}B+\overline{A}\,\overline{B}C)=P(A)+P(\overline{A}B)+P(\overline{A}\,\overline{B}C)$$
$$=P(A)+P(\overline{A})P(B|\overline{A})+P(\overline{A})P(\overline{B}|\overline{A})P(C|\overline{A}\,\overline{B})$$
$$=\frac{1}{5}+\frac{4}{5}\times\frac{1}{4}+\frac{4}{5}\times\frac{3}{4}\times\frac{1}{3}=\frac{3}{5}.$$

注：$P(\overline{A}\,\overline{B}C)=P(\overline{A}\,\overline{B})P(C|\overline{A}\,\overline{B})$，$P(\overline{A}\,\overline{B})=P(\overline{A})P(\overline{B}|\overline{A})$.

2. 事件的独立性

一般情况下，条件概率 $P(A|B)$ 与 $P(A)$ 不相等，也就是说事件 B 已发生会影响事件 A 发生，但是在有些问题中，两个事件的发生并不相互影响. 例如，同时掷甲、乙两枚硬币，A={甲正面朝上}，B={乙正面朝上}，彼此互不影响，$P(A|B)=P(A)=\frac{1}{2}$.

定义 2　A 和 B 是同一随机试验下的两个事件，其中任何一个是否发生都不影响另一个发生的可能性，则称两个事件 A 和 B 相互独立. 即 $P(A|B)=P(A)$.

两个事件相互独立的概念，可以推广到 n 个事件的情形：A_1，A_2，A_3，…，A_n 中任何一个事件发生的可能性都不受其他事件发生与否的影响，则称事件 A_1，A_2，A_3，…，A_n 相互独立.

关于事件独立有以下性质.

（1）A 与 B 独立的充分必要条件是 $P(AB)=P(A)P(B)$；

（2）若 A 与 B 独立，则 A 与 $\overline{B}$ 也独立；

（3）若 A_1，A_2，A_3，…，A_n 相互独立，则有

$$P(A_1A_2\cdots A_n)=P(A_1)P(A_2)\cdots P(A_n).$$

$$P(A_1+A_2+\cdots+A_n)=1-P(\overline{A_1})P(\overline{A_2})P(\overline{A_3})\cdots P(\overline{A_n}).$$

例 7　甲、乙两人都考公务员，甲考上的概率是 0.3，乙考上的概率是 0.2，问：

（1）甲、乙两人同时考上的概率是多少?

（2）甲、乙两人至少一人考上的概率是多少?

（3）甲、乙两人恰有一人考上的概率是多少?

解　设 A={甲考上公务员}，B={乙考上公务员}，则 $P(A)=0.3$，$P(B)=0.2$，

C={甲、乙两人同时考上}，D={甲、乙两人至少一人考上}，

E={甲、乙两人恰有一人考上}，则

（1）$P(C)=P(AB)=P(A)P(B)=0.3\times0.2=0.06$；

（2）$P(D)=P(A+B)=1-P(\overline{A})P(\overline{B})=1-(1-0.3)(1-0.2)=1-0.56=0.44$；

（3）$P(E)=P(A\overline{B}+\overline{A}B)=P(A\overline{B})+P(\overline{A}B)$

$=0.3\times(1-0.2)+(1-0.3)\times0.2=0.38$.

例 8 （摸球模型）盒中装有 4 只白球和 2 只红球，从盒中任意取一球，连取两次. 考虑以下两种情况：①第一次取一球观察颜色后放回盒中，第二次再取一球，这种情况称为放回抽样；②第一次取一球不放回盒中，第二次再取一球，这种情况称为不放回抽样.

试分别就上面两种情况求：

（1）取到两只球都是白球的概率；

（2）取到两只球颜色相同的概率；

（3）取到的两只球中至少有一只是白球的概率.

解 设 A={第 1 次取到白球}，B={第 2 次取到白球}，则 $\overline{A}$={第 1 次取到红球}，$\overline{B}$={第 2 次取到红球}.

放回抽样的情形.

由于是放回抽样，所以第一次取球与第二次取球的事件互相独立.

（1） $P(AB)=P(A)\ P(B)=\dfrac{4}{6}\times\dfrac{4}{6}=\dfrac{4}{9}$.

（2） $P(AB+\overline{A}\,\overline{B})=P(AB)+P(\overline{A}\,\overline{B})$

$$=P(A)\ P(B)+P(\overline{A})P(\overline{B})=\frac{4}{6}\times\frac{4}{6}+\frac{2}{6}\times\frac{2}{6}=\frac{4}{9}+\frac{1}{9}=\frac{5}{9}.$$

（3） $P(A+B)=P(A)+P(B)-P(AB)$

$$=\frac{4}{6}+\frac{4}{6}-\frac{4}{9}=\frac{8}{9}.$$

不放回抽样的情形.

由于是不放回抽样，所以第一次取球与第二次取球的事件不是独立的.

（1） $P(AB)=P(A)\ P(B\mid A)=\dfrac{4}{6}\times\dfrac{3}{5}=\dfrac{2}{5}$.

（2） $P(AB+\overline{A}\,\overline{B})=P(AB)+P(\overline{A}\,\overline{B})$

$$=P(A)\ P(B\mid A)+P(\overline{A})P(\overline{B}\mid\overline{A})$$

$$=\frac{4}{6}\times\frac{3}{5}+\frac{2}{6}\times\frac{1}{5}=\frac{2}{5}+\frac{1}{15}=\frac{7}{15}.$$

（3） $P(A+B)=P(A)+P(B)-P(AB)$

$$=\frac{4}{6}+\frac{4}{6}-\frac{4}{6}\times\frac{3}{5}=\frac{14}{15}.$$

注： $P(B)=P(AB)+P(\overline{A}B)=\dfrac{4}{6}\times\dfrac{3}{5}+\dfrac{2}{6}\times\dfrac{4}{5}=\dfrac{2}{3}$.

三、全概率公式

若事件 A_1，A_2，A_3，…，A_n 构成一个完备事件组，且 $P(A_i)>0\,(i=1,2,\cdots,n)$，则任意事件 B 的概率为：

$$P(B)=P(A_1)\ P(B\mid A_1)+P(A_2)\ P(B\mid A_2)+\cdots+P(A_n)\ P(B\mid A_n).$$

例 9　某公司有分别来自甲、乙、丙三家工厂同样规格的产品 5 箱、3 箱、2 箱，若这三家工厂的次品率分别为$\frac{1}{100}$、$\frac{2}{100}$、$\frac{5}{100}$. 求从这 10 箱产品中任取一箱，并从这箱中任取一件产品是正品的概率.

解　设事件 $B=\{$取到一件正品$\}$，事件 $C=\{$取到甲工厂产品$\}$，事件 $D=\{$取到乙工厂产品$\}$，事件 $E=\{$取到丙工厂产品$\}$. 三家工厂的产品是两两互斥的，而 B 是 $C+D+E$ 的子事件，应用全概率公式，得

$$P(B)=\frac{5}{10}\times\frac{1}{100}+\frac{3}{10}\times\frac{2}{100}+\frac{2}{10}\times\frac{5}{100}=\frac{21}{1000}.$$

四、贝努利概型

定义 3　在一定条件下重复做 n 次试验，如果每一试验的结果都不依赖其他各次试验的结果，那么就把这 n 次试验叫作 n 次独立试验.例如，对一批产品进行抽样检验，每次抽一件，有放回地抽取 n 次，就是一个 n 次独立试验.

定义 4　如果构成 n 次独立试验的每一次试验只有两个可能的结果：事件 A 发生或 A 不发生，并且在每次试验中事件 A 发生的概率均不变，那么这样的 n 次独立试验就称为 n 重贝努利试验（简称贝努利概型）

例如，从一批含有次品的零件中有放回地抽取 n 次，每次抽取一件检验是次品还是正品；在相同条件下射手进行 n 次射击，每次射击只考察击中还是不击中，等等，都是 n 重贝努利试验.

贝努利定理　在一次贝努利试验中，事件 A 发生的概率为 p（$0<p<1$），则在 n 重贝努利试验中，事件 A 恰好发生 k 次的概率为 $\mathrm{C}_n^k p^k(1-p)^{n-k}$.

推论　在一次贝努利试验中，事件 A 发生的概率为 p（$0<p<1$），则在 n 重贝努利试验序列中，事件 A 恰在第 k 次发生的概率为 $p(1-p)^{k-1}$.

例 10　掷硬币 10 次，恰有 3 次正面朝上的概率为 $\mathrm{C}_{10}^3\left(\frac{1}{2}\right)^3\left(1-\frac{1}{2}\right)^{10-3}$，而在第三次才出现正面朝上的概率为 $\left(\frac{1}{2}\right)\left(1-\frac{1}{2}\right)^{3-1}$.

习题 7.2

1. 某种产品共 40 件，其中有 3 件次品，现从中任取 2 件，求其中至少有 1 件次品的概

率.

2. 袋中装有大小相同的红球、白球和黑球，从中摸出一个球. 摸出红球的概率是 0.54，摸出白球的概率是 0.28，问摸出黑球的概率是多少？

3. 甲、乙两人下象棋，甲获胜的概率是 40%，乙获胜的概率是 50%，那么甲不输棋的概率是多少？

4. 某射手射击一次，击中 10 环的概率为 0.24，击中 9 环的概率为 0.28，击中 8 环的概率为 0.31，求：

（1）这位射手一次射击至多击中 8 环的概率；

（2）这位射手一次射击至少击中 8 环的概率.

5. 已知某产品的次品率为 4%，正品中 75%为一级品，求任选一件产品是一级品的概率.

6. 某种电子元件能使用 3000h 的概率是 0.75，能使用 5000h 的概率是 0.5. 某一元件已使用了 3000h，问能用到 5000h 的概率是多少？

7. 有一批产品，其中甲车间生产的产品占 60%，乙车间生产的产品占 40%，甲车间的合格品率是 95%，乙车间的合格品率是 90%，求从这批产品中随机抽取一件为合格品的概率.

8. 在数学选择题的 4 个答案中恰有 1 个是正确的，某同学在答卷时 5 道选择题均随意地选择了一个答案，试计算 5 小题全部答对的概率.

7.3　离散型随机变量及其分布

通过前面的学习，我们了解了随机事件及其概率的定义，掌握了概率的加法和乘法运算. 但是还没有完全了解随机试验的整体统计规律，为了深入、全面地研究随机现象的这些规律，需要引入新的概念——随机变量及其分布.

一、随机变量

1. 随机变量的定义

所谓变量就是可以变化的量，在随机试验中是否存在可变的量呢？在掷一颗骰子的试验中，骰子出现的点数是一个变量，它的取值为 1、2、3、4、5、6. 而该变量的取值随着试验结果的不同而不同，所以变量的取值具有随机性，称为随机变量. 在掷一枚硬币的试验中，正面朝上或反面朝上，似乎没有变量，但是一旦规定：正面出现记为 0，反面出现记为 1，这样就得到一个可取 0、1 的变量，而且变量的取值具有随机性. 可见，总可以将一个随机事件用一个变量表示.

一般地，如果一个变量，它的取值随着试验结果的不同而不同，当试验结果确定后，它所取的值也就相应地确定，这种变量称为随机变量. 随机变量可用英文大写字母 X，Y，Z，… 表示，而用英文小写字母 x，y，z，…表示随机变量可能取的值.

例 1 某长途汽车站每隔 10min 有一辆汽车经过，乘客在任一时刻到达汽车站是等可能的，则"乘客等候汽车的时间 X"是一个随机变量，它在 0～10 之间取值:

$$0 \leqslant X \leqslant 10.$$

例 2 有一部最多载 10 人的电梯，乘客在任一时刻侯乘电梯是等可能的，则"电梯中乘客的人数" Y 是一个随机变量，它的取值为 0，1，2，3，4，5，6，7，8，9，10.

例 3 某段时间内某网站被点击数是一个随机变量 Z，其可能取值为 $0,1,2,\cdots$.

2. 随机变量的分类

随机试验的结果可以用随机变量的取值来表示，有些随机变量的取值可以一一列出，如"掷一枚硬币"的结果是 0，1；"掷一颗骰子"的结果是 1，2，3，4，5，6. 而"乘客等候汽车的时间"的取值不能一一列出，而是充满实数区间 $[0, 10]$.

定义 1 若随机变量 X 的取值为有限个或可列无限个 x_1，x_2，x_3，…，x_n，…，则称 X 为离散型随机变量.

显然，"掷一枚硬币"，"掷一颗骰子"，"电梯中的乘客人数"，"网站被点击数"中的随机变量都是离散型随机变量. 而"乘客等候汽车的时间"中的随机变量不是离散型随机变量.

定义 2 若随机变量 X 所能取的值不能一一列举出来，而是充满某一实数区间，则称 X 为**连续型随机变量**. "乘客等候汽车的时间"中的随机变量就是连续型随机变量.

二、离散型随机变量的分布

研究离散型随机变量，既要知道它所有可能取值，又要知道它取这些值的概率.

定义 3 若离散型随机变量 X 的值为 $x_1,x_2,\cdots,x_k,\cdots$，并且取相应值的概率为 $p_1,p_2,\cdots,p_k,\cdots$，则称

$$P(X=x_i)=p_i \quad (i=1，2，\cdots，n，\cdots)$$

为离散型随机变量 X 的概率分布或分布列，也称为概率函数. 概率分布也可用下表表示:

X	x_1	x_2	x_3	…	x_k	…
$P(X=x_k)$	p_1	p_2	p_3	…	p_k	…

例 4 掷一枚硬币，直到出现正面朝上为止，用 X 表示投掷的次数，由于各次试验是相互独立的，所以随机变量 X 的概率分布为

$$P(X=k)=\left(\frac{1}{2}\right)^k.$$

例 5 赵老板经营一种时令水果，进货后第一天售出的概率为 0.5，每千克获利 5 元；第

二天售出的概率为 0.3，每千克获利 2 元；第三天售出的概率为 0.2，每千克获利-1 元.求经营该种时令水果每千克获利 X 的概率分布.

解　离散型随机变量 X 的所有可能取值为 $5, 2, -1$．取这些值的概率分别是 0.5，0.3，0.2．所以分布列为

X	5	2	-1
P	0.5	0.3	0.2

定义 4　设 X 是一个随机变量，称函数

$$F(x)=P(X\leqslant x)$$

为随机变量 X 的分布函数，记作 $F(x)$.

显然，以 $P(X=x_i)=p_i$ （$i=1, 2, \cdots, n, \cdots$） 为分布列的离散型随机变量 X 的分布函数为

$$F(x)=P(X\leqslant x)=\sum_{x_k\leqslant x}p_k .$$

如例 4 中随机变量 X 的分布函数为

$$F(x)=\begin{cases}0, & x<-1\\ 0.2, & -1\leqslant x<2\\ 0.5, & 2\leqslant x<5\\ 1, & x\geqslant 5\end{cases}.$$

三、常见离散型随机变量的分布

1．两点分布

若一个随机试验只出现两种结果，则称随机变量 X 服从两点分布（0−1 分布）. 设 X 取 1 的概率为 p，则 X 的分布列如下：

X	1	0
P	p	$1-p$

在实际中，服从两点分布的随机变量有很多，如产品的“合格”与“不合格”、种子的“发芽”与“不发芽”、新生儿的性别“男”和“女”、掷硬币的“正面朝上”与“反面朝上”等.

2．二项分布

若随机变量 X 的取值为 0，1，2，…，n，其概率分布为

$$P(X=k)=\mathrm{C}_n^k p^k(1-p)^{n-k}\ （k=0, 1, 2, \cdots, n）（其中\ 0<p<1）.$$

则称随机变量 X 服从参数为 n，p 的二项分布，记为 $X\sim B(n,p)$.

二项分布的背景是 n 重贝努利试验，设在单次试验中，事件 A 发生的概率为 p，事件 $\overline{A}$ 发生的概率为 $1-p$，那么在 n 重独立试验中，事件 A 恰好发生 k 次的概率即服从二项分布.

例 6　已知某个地区人群患有某种病的概率是 0.2,研究一种新药对该病是否有预防作用，现有 15 个人服用该药，结果都没有得该病，从这个结果评价该种新药的效果，会得到什么结论?

解　15 个人服用该药，可看作独立地进行 15 次实验，若该药无效，则每人得病的概率是 0.2，这时 15 人中得病的人数应服从参数为（15，0.2）的二项分布，所以"15 人都不得病"的概率是

$$P(X=0)=\mathrm{C}_{15}^{0}0.2^{0}(1-0.2)^{15-0}=0.035.$$

这说明，若该药无效，15 人都不得病的可能性只有 0.035，这个概率很小，不大可能发生，所以可以认为该药有效.

习题 7.3

1. 用随机变量表示下列事件:

（1）掷一枚骰子，观察出现的点数，用随机变量表示 A="出现 4 点"，B="点数大于 4"，用随机变量表示 A，B.

（2）抽查 5 件产品，设 A="至少有一件次品"，B="不少于 2 件次品"，用随机变量表示 A，B，$\overline{A}$，$\overline{B}$，$A\cup B$.

（3）从一批灯泡中任取一只，测试它的寿命（寿命用 X 表示），A="任取一只寿命不超过 1000 小时"，B="寿命在 500 到 800 小时之间".

2. 某篮球运动员每次投篮命中的概率为 0.6，它一共投了三次，写出命中次数 X 的概率分布列.

3. 一盒中装有 10 只晶体管，其中有 8 只正品，安装半导体收音机时，从这盒晶体管中任取一个测试，取后不放回，直到取出正品为止. 求所需测试次数 X 的概率分布.

4. 一大批产品，其废品率为 0.01，求任取 10 件产品，其中有一件次品的概率.

5. 设离散型随机变量 X 的分布列如下表:

X	0	1	2
p_k	0.2	0.3	0.5

求 X 的分布函数 $F(x)$.

7.4　连续型随机变量及其分布

离散型随机变量的统计规律可以用概率分布准确描述出来，而连续随机变量的统计规律又如何描述呢？为此，我们引入概率密度的概念.

一、连续型随机变量及其概率密度

定义 1　对于连续型随机变量 X，如果存在一个非负函数 $f(x)$，使 X 在任意区间 $[a, b]$ 内取值的概率为

$$P(a \leqslant X \leqslant b) = \int_a^b f(x)\mathrm{d}x .$$

称 $f(x)$ 为连续型随机变量 X 的概率密度或密度函数，$f(x)$ 的图形叫作概率密度曲线.

密度函数具有以下性质：

（1）$f(x) \geqslant 0$；

（2）$\int_{-\infty}^{+\infty} f(x)\mathrm{d}x = 1$.

连续型随机变量的概率分布规律可以用密度函数全面描述，但应注意以下两点.

（1）由定积分的性质可知，连续型随机变量 X 取任一定值 x_0 的概率 $P(X = x_0) = 0$，这一点是连续型随机变量与离散型随机变量的本质区别；

（2）连续型随机变量落入某区间的概率与区间是否包含端点无关，即

$P(a \leqslant X \leqslant b) = P(a < x \leqslant b) = P(a \leqslant x < b) = P(a < x < b)$.

例 1　已知连续型随机变量 X 的概率密度为

$$f(x) = \begin{cases} Ax^2, & 0 < x < 1 \\ 0, & x \leqslant 0 或 x \geqslant 1 \end{cases},$$

求（1）常数 A；

（2）$P(-1 < X < 2)$；

（3）$P(X < 0.2)$；

（4）$P(X > 1)$.

解　（1）由性质 $\int_{-\infty}^{+\infty} f(x) = \int_0^1 Ax^2\mathrm{d}x = \frac{A}{3}x^3\Big|_0^1 = 1$，得 $A = 3$；

（2）$P(-1 < X < 2) = \int_{-1}^2 f(x)\mathrm{d}x = \int_0^1 3x^2\mathrm{d}x = 1$；

（3）$P(X<0.2)=\int_{-\infty}^{0.2}f(x)\mathrm{d}x=\int_{0}^{0.2}3x^2\mathrm{d}x=0.008$；

（4）$P(X>1)=\int_{1}^{+\infty}f(x)\mathrm{d}x=0$.

类似于离散型随机变量的分布函数，我们定义连续型随机变量 X 的分布函数为

$$F(x)=P(X\leqslant x)=\int_{-\infty}^{x}f(t)\mathrm{d}t .$$

连续型随机变量分布函数具有以下性质：

（1）$P(a\leqslant X\leqslant b)=F(b)-F(a)$；

（2）$F'(x)=f(x)$.

例 2　已知连续型随机变量 X 的概率密度为

$$f(x)=\begin{cases}-\dfrac{x}{2}+1, & 0<x<2\\ 0, & x\leqslant 0\text{或}x\geqslant 2\end{cases},$$

求 X 的分布函数 $F(x)$.

解　当 $x<0$ 时，$F(x)=\int_{-\infty}^{x}f(t)\mathrm{d}t=\int_{-\infty}^{x}0\mathrm{d}t=0$；

当 $0\leqslant x\leqslant 2$ 时，$F(x)=\int_{-\infty}^{x}f(t)\mathrm{d}t=\int_{-\infty}^{0}f(t)\mathrm{d}t+\int_{0}^{x}(-\frac{t}{2}+1)\mathrm{d}t=-\frac{x^2}{4}+x$；

当 $x>2$ 时，$F(x)=\int_{-\infty}^{x}f(t)\mathrm{d}t$

$$=\int_{-\infty}^{0}0\mathrm{d}t+\int_{0}^{2}(-\frac{t}{2}+1)\mathrm{d}t+\int_{2}^{x}0\mathrm{d}t=1,$$

所以

$$F(x)=\begin{cases}0, & x<0\\ -\dfrac{x^2}{4}+x, & 0\leqslant x\leqslant 2\\ 1, & x>2\end{cases}.$$

例 3　随机变量 X 的分布函数为 $F(x)=\begin{cases}0, & x<0\\ x^2, & 0\leqslant x<1\\ 1, & x\geqslant 1\end{cases}$,

求（1）$P(0.3\leqslant X\leqslant 0.7)$;

（2）密度函数 $f(x)$.

解　（1）$P(0.3\leqslant X\leqslant 0.7)=F(0.7)-F(0.3)=0.49-0.09=0.4$;

（2）$f(x)=F'(x)=\begin{cases}0, & x<0\text{或}x\geqslant 1\\ 2x, & 0\leqslant x<1\end{cases}$.

二、常见连续型随机变量的分布

1. 均匀分布

定义 2　若连续型随机变量 X 的密度函数为

$$f(x)=\begin{cases}0, & x\leqslant a\\ \dfrac{1}{b-a}, & a<x<b\\ 0, & x\geqslant b\end{cases},$$

则称 X 在区间 $[a,b]$ 上服从均匀分布，记为 $X\sim U(a,b)$.

它的分布函数为

$$F(x)=\begin{cases}0, & x\leqslant a\\ \dfrac{x-a}{b-a}, & a<x<b\\ 1, & x\geqslant b\end{cases}.$$

容易验证：当 $c<d$ 且 $[c,\ d]\subset[a,\ b]$ 时，$P(c<x<d)=\dfrac{d-c}{b-a}$. 由此可以得出服从均匀分布的概率意义为：它在任何一个子区间内取值的概率与该区间的长度成正比，与区间在 $[a,\ b]$ 内的具体位置无关.

例 4　某长途汽车站每隔 10min 有一辆汽车经过，乘客在任一时刻到达汽车站是等可能的，则“乘客等候汽车的时间 X ”是一个随机变量，它在 0～10 之间取值：$0\leqslant X\leqslant 10$，求此乘客候车时间超过 5min 的概率.

解　乘客候车时间 $X\sim U(0,10)$，X 的密度函数为

$$f(x)=\begin{cases}0, & x\leqslant 0\\ \dfrac{1}{10}, & 0<x<10\\ 0, & x\geqslant 10\end{cases},$$

所以

$$P(X\geqslant 5)=P(5\leqslant X<+\infty)$$

$$=\int_5^{+\infty}f(x)\mathrm{d}x=\int_5^{10}\frac{1}{10}\mathrm{d}x+\int_{10}^{+\infty}0\,\mathrm{d}x=0.5.$$

2. 正态分布

定义 3　若连续型随机变量 X 的密度函数为

$$f(x)=\frac{1}{\sqrt{2\pi}\sigma}e^{-\frac{(x-\mu)^2}{2\sigma^2}} \quad (-\infty<x<+\infty),$$

则称 X 服从参数为 μ 和 σ^2 的正态分布. 记为 $X\sim N(\mu,\sigma^2)$，其中 μ 和 σ ($\sigma>0$)都是常数. 它的分布函数为

$$F(x)=\frac{1}{\sqrt{2\pi}\sigma}\int_{-\infty}^{x}e^{-\frac{(t-\mu)^2}{2\sigma^2}}dt .$$

正态分布是最常见的也是最重要的一种分布，它广泛存在于客观世界的自然现象及社会现象中. 例如，调查一大批人的身高，其高度是一个随机变量 X，X 取值的特点是高度在某一范围（平均值临近）内的人数最多，较高和较低的人数较少，即 X 的分布具有“中间大”、“两头小”的特点. 再例如，人的体重，测量误差，产品的长度、高度、宽度，产品的质量等，这些随机变量，取值的特点也是“中间大”、“两头小”. 凡是具有这种特点的随机变量，一般都可以认为服从正态分布.

正态分布的密度函数的图形称为正态曲线. 正态曲线呈钟形，中间高两边低(见图 7-1 和图 7-2). 它还有以下特征.

（1）正态曲线位于 x 轴上方，关于直线 $x=\mu$ 对称，向左右延伸时以 x 轴为渐近线，参数 μ 的大小决定了图形的位置，是正态分布的分布中心.

（2）当 $x=\mu$ 时，曲线处于最高点，此时函数 $f(x)$ 达到最大值 $f(x)=\dfrac{1}{\sqrt{2\pi}\sigma}$.

（3）参数 σ 的大小决定了曲线的形状，当 σ 越大时，曲线越平缓；当 σ 越小时，曲线越狭高. 参数 σ 刻划了随机变量 X 取值的分散程度，σ 越大，X 的取值越分散，σ 越小，X 的取值越集中，σ 叫作形状参数.

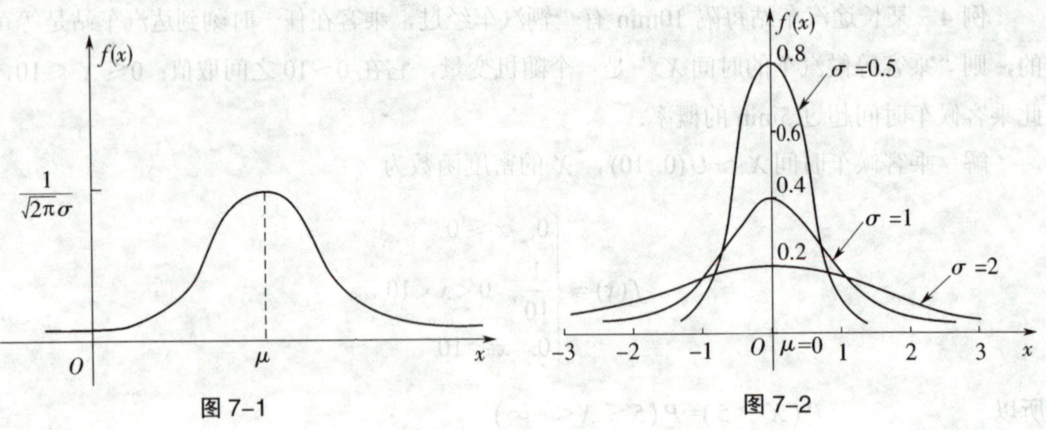

图 7-1　　图 7-2

正态分布的 $\mu=0$，$\sigma=1$ 时，称为标准正态分布，记作 $X\sim N(0,1)$. 它的密度函数为

$$\varphi(x)=\frac{1}{\sqrt{2\pi}}e^{-\frac{x^2}{2}} \quad (-\infty<x<+\infty).$$

密度函数的图形叫作标准正态曲线（见图 7-3）.

标准正态分布的分布函数为　$\Phi(x)=\frac{1}{\sqrt{2\pi}}\int_{-\infty}^{x}\mathrm{e}^{-\frac{t^2}{2}}\mathrm{d}t$.

$\Phi(x)$ 是一个无穷区间上的广义积分，它表示的是标准正态曲线下小于 x 的区域面积，如图 7-4 所示的阴影部分.

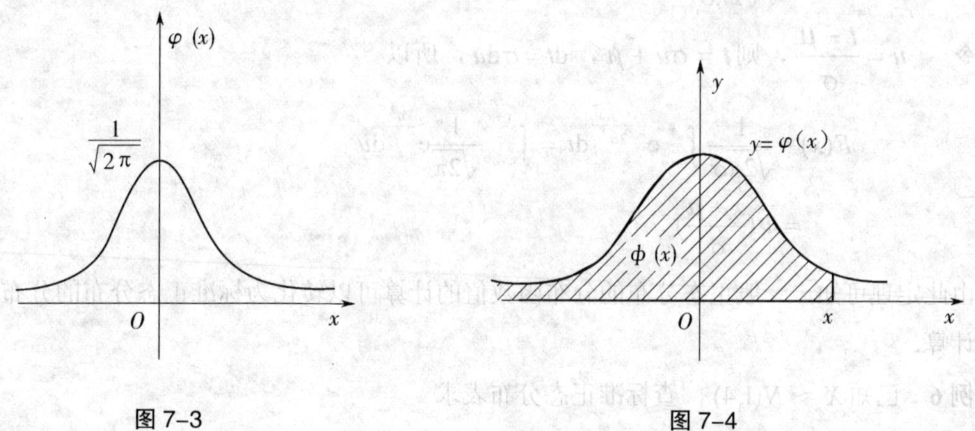

图 7-3　　图 7-4

$\Phi(x)$ 的计算是很困难的，为此编制了它的近似值表（附表 7-1“标准正态分布表”），供读者使用.

标准正态分布表的使用说明：

（1）表中给出了 $x\geqslant 0$ 时，$\Phi(x)$ 的数值，$x<0$ 时，利用标准正态分布密度函数的对称性，必有 $\Phi(x)=1-\Phi(-x)$（见图 7-5）.

（2）$P(a\leqslant X\leqslant b)=P(a<X\leqslant b)=P(a\leqslant X<b)=P(a<X<b)=\Phi(b)-\Phi(a)$.

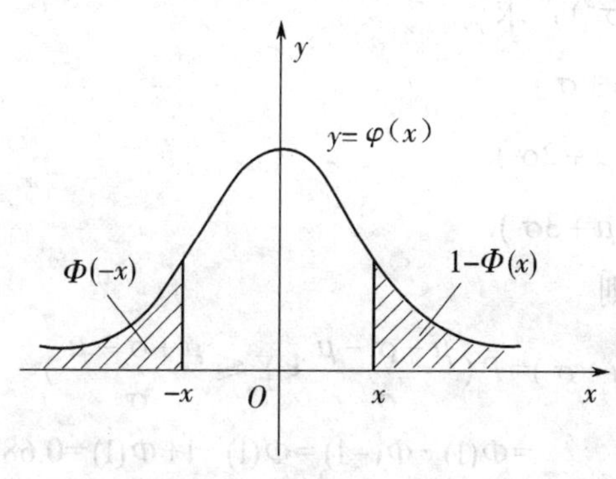

图 7-5

例 5　已知 $X\sim N(0,1)$，查标准正态分布表求:

（1）$P(X\leqslant -2)$;　　（2）$P(-1<X\leqslant 3)$.

解（1）$P(X\leqslant -2)=1-\Phi(2)=1-0.9772=0.0228$;

（2）$P(-1<X\leqslant 3)=\Phi(3)-\Phi(-1)=\Phi(3)-1+\Phi(1)$

$=0.9987-1+0.8413=0.84$.

定理　如果 $X \sim N(\mu,\sigma^2)$，$Y \sim N(0,1)$，其分布函数分别记作 $F(x)$ 和 $\Phi(x)$，则

$$F(x)=\Phi(\frac{x-\mu}{\sigma}).$$

证明　因为 $F(x)=\frac{1}{\sqrt{2\pi}\sigma}\int_{-\infty}^{x}\mathrm{e}^{-\frac{(t-\mu)^2}{2\sigma^2}}\mathrm{d}t$，

令　$u=\frac{t-\mu}{\sigma}$，则 $t=\sigma u+\mu$，$\mathrm{d}t=\sigma\mathrm{d}u$，所以

$$F(x)=\frac{1}{\sqrt{2\pi}\sigma}\int_{-\infty}^{x}\mathrm{e}^{-\frac{(t-\mu)^2}{2\sigma^2}}\mathrm{d}t=\int_{-\infty}^{\frac{x-u}{\sigma}}\frac{1}{\sqrt{2\pi}}\mathrm{e}^{-\frac{u^2}{2}}\mathrm{d}u$$

$$=\Phi(\frac{x-\mu}{\sigma}).$$

由此定理可知，一般正态分布的分布函数值的计算可以转化为标准正态分布的分布函数值的计算.

例 6　已知 $X \sim N(1,4)$，查标准正态分布表求

（1）$P(X\leqslant 2)$；　　（2）$P(0<X\leqslant 3)$.

解　（1）$P(X\leqslant 2)=\Phi(\frac{X-1}{2}=\frac{2-1}{2})=\Phi(0.5)=0.6915$；

（2）$P(0<X\leqslant 3)=P(X\leqslant 3)-P(X\leqslant 0)=\Phi(\frac{3-1}{2})-\Phi(\frac{0-1}{2})$

$$=\Phi(1)-\Phi(-0.5)=\Phi(1)-1+\Phi(0.5)$$

$$=0.8413-1+0.6915=0.5328.$$

例 7　已知 $X \sim N(\mu,\sigma^2)$，求

（1）$P(\mu-\sigma<X\leqslant\mu+\sigma)$；

（2）$P(\mu-2\sigma<X\leqslant\mu+2\sigma)$；

（3）$P(\mu-3\sigma<X\leqslant\mu+3\sigma)$.

解　设 $Y \sim N(0,1)$，则

（1）$P(\mu-\sigma<X\leqslant\mu+\sigma)=P(\frac{\mu-\sigma-\mu}{\sigma}<Y\leqslant\frac{\mu+\sigma-\mu}{\sigma})$

$$=\Phi(1)-\Phi(-1)=\Phi(1)-1+\Phi(1)=0.6826;$$

（2）$P(\mu-2\sigma<X\leqslant\mu+2\sigma)=P(\frac{\mu-2\sigma-\mu}{\sigma}<Y\leqslant\frac{\mu+2\sigma-\mu}{\sigma})$

$$=\Phi(2)-\Phi(-2)=\Phi(2)-1+\Phi(2)=0.9544;$$

（3）$P(\mu-3\sigma<X\leqslant\mu+3\sigma)=P(\frac{\mu-3\sigma-\mu}{\sigma}<Y\leqslant\frac{\mu+3\sigma-\mu}{\sigma})$

$$=\Phi(3)-\Phi(-3)=\Phi(3)-1+\Phi(3)=0.9974.$$

通过以上计算可知，虽然正态随机变量 X 的取值范围是全体实数，但它的值几乎全部集中在$(\mu-3\sigma,\mu+3\sigma)$区间内，超出这个范围的不足 0.003，这在统计学上称为 3σ 原则(三倍标

准差原则)．在企业管理中，经常应用这个原则进行质量检查和过程控制．

例 8　抽查袋装白糖每包的质量，已知测量值服从 $N(1000,20^2)$，今发现测量中有一个数据是1085，是否可以怀疑机械出了故障？

解　根据原则，几乎全部数据应落在如下区间：

$(\mu-3\sigma,\mu+3\sigma)=(1000-3\times 20.1000+3\times 20)=(940.1060)$.

因为 $1085>1060$ ，可能性很小的事件发生了，故可认为机械出了故障．

习题 7.4

1．设随机变量 X 的密度函数为

$$f(x)=\begin{cases}0, & (x<0)\\ kx, & (0\leqslant x\leqslant 2)\\ 0.1, & (2<x<6)\\ 0, & (x\geqslant 6)\end{cases},$$

（1）试确定常数 k；（2）求 X 的分布函数 $F(x)$；（3）求 $P(1<X\leqslant 4)$.

2．电阻值 R 是一个随机变量，均匀分布在 900～1100，求 R 的概率密度及 R 落在 950～1050 内的概率．

3．设 $X\sim N(0,1)$，试求 a 的值，使 $P(X>a)=0.08$.

4．设 $X\sim N(0,1)$，试求：

（1）$P(X\leqslant 2.2)$;　　（2）$P(X>1.5)$;　　（3）$P(1<X\leqslant 3)$.

5．某班的一次数学考试成绩 $X\sim N(70,10^2)$，按规定是 85 分以上为优秀，60 分以下为不及格，问：

（1）成绩达到优秀的学生占全班的百分之几？

（2）成绩不及格的学生占全班的百分之几？

7.5　数学期望与方差

随机变量的概率分布是关于随机变量完整的描述，但在实际问题中，许多随机变量的概率分布往往难以确定．实践告诉我们，很多实际问题并不需要求得随机变量的分布，只需找出它的某些数字特征就可以了．如比较两个冰箱厂生产的冰箱质量，一方面可以比较它们的平均寿命，平均寿命越长质量越好；另一方面，还可考察两厂产品寿命对于平均寿命的离散程度，离散程度大的质量不稳定，离散程度小的质量比较稳定．投资决策时，投资者不但关心投资的期望收益，还关心投资的实际效果与期望收益之间的偏离程度（投资风险）.

表示随机变量某些概率特征的数字称为随机变量的数字特征. 最常用的随机变量的数字特征是数学期望和方差.

一、随机变量的数学期望

先看下面这个例子.

例 1 一台自动机床生产某种标准件，每天生产出的次品件数 X 是一个随机变量，下表列出了 100 天中出现次品件数的情况.

出现次品件数	0	1	2	3
天数	30	30	20	20
频率	$\frac{30}{100}$	$\frac{30}{100}$	$\frac{20}{100}$	$\frac{20}{100}$

求该机床平均每天生产出多少件次品？

解 100 天中出现次品总数为

$$0\times30+1\times30+2\times20+3\times20=130,$$

100 天中平均每天出次品件数为

$$\frac{0\times30+1\times30+2\times20+3\times20}{100}$$
$$=0\times\frac{30}{100}+1\times\frac{30}{100}+2\times\frac{20}{100}+3\times\frac{20}{100}=1.3.$$

由此可见，次品件数的平均值是由次品件数 X 的每一个可能值乘上它对应的频率，然后相加而得到. 如果再选 100 天做试验，次品件数的平均值就不一定是 1.3. 所以不能用 1.3 作为这台机床每天生产出次品件数的平均值. 而频率总是稳定在概率附近，因此用概率来代替频率，所算得的平均值就能比较精确地表示这台机床每天出次品件数的平均值. 这就启发我们用随机变量的可取值与相应概率乘积的和来描述.

1. 离散型随机变量的数学期望

定义 1 设离散型随机变量 X 的概率分布为

$$P(X=x_i)=p_i \quad (i=1, 2, \cdots, n, \cdots).$$

称
$$\sum_{k=1}^{\infty}x_k p_k=x_1p_1+x_2p_2+\cdots+x_kp_k+\cdots.$$

为离散型随机变量 X 的数学期望，简称期望或均值. 记为 $E(X)$，即

$$E(X)=\sum_{k=1}^{\infty}x_k p_k.$$

例 2　甲、乙二人每天的产量相同，他们的产品中出现次品个数 X，Y 的概率分布如下表. 问谁的技术较好？

X,Y	0	1	2	3
$P(X)$	0.4	0.3	0.2	0.1
$P(Y)$	0.3	0.5	0.2	0

解　只从分布列来看，很难做出判断，但是

$E(X)=0\times0.4+1\times0.3+2\times0.2+3\times0.1=1$，

$E(Y)=0\times0.3+1\times0.5+2\times0.2+3\times0=0.9$.

由于甲每天生产的废品件数的平均值比乙多，而且两人每天的产量相同，所以，乙的技术好.

2. 连续型随机变量的数学期望

定义 2　设连续型随机变量 X 的密度函数为 $f(x)$，且广义积分 $\int_{-\infty}^{+\infty}xf(x)\mathrm{d}x$ 绝对收敛，称该积分为连续型随机变量 X 的**数学期望**，简称**期望**或**均值**. 记为 $E(X)$，即

$$E(X)=\int_{-\infty}^{+\infty}xf(x)\mathrm{d}x .$$

否则，称连续型随机变量 X 的数学期望不存在.

例 3　某长途汽车站每隔 10min 有一辆汽车经过，乘客在任一时刻到达汽车站是等可能的，则“乘客等候汽车的时间 X”是一个随机变量，它在 0～10 之间取值：$0\leqslant X\leqslant10$，求乘客等车的平均时间.

解　设乘客等车时间为 X，显然 $X\sim U(0,10)$，X 的密度函数为

$$f(x)=\begin{cases}0, & x\leqslant0\\ \dfrac{1}{10}, & 0<x<10\\ 0, & x\geqslant10\end{cases}$$

乘客等车的平均时间就是 X 的数学期望

$$E(X)=\int_{-\infty}^{+\infty}xf(x)\mathrm{d}x=\int_0^{10}\frac{x}{10}\mathrm{d}x=5 .$$

即乘客等车的平均时间是 5 分钟.

3. 数学期望的性质

（1）$E(C)=C$（C 为常数）.

(2) $E(CX)=CE(X)$ (C 为常数).

(3) $E(X+Y)=E(X)+E(Y)$.

(4) $E(X-Y)=E(X)-E(Y)$.

(5) 若 X 与 Y 相互独立，则 $E(XY)=E(X)\ E(Y)$.

二、随机变量的方差

1. 方差的定义

随机变量的期望提供了对两个不同随机变量平均状态进行比较的标准. 当两个随机变量的期望相同时，能否就说这两个随机变量一样“好”呢？我们看下面的例子.

甲、乙两名射手进行射击比赛，击中靶心得 2 分，击中靶环得 1 分，脱靶得 0 分. 设在一次射击中，甲、乙两人射击的得分分别为随机变量 X，Y，已知它们的分布列为

X, Y	0	1	2
$P(X)$	0.2	0.1	0.7
$P(Y)$	0.1	0.3	0.6

试评定他们射击成绩的好坏.

先计算他们所得分数的均值：

$$E(X)=1\times 0.1+2\times 0.7=1.5,$$

$$E(Y)=1\times 0.3+2\times 0.6=1.5.$$

虽然甲、乙射击成绩的平均值一样，但由 X，Y 的分布列可以看出，X 有80%集中在均值1.5附近，Y 有90%集中在均值1.5附近.这说明乙射手射击水平较甲射手稳定.

由上例可知，对随机变量的特征进行考察，除了均值之外，还要考察 X 的可取值与均值 $E(X)$ 的偏离情况. 那么，如何考察随机变量 X 与其均值 $E(X)$ 的偏离程度呢？因为 $X-E(X)$ 有正有负，$E\left[X-E(X)\right]$ 正、负相抵掩盖其真实性，所以容易想到用 $E\left|X-E(X)\right|$ 来度量 X 与其均值 $E(X)$ 的偏离程度，但由于此式含有绝对值，运算上不方便，因此，通常用 $E\left[X-E(X)\right]^2$ 来度量 X 与均值 $E(X)$ 的偏离程度.

定义 3　设 X 是一个随机变量，若 $E\left[X-E(X)\right]^2$ 存在，则称它为 X 的**方差**，记为 $D(X)$，即

$$D(X)=E\left[X-E(X)\right]^2,$$

称 $\sqrt{D(X)}$ 为 X 的**均方差**或**标准差**. 记为 $\sigma(X)$，即

$$\sigma(X)=\sqrt{D(X)}.$$

从方差的定义可以得到以下结论.

（1）X 的取值集中，则方差小；

（2）X 的取值分散，则方差大；

（3）$D(X)=0$，则随机变量 X 只取一个值；

（4）$D(X)<0$ 不可能.

2．方差的计算

离散型随机变量 X 的概率分布为 $P(X=x_i)=p_i$ （$i=1$，2，⋯，n，⋯），则 X 的方差为

$$D(X)=\sum_{k=1}^{\infty}\left[x_k-E(X)\right]^2 p_k .$$

连续型随机变量 X 的密度函数为 $f(x)$，则 X 的方差为

$$D(X)=\int_{-\infty}^{+\infty}\left[x-E(X)\right]^2 f(x)\mathrm{d}x .$$

利用上式计算方差有时不方便，为此引入简化计算公式

$$D(X)=E(X^2)-[E(X)]^2 .$$

事实上，

$$\begin{aligned} D(X)&=E\left[X-E(X)\right]^2 \\ &=E\{X^2-2XE(X)+[E(X)]^2\} \\ &=E(X^2)-2E(X)E(X)+[E(X)]^2 \\ &=E(X^2)-[E(X)]^2 . \end{aligned}$$

例 4　在掷骰子试验中，随机变量 X 取 1，2，3，4，5，6 的概率都是 $\frac{1}{6}$，求随机变量 X 的方差.

解　方法一　$E(X)=1\times\frac{1}{6}+2\times\frac{1}{6}+3\times\frac{1}{6}+4\times\frac{1}{6}+5\times\frac{1}{6}+6\times\frac{1}{6}=\frac{7}{2}$，

$$D(X)=(1-\frac{7}{2})^2\times\frac{1}{6}+(2-\frac{7}{2})^2\times\frac{1}{6}+(3-\frac{7}{2})^2\times\frac{1}{6}+(4-\frac{7}{2})^2\times\frac{1}{6}+(5-\frac{7}{2})^2\times\frac{1}{6}+(6-\frac{7}{2})^2\times\frac{1}{6}=\frac{35}{12}.$$

方法二　$E(X^2)=1^2\times\frac{1}{6}+2^2\times\frac{1}{6}+3^2\times\frac{1}{6}+4^2\times\frac{1}{6}+5^2\times\frac{1}{6}+6^2\times\frac{1}{6}=\frac{91}{6}$，

$$\left[E(X)\right]^2=\left(\frac{7}{2}\right)^2=\frac{49}{4},$$

$$=E(X^2)-[E(X)]^2=\frac{91}{6}-\frac{49}{4}=\frac{35}{12}.$$

此例也验证了公式 $D(X)=E(X^2)-\left[E(X)\right]^2$ 的正确性.

3．方差的性质

（1）$D(C)=0$　（C 为常数）.

（2）$D(CX)=C^2D(X)$ （C 为常数）.

（3）若 X 与 Y 相互独立，则 $D(X+Y)=D(X)+D(Y)$.

（4）若 X 与 Y 相互独立，则 $D(X-Y)=D(X)+D(Y)$.

例 5 连续型随机变量 X 的密度函数为

$$f(x)=\begin{cases}0, & x\leqslant 0\\ 2x, & 0<x<1\\ 0, & x\geqslant 1\end{cases},$$

求 X 的数学期望与方差.

解 由数学期望的定义，得

$$E(X)=\int_{-\infty}^{+\infty}xf(x)\mathrm{d}x=\int_0^1 2x^2\mathrm{d}x=\frac{2x^3}{3}\Big|_0^1=\frac{2}{3}.$$

而方差为

$$\begin{aligned}D(X)&=\int_{-\infty}^{+\infty}\left[x-E(X)\right]^2 f(x)\mathrm{d}x\\ &=\int_0^1 2x(x-\frac{2}{3})^2\mathrm{d}x\\ &=2\int_0^1(x^3-\frac{4}{3}x^2+\frac{4}{9}x)\mathrm{d}x\\ &=2(\frac{1}{4}-\frac{4}{9}+\frac{2}{9})=\frac{1}{18}.\end{aligned}$$

三、常见随机变量的数学期望和方差

1. 两点分布(0-1 分布)

$P(X=1)=p$，$P(X=0)=1-p=q$，

$E(X)=p$，$D(X)=pq$.

2. 二项分布

$X\sim B(n,p)$，

$E(X)=np$，$D(X)=np(1-p)$.

3. 均匀分布

$X\sim U(a,b)$，

$E(X)=\dfrac{a+b}{2}$，$D(X)=\dfrac{(b-a)^2}{12}$.

4. 正态分布

$X\sim N(\mu,\sigma^2)$，

$E(X)=\mu$，$D(X)=\sigma^2$.

标准正态分布　$X \sim N(0,1)$，

$E(X)=0$，$D(X)=1$.

习题 7.5

1. 甲、乙两位打字员，每页出错个数分别用 X，Y 表示，分布列如下表所示，问哪位打字员打印的质量较好?

X，Y	0	1	2	3	4
$P(X)$	0.2	0.2	0.3	0.2	0.1
$P(Y)$	0.1	0.2	0.1	0.5	0.1

2. 某养鱼专业户经营了一个鱼塘，每次下网捕得鱼的重量是一个随机变量. 根据以往经验,每下网 100 次，平均有 10 次捕得 5 斤鱼，30 次捕得 8 斤鱼，35 次捕得 9 斤鱼，25 次捕得 10 斤鱼. 问:

（1）可以期望每网捕鱼多少?

（2）有个顾客需要 300 斤鱼，约需下网多少次?

3. 盒中有 5 个球，其中 2 个是红球，随机地取 3 个，用 X 表示取到红球的个数，求:（1）$E(X)$；（2）$D(X)$.

4. 已知 $X \sim U(2,12)$，求:（1）$E(X)$；（2）$D(X)$.

5. 设随机变量 X 的密度函数为

$$f(x)=\begin{cases}0, & x\leqslant 0\\ 3x^2, & (0<x<1),\\ 0, & (x\geqslant 1)\end{cases}$$

求:（1）$E(X)$；（2）$D(X)$.

综合练习七

一、判断题

1. 对于每一个随机事件 A，都有 $0\leqslant P(A)\leqslant 1$.　(　　)

2. 对于任意两个事件 A 与 B，都有 $P(AB)=P(A)P(B)$ 成立.　(　　)

3. $X \sim N(0,1)$，则 $E(X)=0$，$D(X)=1$.　(　　)

4. 若 $X \sim N(1,2)$，$Y \sim N(2,1)$，则 $D(X-Y)=D(X)-D(Y)=1$.（　　）

5. 甲、乙两名射手，在同样条件下射击同一个目标，击中目标的概率分别为 0.9 和 0.8，则目标被击中的概率为 0.9+0.8=1.7.（　　）

二、选择题

1. 设 A 与 B 为任意两个随机事件，则 $(A\cup B)(\overline{A}\cup\overline{B})$ 表示（　　）.

A. 必然事件　　B. A 与 B 不同时发生

C. 不可能事件　　D. A 与 B 仅有一个发生

2. 设 A 与 B 为任意两个随机事件，且 A 与 $\overline{B}$ 互不相容，则一定有（　　）.

A. $B\supset A$　　B. $A\supset B$

C. 不可能事件　　D. A 与 B 仅有一个发生

3. 设 A 与 B 为任意两个随机事件，则一定有（　　）.

A. $P(\overline{A}+\overline{B})=1$　　B. $P(\overline{A}+\overline{B})=1-P(AB)$

C. $P(\overline{A}+\overline{B})=0$　　D. $0<P(\overline{A}+\overline{B})<1$

4. 设 X 是离散型随机变量，其分布列为 $P(X=i)=b\lambda^{-i}$，则下列结论中不正确的是（　　）.

A. $b>0$　　B. $\lambda>0$

C. $b=\dfrac{1}{\lambda-1}$　　D. $b=\lambda-1$

5. $F(x)$ 是离散型随机变量 X 的分布函数，则 $F(x)$ 一定是（　　）.

A. 奇函数　　B. 偶函数

C. 有界函数　　D. 周期函数

6. 连续型随机变量 X 的概率密度 $f(x)$ 一定（　　）.

A. 是可积函数　　B. $0\leqslant f(x)\leqslant 1$

C. 是连续函数　　D. 是可导函数

三、填空题

1. 一批产品有正品和次品，从中抽取三件，设 A={抽出的第一件是正品}，B={抽出的第二件是正品}，C={抽出的第三件是正品}，试用 A，B，C 的并、交、逆表示下列事件：

（1）{三件皆是正品}可表示为＿＿＿＿＿＿；

（2）{只有第一件是正品}可表示为＿＿＿＿＿＿；

（3）{至少有一件是正品}可表示为＿＿＿＿＿＿；

（4）{没有一件是正品}可表示为＿＿＿＿＿＿；

（5）{恰有一件是正品}可表示为＿＿＿＿＿＿；

（6）{正品不多于两件}可表示为＿＿＿＿＿＿.

2. 某战士打靶命中的概率为 0.5，独立地连续射击三次，则至少命中一次的概率 $P=$____________.

3. 设 $X\sim N(\mu,\sigma^2)$，则 $Y=\dfrac{X-\mu}{\sigma}\sim$____________.

4. 已知 $P(A)=0.5$，$P(B)=0.4$，$P(A|B)=0.32$，则 $P(AB)=$________；$P(A+B)=$________；$P(\overline{AB})=$________；$P(\bar{A}\bar{B})=$________.

四、解答题

1. 某班学生共有 40 人，其中订数学杂志的有 25 人，订英语杂志的有 20 人，两种都订的有 15 人，求该班中订这两种杂志的概率.

2. 某计算机中心一周曾遭受某种病毒攻击 12 台次，观察到所有这 12 次攻击均发生在周二或周五，是否可以推断该病毒的发作是有特定时间的?

3. 从 0，1，2，…，9 十个数字中任取一个(假设每个数字被选取的可能性相同)，取后还原，先后取 3 个数字，求:

（1）3 个数字全不相同的概率;

（2）3 个数字不含 0 和 1 的概率.

4. 三个人独立地解一道数学题，他们能单独解出的概率分别为 $\frac{1}{6}$，$\frac{1}{3}$，$\frac{1}{2}$，求这道数学题被解出的概率.

5. 甲给乙打电话，乙单位有两部电话，打通号码A 的概率是 0.7，打通号码 B 的概率是 0.4，至少有一个打不通的概率是 0.65，求至少有一个打通的概率.

6. 一个班有 34 名学生，请计算以下概率:

（1）求全班学生的生日都不相同的概率;

（2）至少有两人同一天过生日的概率.

7. 设随机变量 X 的分布函数为

$$F(x)=\begin{cases}0, & x<0,\\ \dfrac{1}{3}, & 0\leqslant x<1,\\ \dfrac{3}{4}, & 1\leqslant x<2,\\ 1, & x\geqslant 2\end{cases},$$

试求:（1）$P(X=1)$；（2）$P(X<2)$；（3）$P(X>\frac{1}{2})$；（4）$P(X>1)$.

8. 某射手在一次射击时命中的概率为 0.8，如果 X 表示该射手在 100 次独立射击中的命中次数，求 $E(X)$，$D(X)$.

附　录

附表 1　标准正态分布表

$$\Phi(x)=\int_{-\infty}^{x}\frac{1}{\sqrt{2\pi}}\mathrm{e}^{-\frac{t^2}{2}}\mathrm{d}t$$

x	0.00	0.01	0.02	0.03	0.04	0.05	0.06	0.07	0.08	0.09
0.0	0.5000	0.5040	0.5080	0.5120	0.5160	0.5199	0.5239	0.5279	0.5319	0.5359
0.1	0.5398	0.5438	0.5478	0.5517	0.5557	0.5596	0.5636	0.5675	0.5714	0.5735
0.2	0.5739	0.5832	0.5871	0.5910	0.5948	0.5987	0.6026	0.6064	0.6103	0.6141
0.3	0.6179	0.6217	0.6255	0.6293	0.6331	0.6368	0.6406	0.6443	0.6480	0.6517
0.4	0.6554	0.6591	0.6628	0.6664	0.6700	0.6736	0.6772	0.6808	0.6844	0.6879
0.5	0.6915	0.6950	0.6985	0.7019	0.7054	0.7088	0.7123	0.7157	0.7190	0.7224
0.6	0.7257	0.7291	0.7324	0.7357	0.7389	0.7422	0.7454	0.7486	0.7517	0.7649
0.7	0.7580	0.7611	0.7642	0.7673	0.7704	0.7734	0.7764	0.7794	0.7823	0.7852
0.8	0.7881	0.7910	0.7939	0.7967	0.7995	0.8023	0.8051	0.8078	0.8106	0.8133
0.9	0.8159	0.8186	0.8212	0.8238	0.8264	0.8289	0.8315	0.8340	0.8365	0.8389
1.0	0.8413	0.8438	0.8461	0.8485	0.8508	0.8531	0.8554	0.8577	0.8599	0.8621
1.1	0.8643	0.8665	0.8686	0.8708	0.8729	0.8749	0.8770	0.8790	0.8810	0.8830
1.2	0.8849	0.8869	0.8888	0.8907	0.8925	0.8944	0.8962	0.8980	0.8997	0.9015
1.3	0.9032	0.9049	0.9066	0.9082	0.9099	0.9115	0.9131	0.9147	0.9162	0.9177
1.4	0.9192	0.9207	0.9222	0.9236	0.9251	0.9265	0.9279	0.9292	0.9306	0.9319
1.5	0.9332	0.9345	0.9357	0.9370	0.9382	0.9394	0.9406	0.9418	0.9429	0.9441
1.6	0.9452	0.9463	0.9474	0.9484	0.9495	0.9505	0.9515	0.9525	0.9535	0.9545
1.7	0.9554	0.9564	0.9573	0.9582	0.9591	0.9599	0.9608	0.9616	0.9625	0.9633
1.8	0.9641	0.9649	0.9656	0.9664	0.9671	0.9678	0.9686	0.9693	0.9699	0.9706
1.9	0.9713	0.9719	0.9726	0.9732	0.9738	0.9744	0.9750	0.9756	0.9761	0.9767
2.0	0.9772	0.9778	0.9783	0.9788	0.9793	0.9798	0.9803	0.9808	0.9812	0.9817
2.1	0.9821	0.9826	0.9830	0.9834	0.9838	0.9842	0.9846	0.9850	0.9854	0.9857
2.2	0.9861	0.9864	0.9868	0.9871	0.9875	0.9878	0.9881	0.9884	0.9887	0.9890
2.3	0.9893	0.9896	0.9898	0.9901	0.9904	0.9906	0.9909	0.9911	0.9913	0.9916
2.4	0.9918	0.9920	0.9922	0.9925	0.9927	0.9929	0.9931	0.9932	0.9934	0.9936
2.5	0.9938	0.9940	0.9941	0.9943	0.9945	0.9946	0.9948	0.9949	0.9951	0.9952
2.6	0.9953	0.9955	0.9956	0.9957	0.9959	0.9960	0.9961	0.9962	0.9963	0.9964
2.7	0.9965	0.9966	0.9967	0.9968	0.9969	0.9970	0.9971	0.9972	0.9973	0.9974
2.8	0.9974	0.9975	0.9976	0.9977	0.9977	0.9978	0.9979	0.9979	0.9980	0.9981
2.9	0.9981	0.9982	0.9982	0.9983	0.9984	0.9984	0.9985	0.9985	0.9986	0.9986
x	0.0	0.1	0.2	0.3	0.4	0.5	0.6	0.7	0.8	0.9
3.0	0.9987	0.9990	0.9993	0.9995	0.9997	0.9998	0.9998	0.9999	0.9999	1.0000

附表 2 泊松分布表

本表列出了服从泊松分布的随机变量ξ的概率分布的值.

$$P(\xi = i) = \frac{\lambda^i}{i!}e^{-\lambda}$$

i	λ							
	0.1	0.2	0.3	0.4	0.5	0.6	0.7	0.8
0	0.904837	0.818731	0.740818	0.670230	0.606531	0.548812	0.496585	0.449329
1	0.090484	0.163746	0.222245	0.268128	0.303265	0.329287	0.347610	0.329463
2	0.004524	0.016375	0.033337	0.053626	0.075816	0.098786	0.121663	0.143785
3	0.000151	0.001092	0.003334	0.007150	0.012636	0.019757	0.028388	0.038343
4	0.000004	0.000055	0.000250	0.000715	0.001580	0.002964	0.004968	0.007669
5		0.000002	0.000015	0.000057	0.000158	0.000356	0.000696	0.001227
6			0.000001	0.000004	0.000013	0.000036	0.000081	0.000164
7					0.000001	0.000003	0.000008	0.000019
8							0.000001	0.000002

i	λ							
	0.9	1.0	1.5	2.0	2.5	3.0	3.5	4.0
0	0.406570	0.367879	0.223130	0.135335	0.082085	0.049787	0.030197	0.018316
1	0.365913	0.367879	0.334695	0.270671	0.205212	0.149361	0.105691	0.073263
2	0.164661	0.183940	0.251021	0.270671	0.256516	0.224042	0.184959	0.146525
3	0.049398	0.061313	0.125510	0.180447	0.213763	0.224042	0.215785	0.195367
4	0.011115	0.015323	0.047067	0.090224	0.133602	0.168031	0.188812	0.195367
5	0.002001	0.003066	0.014120	0.036089	0.066801	0.100819	0.132169	0.156293
6	0.000300	0.000511	0.003530	0.012030	0.027834	0.050409	0.077098	0.104196
7	0.000039	0.000073	0.000756	0.003437	0.009941	0.021604	0.038549	0.059540
8	0.000004	0.000009	0.000142	0.000859	0.003016	0.008102	0.016865	0.029770
9		0.000001	0.000024	0.000191	0.000863	0.002701	0.006559	0.013231
10			0.000004	0.00038	0.000216	0.000810	0.002296	0.005292
11				0.000007	0.000049	0.000221	0.000730	0.001925
12				0.000001	0.000010	0.000055	0.000213	0.000642
13					0.000002	0.000013	0.000057	0.000197
14						0.000003	0.000014	0.000056
15						0.000001	0.000003	0.000015
16							0.000001	0.00004
17								0.000001

续表

i	λ						
	4.5	5.0	6.0	7.0	8.0	9.0	10.0
0	0.011109	0.006738	0.002479	0.000912	0.000335	0.000123	0.000045
1	0.049990	0.033690	0.014873	0.006383	0.002684	0.001111	0.000454
2	0.112479	0.084224	0.044618	0.022341	0.010735	0.004998	0.002270
3	0.168718	0.140374	0.089235	0.052129	0.028626	0.014994	0.007567
4	0.189808	0.175467	0.133853	0.091226	0.057252	0.033737	0.018917
5	0.170827	0.175467	0.160623	0.127717	0.091604	0.060727	0.037833
6	0.128120	0.146223	0.160623	0.149003	0.122138	0.091090	0.063055
7	0.082363	0.104445	0.137677	0.149003	0.139587	0.117116	0.090079
8	0.046329	0.065278	0.103258	0.130377	0.139587	0.131756	0.112599
9	0.023165	0.036266	0.068838	0.101405	0.127077	0.131756	0.125110
10	0.010424	0.018133	0.041303	0.070983	0.099262	0.118580	0.125110
11	0.004264	0.008242	0.022529	0.045171	0.072190	0.097020	0.113736
12	0.001599	0.003434	0.011264	0.026350	0.048127	0.072765	0.094780
13	0.000554	0.001321	0.005199	0.014188	0.029616	0.050376	0.072908
14	0.000178	0.000472	0.002228	0.007094	0.016924	0.032384	0.052077
15	0.000053	0.000157	0.000891	0.003311	0.009026	0.019431	0.034718
16	0.000015	0.000049	0.000334	0.001448	0.004513	0.010930	0.021699
17	0.000004	0.000014	0.000118	0.000596	0.002124	0.005786	0.012764
18	0.000001	0.000004	0.000039	0.000232	0.000944	0.002863	0.007091
19		0.000001	0.000012	0.000085	0.000397	0.001370	0.003733
20			0.000004	0.000030	0.000159	0.000617	0.001866
21			0.000001	0.000010	0.000061	0.000264	0.000889
22				0.000003	0.000022	0.000108	0.000404
23				0.000001	0.000008	0.000042	0.000176
24					0.000003	0.000016	0.000073
25					0.000001	0.000006	0.000029
26						0.000002	0.000011
27						0.000001	0.000004
28							0.000001
29							0.000001

习题参考答案

第一章

习题 1.1

1.（1）$[2, +\infty)$；（2）$(-\infty, -1) \cup (-1, +\infty)$；（3）$[2, 3) \cup (3, 5)$；（4）$(-\infty, 3)$.

2.（1）$y=\sqrt{u}, u=1-x^2$；（2）$y=\mathrm{e}^u, u=x^2+1$；（3）$y=\sin u, u=\dfrac{3x}{2}$；

（4）$y=u^2, u=\cos v, v=3x+1$；（5）$y=3^u, u=v^2, v=\tan x$；

（6）$y=\ln u, u=\sqrt{v}, v=1+x$.

3．$f(-2)=1,\quad f(0)=1,\quad f(2)=0$.

4.（略）

5．$f(x)=\begin{cases} -1, & -\pi \leqslant x < 0 \\ 1, & 0 \leqslant x < \pi \end{cases}$.

6．$Q_0 = 8986.58\mathrm{e}^{-0.8} \approx 20000$.

7.（1）$y=200+15x$；（2）$x \approx 13.3\mathrm{km}$.

8.（1）$y=12000+10x$；（2）$y=30x$；（3）$y=30x-12000-10x$.

9．400 件

10．250 单位

习题 1.2

1.（1）=；（2）不存在；（3）不存在；（4）A；（5）不存在.

2.（1）2；（2）1；（3）0；（4）1；（5）不存在；（6）不存在.

3．$\lim\limits_{n\to\infty} A(1+r)^n = \infty$.

4．不存在.

5．2.

6.（略）

7．$\lim\limits_{x\to 7} f(x) = 13.4$.

习题 1.3

1.（1）2；（2）$\dfrac{4}{3}$；（3）$-\dfrac{4}{3}$；（4）2；（5）−4；（6）$\dfrac{1}{2}$；

（7）$\dfrac{2}{3}$；（8）0；（9）$\dfrac{1}{2}$；（10）$2x$；（11）0；（12）1.

2．浓度接近 $30\mathrm{g/L}$.

习题 1.4

1.（1）$\frac{3}{2}$；　（2）3；　（3）1；　（4）2；　（5）1；

（6）3；　（7）e^{-1}；　（8）e^{-3}；　（9）e^{-1}；　（10）$e^{\frac{1}{2}}$．

2.（略）

习题 1.5

1.（略）

2.（1）0；（2）0；（3）0；（4）0．

3.（略）

4.（略）

5.（1）100mg；（2）4.05；（3）$\lim\limits_{t\to+\infty} N(t)=0$．

习题 1.6

1.（略）

2.（略）

3. $(-\infty, +\infty)$．

4. $k=2$．

5.（1）$\sqrt{5}$；（2）-9；（3）$-\frac{e^{-2}+1}{2}$；（4）$-\frac{\sqrt{2}}{2}$；

（5）$-\frac{\sqrt{2}}{2}$；（6）$\frac{1}{2}$；（7）$\frac{1}{20}$；（8）0．

6.（略）

7.（略）

综合练习一

一、1. D；2. A；3. C；4. C；5. A.

二、1. $y=e^u$，$u=\sqrt{v}$，$v=x^2+1$；

2. $y=\ln u$，$u=\sin v$，$v=3x^2-5$；

3. $y=u^2$，$u=\tan v$，$v=\frac{\pi}{3}-2x$；

4. $y=u^3$，$u=\arccos v$，$v=\sqrt{w}$，$w=\ln x$．

三、1. 1；2. -3；3. $\frac{4}{3}$；4. $\frac{3}{10}$；5. $-\frac{3}{4}$；6. ∞.

四、1. 不存在.

2. 略

3．$A=80(\pi r^2+\frac{4V}{r})$．

4．2900 元；9.6%．

5．$f(x)=\begin{cases}5x, & x<40.\\ 3x, & x\geqslant 40.\end{cases}$；$f(32)=160$ 元；$f(40)=120$ 元；$f(50)=150$ 元．

6．7300；∞；说明不能彻底消除污物．

第二章

习题 2.1

1．（略）

2．$\bar{v}=17+3\Delta t$，　$v(2)=17$．

3．（略）

4．（1）$y'=3x^2$；　（2）$y'=\frac{1}{6}x^{-\frac{5}{6}}$；　（3）$y'=-3x^{-4}$．

5．切线方程为 $y=x-1$；法线方程为 $y=-x+1$．

6．$y=2x-1$．

7．$i(\frac{\pi}{4})=\frac{\sqrt{2}}{2}$．

习题 2.2

1．（1）$y'=6x+4x^{-3}$；　（2）$y'=10x^9+10^x\ln 10$；

（3）$y'=\ln x+1$；　（4）$y'=-\frac{1}{2}x^{-\frac{1}{2}}-\frac{1}{2}x^{-\frac{3}{2}}$；

（5）$y'=-\mathrm{e}^x-\frac{1}{x(\ln x)^2}$；　（6）$y'=\frac{7}{8}x^{-\frac{1}{8}}$；

（7）$y'=1+\frac{1}{x^2}+4\pi x^{-3}$；　（8）$y'=\frac{1}{1+\cos x}$．

2．（1）$y'=8(2x-1)^3$；　（2）$y'=3\sin 6x$；

（3）$y'=\sin 2x+2x\cos 2x$；　（4）$\sqrt{x^2+1}+\frac{x^2}{\sqrt{x^2+1}}$．

（5）$y'=\frac{2x}{x^2-3}$；　（6）$y'=\cos x 2^{\sin x}\ln 2$；

（7）$y'=2x\cos x^2$；　（8）$y'=-\sin x\mathrm{e}^{\cos x}$．

（9）$y'=-\frac{1}{2}\tan\frac{x}{2}$；　（10）$y'=(a^2-x^2)^{-\frac{3}{2}}x$；

3．（1）7.5m / s；　（2）2m / s．

4. 20km / s .

5. 500人 / 天 .

6. $\frac{5+4t}{3s^2}$.

7. $v(2)=9$ ； $a(2)=12$.

8. （1） $y'=\frac{x}{y}$ ；（2） $y'=\frac{y}{y-1}$ ；

（3） $y'=\frac{-e^y}{1+xe^y}$ ；（4） $y'=-\frac{1+y\sin xy}{x\sin xy}$.

9. （1） $\frac{dy}{dx}=\frac{3t^2-1}{2t}$ ；（2） $\frac{dy}{dx}=\frac{\cos t-\sin t}{\cos t+\sin t}$.

10. 切线方程为 $y=-2x$ ；法线方程为 $y=\frac{x}{2}+5$.

11. $\frac{\pi}{2}$.

12. （1） $n\,!$；（2） $n\,!\ (1-x)^{-(n+1)}$.

习题 2.3

1. （1） $dy=(-x^{-2}+x^{-\frac{1}{2}})dx$ ；（2） $dy=(\sin 2x+2x\cos 2x)dx$ ；

（3） $dy=-3\sin 3x dx$ ；（4） $dy=(\arctan x+\frac{x}{1+x^2})dx$ ；

（5） $dy=-4\tan 2x dx$ ；（6） $dy=3(e^x+e^{-x})^2(e^x-e^{-x})dx$ ；

（7） $dy=e^x(x+1)^2dx$ ；（8） $dy=(4x-3)dx$.

2. （略）

3. $\Delta y=-0.39,\quad dy=-0.4$.

4. $1.118g$.

5. （1） $ds=\sqrt{4x^2+4x+2}\,dx$ ；（2） $ds=\sqrt{1+\cos^2 x}\,dx$.

习题 2.4

1. $\xi=\frac{1}{\ln 2}-1$ ；

2. （1）单调增加区间为 $(-\infty,\frac{3}{2})$ ；单调减少区间为 $(\frac{3}{2},+\infty)$.

（2）单调增加区间为 $(0,+\infty)$ ；单调减少区间为 $(-\infty,0)$.

（3）单调增加区间为 $(\frac{1}{2},+\infty)$ ；单调减少区间为 $(-\infty,\frac{1}{2})$.

（4）单调增加区间为$(\frac{1}{2}, +\infty)$；单调减少区间为$(0, \frac{1}{2})$.

（5）单调增加区间为$(1, +\infty)$；单调减少区间为$(-\infty, 1)$.

（6）单调增加区间为$(-\infty, -1)$和$(1, +\infty)$；单调减少区间为$(-1, 1)$.

习题 2.5

1.（1）无极值；（2）无极值；（3）无极值.

2.（1）极小值为$y|_{x=\frac{3}{2}}=-\frac{27}{16}$；

（2）极大值为$y|_{x=1}=\frac{1}{2}$；极小值为$y|_{x=-1}=-\frac{1}{2}$.

（3）极大值为$y|_{x=1}=\frac{\pi}{4}-\frac{1}{2}\ln 2$.

（4）极大值为$y|_{x=2}=1$.

3.（1）最大值为$y|_{x=5}=32$，最小值为$y|_{x=-1}=\frac{1}{2}$；

（2）最大值为$y|_{x=3}=68$，最小值为$y|_{x=\pm1}=4$；

（3）最大值为$y|_{x=8}=\frac{10}{3}$，最小值为$y|_{x=\frac{\sqrt{2}}{4}}=-\frac{\sqrt{2}}{3}$；

（4）最大值为$y|_{x=4}=9\frac{1}{3}$，最小值为$y|_{x=0}=0$.

4. 截成相等的两段.

5.（略）

6. 不能通过.

7. 当产品为 250 单位，价格为 175 元/单位时，利润最大．最大利润为 16 950 元.

习题 2.6

1.（1）凹区间为$(2, +\infty)$，凸区间为$(-\infty, 2)$，拐点为$(2, \frac{2}{e^2})$.

（2）凹区间为$(-\infty, +\infty)$，无拐点.

2. $k=\pm\frac{\sqrt{2}}{8}$.

3. $a=-\frac{1}{2},\ b=\frac{3}{2},\ c=d=0$.

4. $f(x)=3x^4-8x^3+6x^2$.

5.（略）

6. 曲线在t_0处产生拐点，即在t_0处，人口增长率达到最大，人口增长得最快；量L代表当时间无限增大时，人口量所能达到的极限，称为该环境下的载容量.

7.（1）水平渐近线为 $y=1$；垂直渐近线为 $x=\pm1$.

（2）水平渐近线为 $y=1$；垂直渐近线为 $x=-3,\quad x=2$.

8. （略）

9. （1）$K=\frac{1}{2}$；（2）$K=\frac{\sqrt{2}}{4}$；（3）$K=\frac{2\sqrt{5}}{25}$.

习题 2.7

1. 40.

2. $q=\frac{3}{2},\ \frac{51}{4}$

3. $C'(100)=9.5$,经济意义是：当产量是 100 吨时，每增加 1 吨产量，成本增加 9.5 元.

习题 2.8

1. （1）1；（2）2；（3）$\frac{1}{6}$；（4）$\frac{1}{2}$；

（5）$\frac{1}{2}$；（6）3；（7）$\frac{1}{3}$；（8）0.

2. （1）$\frac{2}{\pi}$；（2）$\frac{1}{2}$；（3）$\frac{1}{2}$；

（4）1；（5）1；（6）$\frac{1}{\mathrm{e}}$.

综合练习二

一、1. $y=9x+7$；2. $y=\frac{1}{2x\sqrt{\ln x}}$；3. $y=\frac{1}{3}+\mathrm{e}$；

4. $-\frac{y^2}{xy+1}$；5. $(\frac{1}{2}x^{-\frac{1}{2}}-\cos x)\mathrm{d}x$；6. $\frac{2}{\ln 3}-1$；

7. $(-\infty,-1)$ 和 $(1,+\infty)$；$(-1,\ 0)$ 和 $(0,\ 1)$；8. $(1,-2)$；

9. $x=1$；10. $3t^2-3$，$6t$.

二、ADBBB；CDCAC.

三、1.（1）$2^{\sin^2 x}\sin 2x\ln 2\mathrm{d}x$；（2）$y'=\frac{3-y\mathrm{e}^{xy}}{x\mathrm{e}^{xy}-1}$；（3）3；（4）0.

2. 最大值为3；最小值为1.

3. 凹区间为 $(-1,\ 1)$，凸区间为 $(-\infty,\ -1)$ 和 $(1,\ +\infty)$，拐点为 $(1,\ \ln 2)$ 和 $(-1,\ \ln 2)$.

4. 长 10m，宽 5m.

5. 边长分别为 $2\sqrt{30}$cm，$3\sqrt{30}$cm.

6. （1）88；（2）4050；307050.

第三章

习题 3.1

1．$\cos x$；$-\sin x$.

2．$\dfrac{3^x}{\ln 3}$；$-\dfrac{1}{x}$.

3．$\sin 2x + C$.

4．$f(x) = 5x^4$

5．$2^x \ln 2 - \sin x$.

6．$\cos x + C$

7．$\cos x$.

8.（略）

9.（1）$x^2 + 2x + C$；（2）$\cos^2 x + C$；（3）$\dfrac{1}{1-x^2}$；（4）$\sqrt{a^2 - x^2}\mathrm{d}x$.

10.（略）

11．$y = x^3 + 1$.

12．$v = 3\cos t + 2$；$s = 3\sin t + 2t + 1$.

习题 3.2

1.（1）$\dfrac{x^6}{6} + C$；（2）$\dfrac{5^x}{\ln 5} + C$；（3）$\dfrac{x^3}{3} - \dfrac{3x^2}{2} + 5x + C$；

（4）$2e^x + \cos x + C$；（5）$-x^{-3} + C$；（6）$\dfrac{2}{7}x^{\frac{7}{2}} + C$；

（7）$-3x^{-\frac{1}{3}} + C$；（8）$\dfrac{2}{5}x^{\frac{5}{2}} - 2x^{\frac{3}{2}} + C$；

（9）$\dfrac{2}{5}x^{\frac{5}{2}} + \dfrac{x^2}{2} + 6\sqrt{x} + C$；（10）$\ln|x| + 2\arctan x + C$；

（11）$x - \arctan x + C$；（12）$2\sin x + C$；

（13）$-x - \cot x + C$；（14）$\dfrac{1}{2}(x - \sin x) + C$.

2．$y = x - \dfrac{x^2}{2} - 5$.

3．$s = t^3 + 2t^2$.

习题 3.3

1.（1）$\dfrac{1}{5}$；（2）$\dfrac{1}{2}$；（3）$-\dfrac{1}{4}$；（4）$\dfrac{1}{6}$；（5）-1；

（6）2；（7）$-\dfrac{1}{5}$；（8）1；（9）-1；（10）$\dfrac{1}{2}$.

2. （1）$\frac{1}{2}\sin 2x + C$；　（2）$-\frac{1}{5}\cos 5x + C +$；　（3）$-\frac{1}{2}e^{-2x} + C$；

（4）$-\frac{1}{8}(3-2x)^4 + C$；　（5）$-\ln|1-x| + C$；　（6）$-\frac{1}{2(2x+1)} + C$；

（7）$\frac{2\sqrt{3x-2}}{3} + C$；　（8）$\frac{(x^2-3x+2)^4}{4} + C$；　（9）$\frac{2}{3}(e^x+2)^{\frac{3}{2}} + C$；

（10）$-\sqrt{1-x^2} + C$；　（11）$\frac{(\ln x)^3}{3} + C$；　（12）$-\frac{1}{2}\cos x^2 + C$；

（13）$\cos\frac{1}{x} + C$；　（14）$2\sin\sqrt{x} + C$；　（15）$\frac{1}{2}e^{x^2} + C$；

（16）$e^{\sin x} + C$；　（17）$\ln|\sin x| + C$；　（18）$\arcsin\frac{x}{3} + C$；

（19）$\frac{x}{2} - \frac{\sin 2x}{4} + C$；　（20）$-\frac{\cos 2x}{2} + e^{-x} + C$．

3．（1）$-x\cos x + \sin x + C$；　（2）$-xe^{-x} - e^{-x} + C$；

（3）$\frac{x^2}{2}\ln 2x - \frac{x^2}{4} + C$；　（4）$x\arcsin x + \sqrt{1-x^2} + C$；

（5）$x\ln(1+x^2) - 2x + 2\arctan x + C$；　（6）$\frac{e^x}{2}(\sin x - \cos x) + C$．

4．（1）$2\ln(\sqrt{x}+1) + C$；　（2）$\frac{3}{2}x^{\frac{2}{3}} - 3x^{\frac{1}{3}} + 3\ln\left|1 + x^{\frac{1}{3}}\right| + C$；

（3）$2\sqrt{x} - 3\sqrt[3]{x} + 6\sqrt[6]{x} - 6\ln(\sqrt[6]{x}+1) + C$；　（4）$\frac{9}{2}\arcsin\frac{x}{3} - \frac{x}{2}\sqrt{9-x^2} + C$；

（5）$\ln\left|x + \sqrt{x^2+1}\right| + C$；　（6）$\sqrt{x^2-4} - 2\arccos\frac{2}{x} + C$．

习题 3.4

1．（1）3；−1；[−1，3]；　（2）0；　（3）4；　（4）0.

2．（1）3；（2）15　　3．<；>.

4．$\int_1^3 x^2 dx$．　5．$S = \int_0^{60}(2t+17)dt$，$\bar{v} = \frac{\int_0^{60}(2t+17)dt}{60}$．

6．（1）$\int_0^1 \sqrt{x}dx - \int_0^1 x^2 dx$；　（2）$\int_{-1}^0 (-x^3)dx + \int_0^3 x^3 dx$．

7．（1）π；　（2）0.

习题 3.5

1．（1）20；　（2）$-\ln 2$；　（3）8；　（4）−1；

（5）$\frac{\pi}{4} + \frac{1}{2}$；　（6）$\ln 2 - \frac{1}{2}$；　（7）$\frac{5}{2}$；　（8）2．

2. （1）$\ln 2$　（2）$\frac{e-1}{2}$；　（3）$\frac{5}{4}$；　（4）$\frac{1}{2}$；

（5）-2;　（6）$\frac{e^2+1}{4}$；　（7）$\frac{e^2+1}{4}$；　（8）$\frac{\pi}{4}-\frac{\ln 2}{2}$.

3. （1）$7+2\ln 2$；（2）$\frac{8}{3}$；　（3）$1-\frac{\pi}{4}$；　（4）$-\frac{2\sqrt{3}}{3}+\sqrt{2}$.

4. （1）$\frac{38}{3}$；　（2）2；　（3）$4-\ln 3$.

习题 3.6

1. （1）2；　（2）$\frac{9}{2}$；　（3）$\frac{5}{3}$；　（4）18；　（5）$\frac{4}{3}$.

2. 2π.

3. 4.

4. $\frac{\pi^2}{2}$.

5. $\frac{\pi}{2}$.

6. $\frac{\pi}{2}(1-\frac{1}{e^2})$

7．204

8．$2(\cos 2-\cos 4)$

9.（1）当$t=2$时传播速度最快；

（2）3838.

10. 260.8(单位).

11. $R(x)=200x-\frac{x^2}{100}$，$\bar{R}(x)=200-\frac{x}{100}$，总收益为120 000元，平均单位收益为180元.

12. $C(x)=0.2x^2+2x, L(x)=-0.2x^2+16x-20, x=40$时，利润最大.

13. （1）$-\frac{5}{8}$；　（2）4万台；

（3）$C(q)=4q+\frac{q^2}{8}+1$，$L=-\frac{5}{8}q^2+5q-1$.

14. 总成本为224.8百元，平均成本为130.4百元.

习题 3.7

1. （1）收敛于 1；　（2）发散；

（3）发散　（4）收敛于 0.

2.（略）

综合练习三

一、1. $\frac{x^2}{2}$（答案不唯一）. 2. $\sin x+C$. 3. $\frac{x}{1+\cos x}$ 4. $2x-\sin x$.

5. $\frac{1}{3}(2x-3)^{\frac{3}{2}}+C$ 6. 0. 7. $\frac{9}{4}\pi$. 8. 1；e.

9. $\frac{19}{3}$. 10. $\frac{1}{2}$.

二、BCDAB；DBCCC

三、1.（1）$e^{x-3}+C$；（2）$\frac{2}{5}x^{\frac{5}{2}}+\frac{4}{3}x^{\frac{3}{2}}+2\sqrt{x}+C$；

（3）e^x-x+C；（4）$-\frac{1}{3}\cos x^3+C$；

（5）$\ln\left|x^2+3x-5\right|+C$；（6）$\frac{xe^{2x}}{2}-\frac{e^{2x}}{4}+C$；

（7）$\frac{x^3}{3}\ln x-\frac{x^3}{9}+C$；（8）$2(\sin x-x\cos x)+\cos x+C$；

（9）$\frac{2}{5}(x+1)^{\frac{5}{2}}-\frac{2}{3}(x+1)^{\frac{3}{2}}+C$；（10）$\arcsin\frac{x}{2}+C$.

2.（1）$\frac{13}{2}$. （2）$\frac{2}{9}$. （3）$\frac{e-1}{2}$.

（4）$\frac{3}{2}$ （5）$1-2\ln 2$. （6）1.

四、1. $y=\frac{x^4}{4}$. 2. $\frac{gt^2}{2}$. 3. 0.045.

4. $\bar{C}(1)=0.07\ln 2, \bar{C}(2)=0.035\ln 5$. 5. $\frac{1}{6}$.

6. $2\sqrt{2}$. 7. 24π；16π. 8. $\frac{512}{15}\pi$.

9. $(x)=x^2+10x+20$

10. $C(x)=\frac{x^3}{3}-2x^2+6x+100$

$R(x)=105x-x^2$

第四章

习题 4.1

1.（1）二阶微分方程；（2）不是微分方程；（3）一阶微分方程；（4）三阶微分方程.

2.（1）$y=\cos x-\sin x$；（2）$y=(1-x)e^{2x}$.

3. $y = x^2 + x$.

4. $s = \frac{3t^2}{2} + 3$.

习题 4.2

1.（1）$y = \mathrm{e}^{Cx}$；（2）$(y^2 - 1)(x^2 - 1) = C$；（3）$y = C\mathrm{e}^{\sqrt{1-x^2}}$；（4）$\mathrm{e}^{-y} = 1 - Cx$；（5）$y = C\sin x - 1$.

2.（1）$y = \frac{4}{x^2}$；（2）$\frac{y^2}{2} + \frac{y^3}{3} = \frac{x^2}{2} + \frac{x^3}{3}$.

3.（1）$y = 2 + C\mathrm{e}^{-x^2}$；（2）$y = x^3 + Cx$；（3）$y = (x-2)^3 + C(x-2)$；（4）$y = \frac{1}{x^2+1}(\frac{4}{3}x^3 + C)$.

4.（1）$y = 5x - 2$；（2）$y = x^2(1 - \mathrm{e}^{\frac{1}{x}-1})$.

5. $m = m_0(0.5)^{\frac{t}{1600}}$.

6. $V^2 = 20t^2 + 500$；$V(60) = 50\sqrt{29}\mathrm{m/s}$.

7. $t = 60$ min.

8. $y = C\mathrm{e}^x - 2x - 2$.

9. $p = 10 \times 2^{t/10}$.

习题 4.3

1. $y = \frac{\mathrm{e}^{3x}}{9} + \frac{x^3}{2} + C_1x + C_2$； 2. $y = \frac{x^3}{6} + \frac{x}{2} + 1$.

3.（1）$y = -\ln|\cos(x + C_1)| + C_2$；（2）$y = C_1\mathrm{e}^x - \frac{x^2}{2} - x + C_2$.

4. $y = \frac{4}{(x-2)^2}$.

习题 4.4

1.（1）$y = C_1\mathrm{e}^x + C_2\mathrm{e}^{3x}$；（2）$y = (C_1 + C_2x)\mathrm{e}^{-\frac{x}{2}}$；（3）$y = C_1\mathrm{e}^{-x} + C_2\mathrm{e}^{4x}$；

（4）$y = \mathrm{e}^{2x}(C_1\cos x + C_2\sin x)$；（5）$y = C_1 + C_2\mathrm{e}^{4x}$；（6）$y = C_1\cos x + C_2\sin x$.

2.（1）$y'' - y' - 2y = 0$；（2）$y'' - 4y' + 4y = 0$；（3）$y'' + 2y' + 2y = 0$.

3.（1）$x(Ax + B)$；（2）$Ax + B$；（3）$Ax^2\mathrm{e}^{4x}$；（4）$A\cos 3x + B\cos 3x$；

（5）$x\mathrm{e}^x(A\cos 2x + B\sin 2x)$.

4. $s = 6\mathrm{e}^{-t}\sin 2t$.

5. $x = \mathrm{e}^{-6t}(\frac{5}{16}\sin 8t + \frac{5}{12}\cos 8t) - \frac{5}{12}\cos 10t$.

综合练习四

一、1．A　　2．D　　3．C　　4．C

5．A　　6．C　　7．D　　8．D

二、1．$e^x+e^y=C$；　　2．2；

3. $y=(C_1+C_2x)e^{r_1x}$；　　4．$y=-\sin x+C_1x+C_2$；

5. $y=C_1+C_2x-\frac{1}{2}x^2-x$；　　6．$y^*=x(Ax^2+Bx+C)$；

7. $y=C_1y_1+C_2y_2$；　　8．$y^*=Ae^{-x}$；

9．$y''+4y'+13y=0$．

三、1．（1）$y=Ce^{-\frac{1}{2}x^2}$；　（2）$y=x(-\cos x-C)$；　（3）$y=C_1e^{-2x}+C_2e^x$；

（4）$y=C_1\sin 2x+C_2\cos 2x+\frac{x}{8}$．

2．（1）$y=x^2\sin x-x^2$；　（2）$y=4e^x+e^{4x}$．

第五章

习题 5.1

1．（1）正确；（2）错误；（3）错误；（4）正确．

2．（1）$\frac{1}{5}$；（2）$\frac{3}{5}$．

3．（1）发散；（2）发散；（3）发散；（4）收敛．

4．$\frac{4}{11}$．

习题 5.2

1．（1）发散；（2）收敛；（3）收敛；（4）发散．

2．（1）收敛；（2）收敛；（3）发散；（4）收敛．

3．（1）条件收敛；（2）绝对收敛；（3）发散；（4）绝对收敛．

习题 5.3

1．（1）收敛半径 $R=1$，收敛域为 $[-1, 1]$　（2）收敛半径 $R=1$，收敛域为 $[-1, 1)$；

（3）收敛半径 $R=0$，收敛域为 $\{0\}$；　（4）收敛半径 $R=1$，收敛域为 $[-1, 1]$．

2．（1）收敛半径 $R=1$，在 $(-1, 1)$ 内的和函数为 $\frac{1}{2}\ln\left|\frac{1+x}{1-x}\right|$；

（2）收敛半径 $R=2$，在 $(-2, 2)$ 内的和函数为 $\frac{2+x^2}{(2-x^2)^2}$；

（3）收敛半径 $R=1$，在 $(-1, 1)$ 内的和函数为 $\frac{x-4}{x^2+x-2}$．

习题 5.4

1.（1）$\frac{1}{1-2x}=1+2x+(2x)^2+(2x)^3+\cdots+(2x)^n+\cdots,\ x\in(-\frac{1}{2},\frac{1}{2})$；

（2）$\ln(1-x)=-x-\frac{x^2}{2}-\frac{x^3}{3}-\cdots-\frac{x^n}{n}-\cdots,\ x\in(-1,\ 1)$；

（3）$e^{-x^2}=1-x^2+\frac{x^4}{2!}-\frac{x^6}{3!}+\cdots+(-1)^n\frac{x^{2n}}{n!}+\cdots,\ x\in(-\infty,+\infty)$；

（4）$\frac{x^4}{1+x^2}=x^4+x^6+x^8+\cdots+x^{2n+4}+\cdots,\ x\in(-1,\ 1)$；

（5）$\sin\frac{x}{2}=\sum_{n=0}^{\infty}(-1)^n\frac{1}{2^{2n+1}\cdot(2n+1)!}x^{2n+1},\ x\in(-\infty,+\infty)$；

2. $f(x)=\frac{1}{x^2+3x+2}=\sum_{n=0}^{\infty}(-1)^n\frac{2^n-1}{2^n}x^n,\ x\in(-1,1)$.

3. $\sum_{n=0}^{\infty}\frac{1}{n!}=e$.

综合练习五

一、1. D 2. B 3. B 4. B 5. D 6. A 7. C 8. B 9. D 10. A.

二、1. 1；2. 5；3. $\sqrt{R}$；4. $(-1,1]$；5. $-\sum_{n=0}^{\infty}(1+x)^n,\ x\in(-2,0)$；6. $\frac{1}{1+x}$.

三、1. 收敛；$\frac{1}{6}$ 2.（略）

3.（1）收敛；（2）收敛；（3）收敛.

4.（1）绝对收敛；（2）条件收敛.

5. $R=\frac{1}{2},\ [-\frac{1}{2},\frac{1}{2}]$

6. $\sum_{n=0}^{\infty}(\frac{(-1)^n}{2^n}-1)x^n,\ x\in(-1,1)$；

7. $\sum_{n=0}^{\infty}\frac{x^{2(n+1)}}{n!},\ x\in(-\infty,+\infty)$；

第六章

习题 6.1

（略）

习题 6.2

1.（略）

2.（1）$\begin{pmatrix} 1 & -3 \\ 3 & 5 \end{pmatrix}$；　（2）$\begin{pmatrix} 19 \\ -1 \\ 28 \end{pmatrix}$；　（3）(14)；　（4）$\begin{pmatrix} 3 & 12 & -6 \\ -5 & -20 & 10 \\ 1 & 4 & -2 \end{pmatrix}$；

（5）$\begin{pmatrix} 0 & 6 \end{pmatrix}$.

3.（1）$\begin{pmatrix} 2 & 2 & 2 \\ 7 & 1 & 3 \\ 3 & 4 & 0 \end{pmatrix}$；　（2）$\begin{pmatrix} -4 & 4 & 8 \\ -1 & 5 & 9 \\ -5 & 6 & 8 \end{pmatrix}$；（3）$\begin{pmatrix} -4 & -1 & -5 \\ 4 & 5 & 6 \\ 8 & 9 & 8 \end{pmatrix}$.

4. $\begin{pmatrix} 1 & 0 & 0 \\ 0 & 4 & 0 \\ 0 & 0 & 9 \end{pmatrix}$，$\begin{pmatrix} 1 & 0 & 0 \\ 0 & 8 & 0 \\ 0 & 0 & -27 \end{pmatrix}$，$\begin{pmatrix} 1 & 0 & 0 \\ 0 & 16 & 0 \\ 0 & 0 & 81 \end{pmatrix}$.

5. $\begin{pmatrix} 2 & 2 & 3 \\ 11 & 4 & 2 \end{pmatrix}$.

6. $\begin{pmatrix} 10 & 14 & 16 & 27 \\ 20 & 27 & 19 & 11 \\ 15 & 16 & 25 & 17 \end{pmatrix}$.

7. 成本矩阵为 $\begin{pmatrix} 560 \\ 840 \\ 640 \end{pmatrix}$，第一个车间成本最低，为560元.

8. 总收入　总利润

$\begin{pmatrix} 135 & 35 \\ 80 & 17.5 \\ 200 & 50 \end{pmatrix}$ 甲 乙 丙

习题 6.3

1. 全都是行阶梯形矩阵；其中（1），（4）是行最简阶梯形矩阵.

2.（1）2；　（2）3；　（3）4.

3. 略.

习题 6.4

1.（略）

2.（1）$\begin{pmatrix} 0 & \frac{1}{2} \\ \frac{1}{3} & -\frac{1}{6} \end{pmatrix}$；　（2）$\begin{pmatrix} 1 & 0 & 0 \\ -1 & 1 & 0 \\ 0 & -1 & 1 \end{pmatrix}$；　（3）$\frac{1}{3}\begin{pmatrix} -3 & -3 & 3 \\ -2 & -1 & 1 \\ 7 & 8 & -5 \end{pmatrix}$.

3．（1）$\begin{pmatrix} -11 & 14 \\ 7 & -10 \end{pmatrix}$；（2）$\frac{1}{2}\begin{pmatrix} 6 & -11 \\ -2 & 6 \end{pmatrix}$；（3）$\begin{pmatrix} -7 & -14 \\ 4 & 9 \\ 0 & 1 \end{pmatrix}$.

4．$x_1 = 1$，$x_2 = 1$，$x_3 = -1$.

5．需要A、B药水分别是0.8升和1.2升.

6．轮船的速度和水流速度分别是140km/h，40km/h .

习题 6.5

1．（略）

2．（1）$m = 3$ ；（2）$a = 0$，b 为任意常数.

3．（1）无解；（2）$\begin{cases} x = 3 \\ y = -1 \\ z = 2 \end{cases}$；（3）$\begin{cases} x_1 = 0 \\ x_2 = c \\ x_3 = 2c \\ x_4 = c \end{cases}$（$c$ 为任意常数）；

（4）$\begin{cases} x_1 = 1 \\ x_2 = 2 \\ x_3 = 3 \end{cases}$；（5）$\begin{cases} x_1 = -2c + 1 \\ x_2 = -c - 3 \\ x_3 = c \end{cases}$（$c$ 为任意常数）；

（6）$\begin{cases} x_1 = -2c_1 + c_2 \\ x_2 = c_1 \\ x_3 = 0 \\ x_4 = c_2 \end{cases}$（$c_1$，$c_2$ 为任意常数）.

4．需要A：70kg，B：100kg，C：30kg .

5．营养师的想法是不可行的.

综合练习六

一、略.

二、1．D； 2．B； 3．D； 4．D； 5．D； 6．D； 7．D； 8．A .

三、1．$\begin{pmatrix} 2 & 5 & 5 \\ 0 & 2 & 9 \\ -1 & 1 & 11 \end{pmatrix}$；$\begin{pmatrix} 4 & 1 & 4 \\ 4 & 5 & 7 \\ 5 & 6 & 8 \end{pmatrix}$.

2．$\begin{pmatrix} 4 & 1 \\ -13 & 7 \end{pmatrix}$.

3．2, 3, 2 .

4．2 .

5.（1）$-\frac{1}{4}\begin{pmatrix} 0 & 4 & -4 \\ 1 & -5 & 3 \\ -3 & 3 & -1 \end{pmatrix}$；（2）不可逆；（3）$\frac{1}{15}\begin{pmatrix} 8 & -4 & 2 & -1 \\ -1 & 8 & -4 & 2 \\ 2 & -1 & 8 & -4 \\ -4 & 2 & -1 & 8 \end{pmatrix}$.

6. $\begin{pmatrix} 1 & 2 & 3 \\ -4 & 5 & 5 \\ -3 & 3 & 2 \end{pmatrix}$.

7.（略）

8. 当$\lambda \neq 1$且$\lambda \neq -2$时有唯一解；当$\lambda = -2$时无解；

当$\lambda = 1$时有无穷多组解，此时方程组的解为$\begin{cases} x_1 = -c_1 - c_2 + 1 \\ x_2 = c_1 \\ x_3 = c_2 \end{cases}$（$c_1$，$c_2$为任意常数）.

9. 有非零解.

10. $\begin{cases} x_1 = -c + 1 \\ x_2 = 0 \\ x_3 = -2c + 2 \\ x_4 = c \end{cases}$（$c$为任意常数）.

四、1. 设售出 A 为x_1辆，B 为x_2辆，C 为x_3辆，则$\begin{cases} x_1 = 2x_3 + 10 \\ x_2 = -3x_3 + 30 \end{cases}$ $(0 \leqslant x_3 \leqslant 10)$.

2.
$$\begin{array}{c} \quad 北 \quad\ 上 \quad\ 广 \\ \begin{pmatrix} 73 & 91 & 142 \\ 61 & 76 & 118 \\ 12 & 15 & 24 \end{pmatrix} \begin{matrix} 总价值 \\ 总成本 \\ 总利润 \end{matrix} \end{array}.$$

第七章

习题 7.1

1.（1）$\Omega = \{$(正,正,正), (正,正,反), (正,反,正), (反,正,正), (正,反,反), (反,正,反), (反,反,正), (反,反,反)$\}$

（2）$\Omega = \{0,1,2,3\}$

（3）$\Omega = \{(1,2),(1,3),(2,3)\}$

（4）$\Omega = \{(1,2),(1,3),(2,3),(2,1),(3,1),(3,2)\}$

（5）$\Omega = \{2,3,4,5,6,7,8,9,10,11,12\}$

2.（1）$A\overline{B}\overline{C}$ （2）$\overline{A}BC$；（3）$A+B+C$ （4）$A\overline{B}\overline{C}+\overline{A}B\overline{C}+\overline{A}\overline{B}C$ （5）$\overline{A}\overline{B}\overline{C}$；

（6）$ABC+\overline{A}BC+A\overline{B}C+AB\overline{C}$ （7）$\overline{A}\overline{B}\overline{C}+A\overline{B}\overline{C}+\overline{A}B\overline{C}+\overline{A}\overline{B}C+\overline{A}BC+A\overline{B}C+AB\overline{C}$

（8）Ω.

3．（1）$\frac{16}{45}$；（2）$\frac{17}{45}$．

4．（1）Φ　　（2）{2}　　（3）{1，2，3，5}

5．（1）1/4　　（2）1/2

6．（1）25/49　　（2）10/49　　（3）20/49　　（4）5/7．

7．1/60

8．$(3\times2+2\times7\times3)/10\times9=16/30=\frac{8}{15}$

习题 7.2

1．19/130

2．0.18

3．50%

4．（1）0.48　　（2）0.83．

5．72%

6．2/3

7．93%

8. 1/1024

习题 7.3

1．（1）$X=4$，$X>4$

（2）$X\geqslant1$，$X\geqslant2$，$X=0$，$X\leqslant1$，$X\geqslant1$．

（3）$X\leqslant1000$，$500\leqslant X\leqslant800$．

2．

X	0	1	2	3
$P(X)$	0.064	0.288	0.432	0.216

3．

X	1	2	3
$P(X)$	0.8	0.178	0.022

4．$P(X=1)=0.092$．

5．$F(X)=\begin{cases}0 & x<0\\0.2 & 0\leqslant x<1\\0.5 & 1\leqslant x<2\\1 & x\geqslant2\end{cases}$．

习题 7.4

1.（1）$k=0.3$；（2）$F(X)=\begin{cases}0, & (x\leqslant 0)\\ 0.15x^2, & (0\leqslant x\leqslant 2)\\ 0.1x+0.4, & (2<x<6)\\ 1, & (x\geqslant 6)\end{cases}$；（3）$P(1<X\leqslant 4)=0.65$

2. $f(x)=\begin{cases}0, & (x\leqslant 900)\\ 0.005, & (900<x<1100)\\ 0, & (x\geqslant 1100)\end{cases}$, $P(950<X\leqslant 10504)=0.5$

3. 1.41 .

4.（1）0.9861　　（2）0.0668　　（3）0.1574

5.（1）$P(X>85)=1-P(X\leqslant 85)=1-\Phi(\frac{85-70}{\sqrt{10^2}})=1-\Phi(1,5)=0.0668$;

（2）$P(X<60)=\Phi(\frac{60-70}{\sqrt{10^2}})=\Phi(-1)=1-\Phi(1)=0.1587$;

习题 7.5

1. 甲 $E(X)=0\times 0.2+1\times 0.2+2\times 0.3+3\times 0.2+4\times 0.1=1.8$

$E(Y)=0\times 0.1+1\times 0.2+2\times 0.1+3\times 0.5+4\times 0.1=2.3$.

2 （1）$E(X)=5\times 10/100+8\times 30/100+9\times 35/100+10\times 25/100=8.55$；

（2）$300/8.55\approx 36$.

3.（1）1.2；（2）0.36 .

4.（1）$E(X)=7$；（2）$D(X)=(12-2)^2/12=8.33$.

5 （1）$E(X)=\int_0^1 x\times 3x^2\mathrm{d}x=\frac{3}{4}$；（2）$D(X)=\int_0^1 (x-\frac{3}{4})^2 3x^2\mathrm{d}x=3/80$.

综合练习七

一、1.对　2.错　3.对　4.错　5.错

二、1. D　2. A　3. B　4. D　5. C　6. A

三、1.（1）ABC

（2）$A\overline{B}\overline{C}$

（3）$A+B+C$

（4）$\overline{A}\overline{B}\overline{C}$

（5）$A\overline{B}\overline{C}+\overline{A}B\overline{C}+\overline{A}\overline{B}C$

（6）$\overline{A}\overline{B}\overline{C}+A\overline{B}\overline{C}+\overline{A}B\overline{C}+\overline{A}\overline{B}C+\overline{A}BC+A\overline{B}C+AB\overline{C}$ 或 $\overline{ABC}$

2. $\frac{7}{8}$

3. $N(0, 1)$

4. 0.128，0.672；0.872，0.228

四、1. 0.75

2. 可以推断该病毒的发作是有特定时间的.

3.（1）0.72；

（2）0.512.

4. $\dfrac{13}{18}$.

5. $0.7+0.4-(1-0.65)=0.75$ $\quad P(AB)=1-0.65$.

6.（1）$\dfrac{365\cdot364\cdot363\cdot362\cdot\cdots\cdot333\cdot332}{365^{34}}$

（2）$1-\dfrac{365\cdot364\cdot363\cdot362\cdot\cdots\cdot333\cdot332}{365^{34}}$

7.（1）$P(X=1)=\dfrac{3}{4}-\dfrac{1}{3}=\dfrac{5}{12}$；（2）$P(X<2)=\dfrac{3}{4}$；（3）$P(X>\dfrac{1}{2})=\dfrac{2}{3}$；（4）$P(X>1)=\dfrac{1}{4}$.

8. $E(X)=0.8\times100=80$，$D(X)=100\times0.8\times(1-0.8)=16$.

参考文献

1．张国勇. 高职数学教程. 北京：高等教育出版社，2007.

2．颜文勇. 高等应用数学. 北京：高等教育出版社，2008.

3．顾静相. 经济数学基础（上册）. 北京：高等教育出版社，2000.

南开大学出版社网址：http://www.nkup.com.cn

投稿电话及邮箱：022-23504636 QQ：1760493289
QQ：2046170045(对外合作)
邮购部：022-23507092
发行部：022-23508339 Fax：022-23508542